多层超薄壁冷弯型钢结构房屋体系

褚云朋　姚　勇　邓勇军　王秀丽　著

科学出版社

北京

内 容 简 介

本书是超薄壁冷弯型钢结构体系房屋结构理论、关键技术及工程应用的研究著作。超薄壁冷弯型钢结构体系房屋符合国家提出的建筑工业化要求，工程应用逐年增多，其抗震抗风机理是值得关注的理论问题。本书从结构分散承载、具有明显空间整体性及多杆件特点出发，在传统的抗震设计方法不再实用的前提下，系统开展基于多层房屋结构的部件及结构抗震性能、抗风性能及结构抗震设计方法等研究，包括层间构造加强方法、组合墙体–楼板连接抗震、含有楼层连接处的双层组合墙体抗剪及结构的抗震设计方法，解析了结构在地震作用下的传力机理，提出抗震设防对策，并阐释了风致响应带来的问题及解决方法。

本书填补了基于多层该类房屋开展墙体、墙体–梁连接抗震性能、多层房屋抗风著作方面的空白，可供结构设计及施工方面的科技工作者和管理者参考。

图书在版编目(CIP)数据

多层超薄壁冷弯型钢结构房屋体系/褚云朋等著.—北京:科学出版社，2021.10

ISBN 978-7-03-064216-5

Ⅰ.①多… Ⅱ.①褚… Ⅲ.①轻型钢结构–房屋结构–研究 Ⅳ.① TU392.5

中国版本图书馆 CIP 数据核字 (2020) 第 017675 号

责任编辑：武雯雯 / 责任校对：彭　映
责任印制：罗　科 / 封面设计：墨创文化

科 学 出 版 社 出版

北京东黄城根北街16 号
邮政编码：100717
http://www.sciencep.com

成都锦瑞印刷有限责任公司印刷

科学出版社发行　各地新华书店经销

*

2021 年 10 月第　一　版　　开本：787×1092 1/16
2021 年 10 月第一次印刷　　印张：17 1/4
字数：409 000

定价：139.00 元
(如有印装质量问题，我社负责调换)

前　言

　　超薄壁冷弯型钢结构体系房屋的部件采用工厂化生产、现场分层装配的工艺流程，符合国家提出的建筑工业化要求。低层结构具有良好的抗震性能，可广泛应用于高烈度抗震设防区。但当此结构用于多层房屋中时，随建筑高度增加水平地震作用将增大，仅通过加强抗侧能力等措施很难保证结构安全。故需针对结构分散承载且具有明显空间整体性、多杆件的特点，目前尚没有明确的抗震设计方法，开展部件抗震性能及结构抗震设计方法等研究。又因房屋自重轻、体系柔，结构自振周期与风载长卓越周期较接近，风载成为结构设计的重要荷载，但此类结构目前仍没有明确的抗风设计方法。结构轻柔及外形个性化的特点，致使横风向振动大于顺风向，扭转振动问题较突出，给居住者带来强烈的不舒适感，其安全可靠性及舒适性问题均有待进一步解决。

　　本书内容主要来源于国家高技术研究发展计划(863 计划)课题"建筑结构抗震与重建建筑材料关键技术研究与应用"、四川省科技厅支撑计划项目"节能环保围护材料及轻钢生态房集成技术研究与应用""秸秆粉煤灰节能墙材与全装配式轻钢生态集成房屋关键技术研究与应用"及四川省科技创新苗子工程项目"冷弯超薄壁型钢蒙皮空间节点抗震性能研究"等系列项目研究成果，也是作者及多位研究生前后历经 10 年完成的相关研究成果的总结。

　　本书结合结构受力特点并考虑工程应用，重点对多层结构体系开展系列试验研究与理论分析，包括层间加强方法、组合墙体-楼板节点抗震性能、含有楼层连接处的双层组合墙体抗剪及结构的抗震设计方法、多层房屋风致响应试验，并考虑到工程应用中制约大量推广的造价问题，开展房屋基于清单计价模式的经济性能分析等。全书共分为 10 章：第 1 章介绍该类结构在国内外的技术现状、主要技术特点、存在的主要问题；第 2 章介绍楼层连接处加强方法及部件力学性能分析；第 3 章～第 6 章介绍开展的抗震性能方面的相关研究，包括墙架柱－楼层梁连接、墙体－楼板连接、双层墙体的抗震试验及有限元分析，结构基于简化力学分析模型的抗震性能有限元分析及基于损伤的抗震设计方法；第 7 章、第 8 章介绍房屋的风致响应风洞试验研究及有限元分析；第 9 章介绍房屋基于清单模式的经济性分析；第 10 章介绍示范工程的结构抗震性能分析及施工工艺案例。

　　感谢兰州理工大学朱彦鹏、殷占忠、王文达、周勇等教授，史艳莉、吴长等副教授对课题研究的指导和支持；感谢西南科技大学古松、贾彬等教授的建议；感谢结构与力学实验中心邓勇军老师在试验期间的大力支持与帮助；同时还要感谢先后参与系列课题研究的郭小燕、徐斌、肖述连、杨亚龙、高红伟、徐刚、朱愉萍、王嵘、刘欣、陈俊颖、甘璐、韩清、侯鸿杰、刘蕾、罗萍等研究生所做的大量工作。

需要说明的是本书开展研究源于汶川地震的灾后房屋快速新建,主要考虑将此结构体系用于高烈度抗震设防区,进行系统的抗震性能研究。此类多层结构体系在非抗震区用于别墅及办公用房的结构体系中时,结构体系轻盈,建筑造型美观别致,其控制荷载极有可能是风荷载,体型系数在建筑结构荷载设计规范中未给出,故还需开展系统的风致响应及抗风设防对策研究。本书在抗风方面仅是初探,仍需开展系统深入研究,方可大量推广应用。本书只是一个阶段性的总结,我们会一如既往地对装配式冷弯薄壁型钢结构体系进行深入研究。

　　鉴于作者的水平及认识的局限性,书中难免有不妥和疏漏之处,望读者批评指正。

目　　录

第1章 绪 论

1.1 研 究 背 景

钢结构是典型的装配式结构,具有绿色化、工业化、信息化和"轻、快、好、省"等特性。由于化解钢铁产能严重过剩矛盾的现实需要,近年来国家推广钢结构建筑的力度不断加大。2013 年国务院发布《关于化解产能严重过剩矛盾的指导意见》,"推广钢结构在建设领域的应用,提高公共建筑和政府投资建设领域钢结构使用比例,在地震等自然灾害高发地区推广轻钢结构集成房屋等抗震型建筑。"2016 年《关于深入推进新型城镇化建设的若干意见》(国发〔2016〕8 号文)指出,对大型公共建筑和政府投资的各类建筑全面执行绿色建筑标准和认证,积极推广应用绿色新型建材、装配式建筑和钢结构建筑。2018 年"全国住房和城乡建设工作会议"提出大力发展钢结构等装配式建筑,积极化解建筑材料、用工供需不平衡的矛盾,加快完善装配式建筑技术和标准体系。

随着我国城镇化进程及新农村建设步伐加快,大量房屋建设造成自然生态失衡,迫切需要研制和使用可持续发展的建筑结构及其配套的围护体系,以缓解和消除大量建设对生态环境造成的迫害。装配式轻钢框架结构房屋采用"建筑元器件"的设计概念,以结构构件或建筑功能单元为基本元件组合而成,具有构件装配化、围护一体化、装饰装修一体化及生产工厂化等特点,易于实现建筑工业化。

冷弯型钢结构房屋结构中,主体结构构件壁厚小于 2mm 的称为超薄壁冷弯型钢结构,所采用的主要建造材料可回收再利用率高达 90%以上,其承重的组合墙体由冷弯薄壁型钢龙骨、内填保温棉和外覆石膏板等构成,易于实现资源循环再利用(童悦仲和娄乃琳,2004);墙体具有良好的保温隔热性能,降低使用过程中的能量消耗,符合国家绿色环保要求。人多地少的基本国情决定了我国房屋建设应以多层为主(童悦仲和娄乃琳,2004;童悦仲和刘美霞,2005),将此种结构体系应用到新农村建设、牧区聚居区及小城镇多层房屋中是较好选择;汶川及雅安地震灾后重建中因其装配快速、对现场人员技能要求低,部分低层房屋采用了此种结构体系,取得了较好的社会经济效益(中华人民共和国建设部,2002)。

2008 年的汶川地震及 2013 年雅安地震房屋破坏严重,尤其是大量农房倒塌,造成大量人员伤亡及财产损失。因此类房屋构件及部件工厂化生产,运到现场进行装配,施工速度快,在地震灾后重建过程中修建的此类住宅房屋在余震中表现出良好的抗震性能(日本鐵鋼連盟,2002;童悦仲和娄乃琳,2004)。型钢表面镀锌,耐腐蚀性强。该类结构体系具有较多优点,主要表现为:①钢材可完全回收再利用,满足国家环保和可持续发展要求;②轻质高强,地震作用小,且降低对下部基础及地基承载力的要求,可降低基础造价;③结构的所有构件、部件均为工厂标准化生产,加工质量易于得到保证,运到现场进行装配,符合建筑工业化要求;④现场干法施工对环境影响小,建设周期短,综合造价低;⑤组合墙体及组合楼板内部均有型钢龙骨骨架,镂空的内部便于管线暗埋其内,布置简单,检修维护容易,且能够提高房屋使用面积(童悦仲和娄乃琳,2004)。

超薄壁冷弯型钢结构房屋体系主要由组合墙体、墙体-楼板连接节点、楼盖和屋盖组成。墙体骨架由龙骨、上下导轨和墙面板组成;楼板由楼层梁、面板和吊顶组成,其中楼板有采用 C 型钢梁上直接铺 OSB 板,装配化程度高,但防火性能差;对防火性能及承载性能要求较高的采用压型钢板组合楼板的,采用混凝土现浇,湿作业量大(图 1.1),房屋

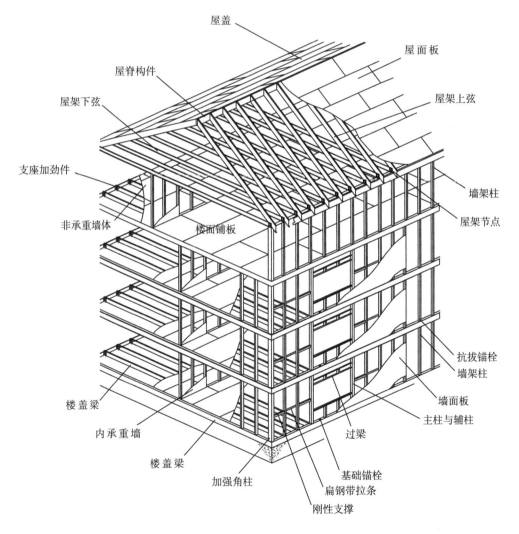

图 1.1   冷弯薄壁型钢结构体系示意图

成型后效果见图 1.2，装配好的龙骨骨架见图 1.3。综合考虑施工工艺、结构受力、部品及构件间传力、体系多杆件等特点(童悦仲和娄乃琳，2004；American Iron and Steel Institute，2015)，目前装配方法是将各楼层墙段龙骨骨架在工厂加工好后运到现场拼装，形成了低层冷弯薄壁型钢房屋技术规范推荐的楼层连接处做法，墙体所承受的水平地震作用简化在墙体顶端时，会使墙体发生转动和滑移，从抗力角度需在每层墙段间及底层墙底支座处设置抗拔锚栓(图 1.4)，由于低层房屋自重轻，水平地震作用小，抗震性能容易得到保证；目前已有低层房屋振动台试验也表明其罕遇地震作用下抗震性能良好，多发生轻微破坏(童悦仲和娄乃琳，2004)，以自攻螺钉脱落、墙板开裂等最为常见，结构容易修复。但将该结构体系应用于多层房屋中时，随层数增多，底下各层墙体承受压力将增大，各层由地震作用产生的剪力也将增大，抗震性能需要进一步研究，结构体系需进一步优化，才能更好地抵抗水平地震作用。

图 1.2 超薄壁冷弯型钢结构房屋

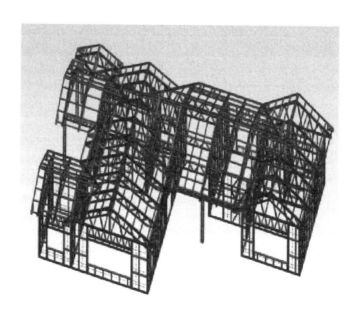

图 1.3 超薄壁冷弯型钢房屋龙骨

1.2　超薄壁冷弯型钢结构房屋研究现状

在美国、欧洲及日本等国家和地区该体系得到广泛应用,随该体系应用的增多,学者们开展了大量的研究工作(汪洋,2006;李斌等,2008;王秀丽等,2015;陈明等,2015;褚云朋和姚勇,2016;李元齐和马荣奎,2017),为本书相关研究工作的开展做了较好的铺垫,概述起来主要包括以下六个方面:①竖向承载构件研究,包括构件三种稳定问题,应用到荷载大的工况中(尤其是多层房屋中)时,角部墙架柱如何构造加强,包括双肢柱和三肢柱(构件截面组合)。②组合墙体抗剪性能研究,研究方法包括有限元分析和试验,研究对象包括开洞不开洞、是单面覆板还是双面覆板、面板材料及厚度、龙骨截面尺寸,加载方式包括单调加载与低周往复加载,得到不同面板材料及厚度下的每米抗剪承载力设计值,得到墙体破坏特征。③组合楼盖研究,包括采用压型钢板-混凝土组合楼盖,压型钢板与楼层梁采用自攻螺钉连接,对楼盖在施工阶段、使用阶段的正常使用及承载能力极限状态进行系统加载试验研究及有限元分析,并对自攻螺钉间距、刚性支撑件、楼盖梁数量及边界约束条件等参数进行探讨。④墙架柱-楼层梁节点研究,采用高强螺栓、普通螺栓及自攻螺钉连接的冷弯薄壁型钢梁柱节点进行低周往复加载试验研究,得到节点破坏模式,得到弯矩-转角恢复力骨架曲线。⑤结构体系中大量采用自攻螺钉连接,包括构件间以及构件与墙体面板间,自攻螺钉的失效将导致墙体抗剪承载性能降低,甚至造成整体结构破坏,因此自攻螺钉的抗剪、抗拉性能,以及自攻螺钉与板件间的作用性能至关重要,得到自攻螺钉的抗剪、抗拉及拉剪作用的计算表达式。⑥整体结构抗震性能研究,采用有限元分析及振动台试验的方法对低层房屋整体结构开展抗震性能研究,得到结构动力特性及不同地震强度下结构抗震性能,但对多层房屋开展抗震性能研究的很少,研究才刚刚起步,形成的成果不成体系,因此该结构体系应用于多层房屋中时仍需开展大量研究。

1.2.1　墙架柱-楼层梁连接研究现状

现有超薄壁冷弯薄壁型钢结构住宅体系中,组合楼板支承在组合墙体之上,将上下层组合墙体断开。上下层墙体间要设置抗拔锚栓,用以协调上下层墙体变形实现共同工作。结构体系的空间节点连接主要有:螺栓连接和自攻螺钉连接(王军,2005;乔存怀,2006)。随超薄壁构件应用逐年增多,各构件间连接方式以自攻螺钉为主,对用自攻螺钉连接的墙架柱-楼层梁空间节点开展抗震性能研究的相对较少,但其对整体结构抗震性能影响较大。

李斌等(2008)对采用螺栓连接的双肢 C 型钢梁节点进行抗震性能试验研究,得到节点的抗震性能。褚云朋等(2019)对冷弯薄壁型钢焊接 T 型节点进行了抗震性能试验研究,结果表明轴压比及连接域构造对节点的抗震性能影响较大。相关学者对顶底角钢、腹板双角钢连接的冷弯薄壁 C 型钢梁柱节点性能进行试验研究及有限元分析,得到节点的承载性能及刚性半刚性属性,并采用非线性回归分析的基础上,建立了节点的弯矩-转角滞回曲线模型，为整体结构分析提供了基础数据(王军，2005；黄智光，2010；姚勇等，2011；黄智光等，2011；褚云朋等，2012；李元齐等，2012；李元齐等，2013；Liu et al.,2018)。

2010 年作者完成了 12 个冷弯薄壁矩形钢管-楼层梁空间焊接结点抗震性能试验研究及有限元计算分析(苏明周等，2011)，得到结点弯矩-转角恢复力骨架曲线，并将其用于整体结构的有限元模型抗震计算(叶继红等，2015)。对于多层冷弯型钢房屋进行分析时，组合墙体-楼板连接体系可看成计算单元，水平地震作用下节点承受往复荷载作用，可采用弯矩-转角恢复力骨架曲线表达，作者在 2014 年完成有限元计算分析工作，在 2015 年进行了试验研究，获得节点破坏模式及恢复力骨架其曲线表达其力学特性，试验过程表明，该类连接延性极好，抗拔锚栓对连接刚度影响极大(苏明周等，2011；叶继红等，2015)。已有低层房屋振动台试验也表明(李斌，2010；郭鹏等，2010；周天华等，2013；陈卫海，2008)，该类体系抗侧能力主要源于墙面板的蒙皮作用和抗拔锚栓的抗倾覆作用。基于此，通过试验获得了不同连接方式、轴压力、截面高度、截面开闭口等因素对节点抗震性能的影响规律，为该结构体系的抗震设计方法获得提供了基础数据。

1.2.2　组合墙体抗剪性能研究现状

为掌握该类房屋组合墙体的抗剪性能，国内外学者进行了大量单层墙体的抗剪性能试验研究和理论分析，探讨了墙面未开洞、开洞及开洞尺寸，墙面是否有斜向钢拉带，墙架龙骨间距、龙骨外覆面板材料与厚度，自攻螺钉直径及间距，墙体高宽比等因素对墙体抗剪性能的影响规律，得到单片墙体抗剪承载力、位移计算公式及破坏模式、并获得墙体恢复力骨架曲线模型，为整体结构计算、结构极限状态确定及损伤程度的判定提供了基础数据(Folz and Filiatrault，2001；Tian et al.,2004；聂少锋，2006；李杰，2008；石宇，2008；周绪红等，2006；黄智光等，2012；史艳莉等，2012；高宛成和肖岩，2014；Manikandan and Sukumar，2015)。

1. 单层组合墙体研究现状

2005~2008 年国内学者对不同覆板材料、不同高宽比的组合墙体进行了足尺试验研究，采用水平单调和往复加载方式。结果表明：墙体的破坏主要为螺钉拔出，造成面板与墙架柱间拉开失效，龙骨强度对抗剪承载力的影响较小(Folz and Filiatrault，2001；Tian et al.,2004；聂少锋，2006；李杰，2008；石宇，2008；周绪红等，2006；黄智光等，2012；史艳莉等，2012；高宛成和肖岩，2014；Manikandan and Sukumar，2015)。

周绪红等(2010)对 7 片组合墙体足尺试件进行水平单调和低周反复加载试验，考虑面板材料、加载方式及墙体开洞等因素对墙体抗剪性能的影响(Dong et al.,2004；Serrette et al., 2006)，得到面板强度及脆性性能对墙体抗剪承载力影响较大，单调加载承载力比往复加载高，墙顶轴压存会增大墙体刚度、提高承载力及位移延性，随墙架柱截面尺寸增大及间距减少，墙体的刚度和承载力提高，延性降低等结论。苏明周等(2011)对 10 片足尺墙体进行水平低周反复加载试验，得到墙体的抗剪性能指标。Gad 等(1999)研究得到承载力主要源于墙板的蒙皮作用,斜撑对提高单柱墙体抗剪承载力作用明显但对双柱墙体作用很小等结论,并得到墙体的抗剪刚度及承载力设计值。

研究表明,减小龙骨间距可以提高墙体的受剪承载力,增加幅度依墙体构造的差异性为9%~31%不等(Folz and Filiatrault,2001;Mahaarachchi and Mahendran,2004;Xu and Martínez,2006;Serrette et al.,2006;何保康等,2008;石宇,2008;Dubina,2008;刘晶波等,2008;史三元等,2010;郭鹏等,2010;姚勇等,2011;马荣奎,2014;马荣奎等,2014;Manikandan and Sukumar,2015;叶继红等,2015)。但总体认为,该部分承载力的增长是由龙骨间距减小导致自攻螺钉增多而引起的。Manikandan和Sukumar(2015)、Folz和Filiatrault(2001)还指出加密柱间距会降低石膏板覆面墙体破坏荷载,增加龙骨截面尺寸和厚度能提高墙体的受剪承载力,但延性和耗能能力降低。马荣奎和李元齐(2014)采用SAP2000程序建立了文献中(杨清平等,2011;郑山锁等,2015a;郑山锁等,2015b;周知等,2016)8片覆OSB板和纸面石膏板墙体的精细化模型,并进行有限元分析。采用双弹簧模型模拟骨架与覆面板的自攻螺钉连接,与单片组合墙体抗剪试验结果进行比较,其破坏模式及滞回曲线具有较好的相似性,证明有限元分析方法可行。但精细化剪力墙分析模型中的连接单元数量过多,且其具有高度非线性。

高宛成和肖岩(2014)在前人研究的基础上,总结了组合墙体受剪性能,按照从墙体到结构开展的相关研究工作,对国内外学者们完成的墙架龙骨、连接件和组合墙体的抗震性能方面的研究进行总结,得到墙面板、连接件、龙骨规格、墙体高宽比等因素对墙体受剪承载力的影响。同时指出基于对该类结构体系的可靠度指标研究大多局限在构件层面,对于组合构件和结构的研究仍需要深入开展。

叶继红等(2015)进行单层、双层及三层组合墙体的低周反复加载抗剪足尺试验,提出破坏模式与普通双拼边柱墙体明显不同,对多层结构边柱稳定尤为重要,墙板一经失效,双拼C型边柱很容易被压屈,导致整片墙体失效,因此应加大双层、三层及多层墙体在往复荷载作用下的抗剪性能研究力度。同时提出由于多层轻钢龙骨式复合剪力墙结构材料、构件和结构体系均存在独特之处,罕遇地震下的失效机理和破坏模式势与钢结构和钢筋混凝土框架结构不同,故不能照搬抗倒塌设计方法。

陈伟等(2017)从结构抗震、防火及施工工艺等方面考虑,提出适用于多层轻钢房屋的新型冷弯薄壁型钢承重复合墙体体系,采用夹心墙板作为墙体覆面板,同时采用上下层连续的内填细石混凝土的方形截面薄壁型钢立柱作为墙体端柱,并采用加厚的抗拔件将复合墙体端柱、导轨与楼盖拉接,达到加强结构整体性的目的。得到复合墙体单位长度抗剪承载力设计值和抗剪刚度,供工程设计使用。

学者们对单层墙体抗剪性能的研究取得了大量成果,并将其应用于工程实践中。但由于结构抵抗水平荷载作用时,墙体是由底层到顶层以整片墙体的方式传递并承受外荷载作用,规程推荐建造方式,使得上下层墙体从构造上在楼层连接处传力不连续。造成中间楼层梁、抗拔锚栓、加劲件、边梁及顶底梁等楼层连接处部件来协调上下层墙体共同工作,并传递水平地震作用。其中抗拔锚栓对协调上下层墙体发挥关键作用,且根据已有的结构振动台试验表明,层间钢拉带上的应变数值增加较多,而层内钢拉带应变数值增加较小(陈卫海,2008;李斌,2010;郭鹏等,2010;周天华等,2013),这更说明上下层墙体间连接是影响结构整体抗震的重要因素，需明确楼层连接处不连续对其抗剪性能的不利影响，需开展含楼层连接处的双层(三层甚至多层)墙体的抗剪性能研究。

2. 双层墙体间传力机理

国内外学者普遍采用低周反复抗剪足尺试验和数值模拟方法研究组合墙体的抗剪性能，并以实验手段为主，且大量的试验集中于单层墙体，在考虑墙体整体受力时，组合墙体应包含上下两层单片墙体，对于边部墙体楼层连接处采用边梁及楼层梁与顶底梁间通过自攻螺钉相连接，并采用抗拔锚栓及抗拔件共同传递在楼层连接处的剪力，而对于中部墙体，楼层梁与顶底梁连接且有抗拔锚栓及配套抗拔键传力。形成了《低层冷弯薄壁型钢房屋建筑技术规程》(JGJ 227—2011)推荐的楼层连接处装配做法 [图 1.4(a)]，通过构造分析可知，屋面、楼面均支承在墙体上，含楼层连接处的双层墙体，外荷载均要传递给上层墙体，通过楼层连接处部件再传递到下层墙体。因墙体在楼层处不连续，各层楼板将墙体分成各楼层墙段；上下层墙段间通过抗拔锚栓使墙段连成整体，并如同传统剪力墙一样，承受并传递作用于房屋的水平荷载，起到整体抗侧力的作用。当结构体系由低层应用到多层时，需重点考虑楼层连接处的传力连续性，该部位也是地震作用首要破坏的薄弱部位[图 1.4(b)]，基于此，获得楼层连接处的抗震机理并得到结构力学计算简图，是开展结构高效计算的前提。

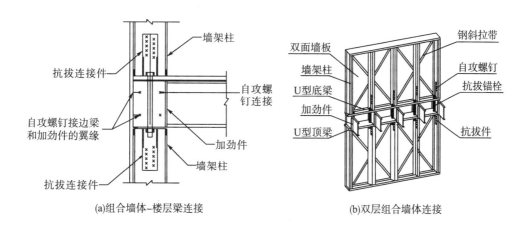

(a)组合墙体–楼层梁连接   (b)双层组合墙体连接

图 1.4 规程推荐组合墙体连接剖面

房屋结构体系是组合墙体充当剪力墙的受力体系，墙体既要承受竖向荷载，又要承受水平地震作用 [图 1.5(a)]，且在楼层处传力不连续。通过已有的三层足尺振动台试验结论(陈卫海，2008；李斌，2010；郭鹏等，2010；周天华等，2013)，抗拔锚栓对结构抵抗地震破坏发挥至关重要的作用，设计及施工时应重视抗拔锚栓及配套的抗拔件的处理；层间钢拉带的应变数值增加较多，而层内钢拉带应变数值相对较小，这更说明两层墙体间的连接部位是结构薄弱部位，此部位的抗剪性能是影响墙体力学性能的关键，需考虑上下层间墙体不连续对抗剪性能的不利影响，且随房屋高度增加 P-Δ 二阶效应将增大，地震作用下震害程度也将加大。超薄壁冷弯型钢双层组合墙体［图1.5(b)］中几乎所有构件都是宽厚比较大的薄壁构件，在很小的弯矩作用下就可能发生截面的局部屈曲，所以在龙骨外贴加面板，能明显提高单根构件稳定承载性能，因此其蒙皮作用非常明显，设计时应考虑蒙皮作用及加载到破坏阶段，外覆面板失效后的承载性能，为结构抗震设计提供参考。

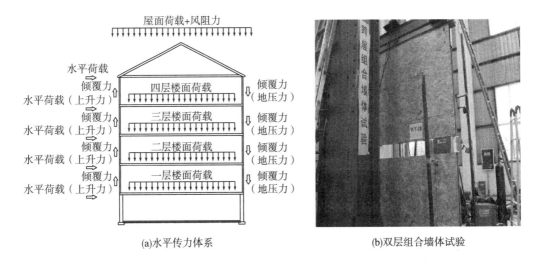

(a)水平传力体系　　　　　　　　　　(b)双层组合墙体试验

图1.5　多层冷弯薄壁型钢房屋结构体系

1.2.3　整体结构抗震性能研究现状

目前此种结构体系尚无明确的抗震分析方法和设计方法，而对结构抗震性能的研究主要采用实体模型试验手段，包括对龙骨式复合墙体进行抗剪试验，以及足尺房屋的模拟地震振动台试验(陈卫海，2008；李斌，2010；郭鹏等，2010；周天华等，2013)。多层房屋的主承力部件为组合墙体，因此结构抗震性能分析需建立在组合墙体理论分析的基础上。现有的分析方法有基于微观分析的精细化有限元法和简化的力学模型分析方法。现阶段对于组合墙体宏观模型的研究较少，日本规范(日本铁钢连盟，2002)提出等代拉、压斜杆的方法模拟墙体受力，换算出等代斜杆的刚度等力学特性，但该方法主要用于结构的线弹性阶段计算，而对墙体的非线性抗震分析还没有相应的方法。建立精细化整体有限元分析模型，很难以真实模拟构件间的接触、自攻螺钉连接等力学性能，采用过多的假设也会导致模拟失真，使得整体结构抗震分析计算十分复杂，因此开展结构简化力学模型研究，并对其进行抗震性能分析是较好选择。

1. 整体模型振动台试验研究

模型振动台试验能够真实直接地给出结构在不同地震强度下的加速度、层间侧移、顶层侧移及震损特征，是评定损伤等级的最有效方法，为结构抗震设计提供基础数据支持。国内学者分别进行了四栋2层和一栋3层共计5个足尺超薄壁低层冷弯型钢房屋足尺模型在 7 度多遇至 9 度罕遇烈度水平下的模拟地震振动台试验,震动过程中发生自攻螺钉脱落、石膏板局部破裂及板件挤压破坏等特征,但内部型钢龙骨基本无破坏,结构产生累积损伤,层间位移角逐渐增大,刚度连续下降,门窗洞口等部位发生墙板挤压及局部开裂等破坏现象,但结构在大震作用下未发生倒塌,满足"小震不坏、中震可修、大震不倒"的抗震设防要求,可大量将其应用于高烈度抗震设防区。试验所得破坏现象、频率变化、顶层位移角及层间位移角等结论,为本书多层房屋基于损伤的抗震设计方法提供了允许损伤指数、层间位移角限值等关键量化指标,可形成结构在不同地震强度作用下的损伤判据(陈卫海,2008;李斌,2010;郭鹏等,2010;苏明周等,2011;李元齐等,2012;李元齐等,2013;周天华等,2013)。

2. 地震作用下房屋精细化有限元分析方法

考虑到组合墙体为主要承力构件,其自身龙骨杆件数量多,且要采用自攻螺钉将外覆面板与龙骨相连,因此建立精细化模型(杨清平等,2011;郑山锁等,2015a),需对构件间的连接、构件与墙板间的连接进行精确模拟,虽能够得到墙体的抗剪性能且与试验进行对比具有较好一致性,但模拟难度较大,精细化有限元分析模型见图 1.6(a)(b)。周绪红等(2010)提出此类多层房屋在三水准性能水平下结构的破坏极限状态及结构的多级性能位移目标,并采用有限元软件 ANSYS 建立三维整体模型,分析其在不同地震烈度水平下的结构响应,提出结构在 7～8 度罕遇地震作用下的层间位移角限值及结构顶点位移限值,给出不同性能水准所对应的结构震损特征。史艳莉等(2012)采用 ANSYS 建立多层住宅模型,用梁单元模拟轻钢骨架,用壳单元模拟屋、楼面。墙体龙骨柱上、下端连接采用铰接。外墙角柱采用刚接,除外墙的角柱外其余角柱两端连接方式均为铰接。建立了 4 种考虑开洞、角柱是否加强、是否覆面板及不同面板材料的模型,如图 1.6(c)(d)所示。进行弹塑性时程分析时,当不考虑墙面板承载时即使采用了角柱加强构造,地震作用下弹性层间位移仍可能接近限值,因此实际工程中应考虑墙面板对承载力贡献,说明要加强面板与墙体龙骨间的连接,避免面板在地震作用下过早失效而失去蒙皮作用,表明结构蒙皮是影响结构抗水平地震作用的决定性因素,蒙皮作用对结构抗震性能影响较大,因此应考虑蒙皮及蒙皮失效后结构抗震性能及承载力及刚度的损伤变化情况,以更好地完成结构抗震性能的评估并完成结构抗震设计。

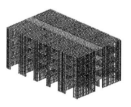

(a)型钢骨架模型　　(b)整体有限元分析模型　　(c)未蒙皮模型　　(d)蒙皮模型

图 1.6　房屋精细化有限元模型

房屋整体分析所得相关研究结论为本书房屋基于性能的抗震设计方法的获得提供了很好的借鉴和铺垫，但因精细化模拟建模过程中存在大量的接触问题(尤其是墙体龙骨与面板间的连接及接触)，易造成计算不收敛，且计算效率低，不利于在结构设计中采用。需对组合墙体进行简化，相关研究结论可用于墙体抗力需求设计，即如何调整恢复力骨架曲线特征值，使墙体抗力性能满足往复荷载作用下的抗剪性能要求。

3. 地震作用下基于简化模型的地震响应分析方法

李元齐等(2012)、沈祖炎等(2013)、Liu 等(2018)对低层房屋进行结构简化力学模型研究，并对分析模型采用由两个连接单元的组合来模拟复合墙体，模拟结果与振动台试验结论具有很好相似性。得到在多遇水平地震作用下，可采用底部剪力法进行结构分析，且可在建筑结构的两个主轴方向分别计算水平荷载，每个主轴方向的水平荷载应由该方向墙体承担，可根据其抗剪刚度大小按比例分配地震作用的有益结论。黄智光等(2011)借鉴等代拉杆法［图 1.7(a)］的研究思想，运用 SAP2000 中的 Pivot 连接单元和骨架曲线对组合墙体进行模拟［图 1.7(b)］，并进行整体结构非线性简化分析，将模拟结果与试验结论进行对比，验证了方法可行性。得到对低层房屋进行抗震设计时，房屋的地震剪力可偏于保守地采用底部剪力法计算，且可在建筑结构的两个主轴方向分别计算水平荷载的结论。

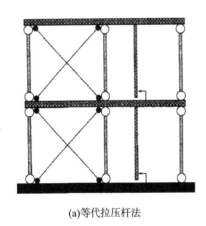
(a)等代拉压杆法

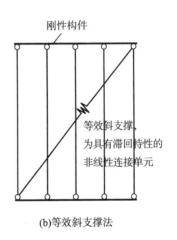
(b)等效斜支撑法

图 1.7 复合墙体的模拟计算

以上研究均表明采用对简化力学分析模型进行抗震性能计算的方法，可以很好地用于低层房屋结构的弹性地震反应分析。由加速度时程曲线与试验结果的对比可看出，分析结果与试验结果的大小和变化规律基本一致，得到简化分析模型的计算误差在工程允许的误差范围内，能较好地应用于低层房屋结构的弹塑性地震反应分析。

日本低层房屋发展应用迅速，其配套材料、设计理论、施工方法均已趋向成熟，日本规范(日本铁鋼连盟，2002)提出采用等代拉、压斜杆的方法来模拟组合墙体的刚度及弹性极限值，但该方法主要用于结构的线弹性阶段计算，而对复合墙体的非线性抗震分析还没有相应的方法。沈祖炎通过对已完成的 3 层房屋振动台试验模型，采用 SAP2000 建立了振动台试验足尺房屋结构(沈祖炎等，2013)的简化分析模型(图 1.8)，自振周期等试验结果和采用规程计算结果及 SAP2000 分析结果吻合良好。这些均为多层冷弯薄壁型钢房屋的抗震计算提供了很好的思路和基础，但存在的问题是如何获得便于高效计算的简化力学计算模型，以及获得相应的基于多遇及罕遇地震作用下结构的弹性、弹塑性阶段的抗震计算方法。

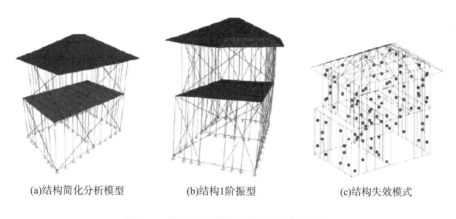

(a)结构简化分析模型　　　　　　(b)结构1阶振型　　　　　　(c)结构失效模式

图 1.8　低层冷弯薄壁型钢房屋抗震计算

4. 地震作用下基于损伤的抗震性能评估方法

历次震害特征表明，房屋结构因地震作用造成的损伤会随地震作用增强而变大。结构的抗力性能随损伤累积会不断退化，当结构损伤达到一定程度时，结构将无法继续承载，会发生局部甚至整体倒塌。目前关于钢结构的地震损伤研究相对较少，杨清平等(2011)采用弹塑性损伤模型对钢结构在地震作用下的损伤进行了量化评估；相关文献建立了考虑结构地震反应滞回变形幅值对累积耗能损伤影响的双参数损伤模型，并提出了基于易损性分析评估钢结构在地震作用下损伤程度的方法(Park and Ang，1985；Nakashima et al.，2000；Lewandowski et al.，2015；Ye et al.，2015；Ye et al.，2016)；徐龙河等(2011；2013；2015；2016)提出了基于等效塑性应变和比能双控的损伤模型，能够很好地评估强震下钢结构竖向构件及层的损伤发展过程，这些为冷弯薄壁型钢结构损伤程度确定提供了基本思路。

Park 和 Ang(1985)在分析大量 RC 构件试验的基础上得出最大位移-滞回耗能线性组合的损伤评估表达式，反映了最大位移与滞回耗能对损伤的贡献，但应用到钢结构中时，应用 Park 模型进行损伤指标计算时，可能造成损伤值大于 1，故对其上下界限的值需进行修正。欧进萍等(1999)对钢结构在地震作用下的损伤开展研究，提出损伤模型为

$$D = (\frac{\delta_m}{\delta_u})^\gamma + \beta \frac{\int dE}{E_u} \tag{1.1}$$

式中，D 为损伤指数；δ_m 为构件最大变形；δ_u 为单调加载下构件的极限变形值；$\int dE$ 为

累积滞回耗能；参数 β 为与延性有关的系数；参数 γ 为与建筑重要性有关的常数。

郑山锁等(2015b)采用该模型对钢结构基于损伤模型的易损性进行了分析，验证了该模型的正确性，掌握了结构损伤过程并计算出损伤量，可通过调整恢复力骨架曲线特征值，进而调整结构损伤程度，建立先构件后结构不同层次上的损伤准则，进而开展对结构进行基于损伤的抗震性能评估，为本书抗震设计方法的获得提供了思路。

多层超薄壁冷弯型钢房屋结构体系属分散承载体系，具有明显的空间整体作用。房屋承载部件多，损伤指数很难通过各构件的损伤指数加权平均的方法获得；且各级损伤状态对应的标准等级也都还不明确，结合已有低层房屋振动台试验获得的震损特征、累计损伤及周期变化的结论，结构损伤可利用结构在地震前后由于刚度退化引起基本周期发生变化来评价，其中结构的损伤指数模型可参照已有钢框架结构损伤等级与损伤指数关系的方法评定，依据房屋振动台震损特征及组合墙体在低周往复荷载作用下的破坏特征将损伤等级划分为五级，建立震损特征与允许损伤指数间的对应关系。

1.2.4 整体结构抗风性能研究及现状

1. 房屋风致响应研究

冷弯薄壁型钢结构房屋自重轻、体系柔，结构自振周期与风载长卓越周期较接近，故称为风敏感结构。从房屋风灾破坏可看出轻型屋面板被掀开，屋架倒塌，风载成为结构设计的重要荷载，且此类结构目前仍没有明确的抗风设计方法(Iman et al., 2016)。结构轻柔及外形个性化的特点，致使横风向振大于顺风向，扭转振动问题较突出，给居住者带来强烈的不舒适感(童悦仲和娄乃琳, 2004; 童悦仲和刘美霞, 2005)，其安全可靠性及舒适性问题均有待进一步解决。

国内外学者对低多层超薄壁冷弯型钢结构体系房屋抗风性能研究较少，尤其是强风下结构进入弹塑性变形状态甚至破坏状态时研究得更少，严重制约了该类工程的应用。结构轻柔的特点使得风荷载作用下流固耦合效应十分突出(聂少锋, 2006; 李杰, 2008; 石宇, 2008; 褚云朋等, 2012; 周天华等, 2013; 高宛成和肖岩, 2014; 周绪红等, 2017; 褚云朋等, 2017)，横风向响应大于顺风向振动，扭转振动问题也更为突出，且当周期性力的频率和结构固有频率接近或相等时，结构将出现大幅振动并产生锁定，对结构有很大破坏作用。结合冷弯薄壁型钢结构房屋体形高宽比较大，且多为别墅造型，具有高低层次感，因此迎风面、侧面和背风面均需重点考虑。结构在风荷载下的加速度响应是衡量舒适度的重要标准，加速度过大时，房屋晃动激烈，居住者会产生强烈的不舒适感，因此在建筑物正常使用状态下需对加速度进行限定，基于此有必要分析结构的加速度响应。目前我国规范尚未有关于低多层轻钢结构加速度的限值要求，《高层建筑混凝土结构技术规程》(JGJ 3—2010)中规定，住宅限值为 $150 \sim 200 \text{mm/s}^2$，办公楼限值为 $200 \sim 250 \text{mm/s}^2$。因此对多层冷弯薄壁型钢气弹性模型的风洞试验，结合有限元数值模拟计算，得到结构风致响应，以指导工程实践。目前关于此种结构体系尚无明确的风致响应分析方法和设计方法，主要采用实体模型风洞试验手段。

国内学者已对该类低多层房屋进行了抗风性能研究,聂少锋(2006)通过风洞试验测得低层房屋刚性模型的表面体型系数,并给出不同影响因素对屋面风压的影响;高红伟(2015)在有限元软件 SAP2000 中对 4~6 层房屋进行输入脉动风的风致响应分析,发现房屋易出现加速度超限带来的舒适性问题。作者针对该问题提出构造处置措施,详见发明专利:201611100381.1 及 201610876110.3(褚云朋等,2017a;褚云朋等,2017b);王嵘(2017),高红伟(2015)在 ANSYS 中对不同风向角下 4 层房屋进行了风致响应计算,得到加速度及位移随风向角的变化规律。沈祖炎等(2013)、李元齐等(2013)对低层房屋进行结构在地震作用下的简化力学模型研究 [图 1.8(a)(b)],并对简化的模型实施抗震性能计算,与振动台试验结论吻合较好,得到结构处于弹性状态时可采用反应谱法,当结构进入弹塑性变形状态后,采用目前国内外认可的基于结构位移的抗震设计方法较为先进,并得到结构的失效判定方法 [图1.8(c)],很好地解决了结构抗震分析问题;借鉴此法用于结构抗风计算,获得结构风致响应及舒适度计算,为此类结构体系的工程应用提供参考。

虽然国内外对冷弯薄壁型钢结构住宅做了大量的试验研究及理论研究,也对超高层建筑及桥梁等结构风致响应理论及工程应用做了很多研究,但对冷弯薄壁型钢住宅结构进行致响应分析的文献相对较少,学者们在加载时仅考虑了顺风向,未考虑横风向的影响,无法获得其振动特性,因此开展考虑横风向作用的多层房屋的风致响应规律至关重要。研究成果尚不足以制订设计规范用以指导工程设计。

2. 风致舒适度研究

人体对振动的感应有很大的差别,根据已有舒适度试验研究进行总结,如表 1.1 所示。根据地域的条件,各国舒适度的评价采用不同的标准。①北美评价标准,北美建筑风振舒适度评价标准以 10 年一遇风载作用下 1 小时结构最大水平加速度为限值,对住宅限制为 $0.15~0.20\text{m/s}^2$;办公楼限值 $0.20~0.25\text{m/s}^2$。北美风振舒适度标准加速度限值与频率无关。②我国针对高层建筑结构做出舒适度的规定,对于高度超过 150m 的高层建筑 10 年重现期的风荷载作用下顶点最大加速度限值,住宅、公寓不大于 0.15m/s^2;办公室、旅馆限值 0.25m/s^2。我国规范加速度限值与频率无关。③日本评价标准,日本舒适度标准采用以一年一遇风荷载作用下 10 分钟内结构加速度最大为指标,根据舒适度要求设置了 5 条曲线,如图 1.9 所示。H-10、H-30、H-50、H-70、H-90 分别代表有 10%、30%、50%、70%、90%的人有感觉,但不至于导致人们产生不舒适感,可根据业主的需求选择相应的曲线,日本规定的舒适度相关的加速度限值与频率相关。④根据人们对不同频率的振动敏感性不同,ISO(International Organization for Standardization,国际标准化组织)给出了风荷载引起建筑物水平振动时人的反应参考标准。人体对振动的感应有很大的差别,根据已有舒适度试验研究进行总结见表 1.1,根据地域的条件各国舒适度的评价采用不同的评价标准,依据这些评价标准,可以对房屋的舒适度做出评价,并提出构造处置措施。

表 1.1　著名舒适度试验成果

Chang（1967 年）	感觉不到	$<0.05\,(\mathrm{m/s^2})$ 峰值
	可以感觉到	$0.05\sim0.15\,(\mathrm{m/s^2})$ 峰值
	感觉烦恼	$0.15\sim0.5\,(\mathrm{m/s^2})$ 峰值
	非常烦恼	$0.5\sim1.5\,(\mathrm{m/s^2})$ 峰值
	无法忍受	$>1.5\,(\mathrm{m/s^2})$ 峰值
Oborne & Clarke	非常舒适	$<0.23\,(\mathrm{m/s^2})$ r.m.s
	舒适	$0.23\sim0.5\,(\mathrm{m/s^2})$ r.m.s
	不舒适阈限	$0.5\sim1.2\,(\mathrm{m/s^2})$ r.m.s
	不舒适	$1.2\sim2.3\,(\mathrm{m/s^2})$ r.m.s
	很不舒适	$>2.3\,(\mathrm{m/s^2})$ r.m.s
DIM4150（1939 年）	感觉不到	$<0.0028\,(\mathrm{m/s^2})$ r.m.s
	刚能感觉到	$0.0089\,(\mathrm{m/s^2})$ r.m.s
	可以感觉到	$0.0283\,(\mathrm{m/s^2})$ r.m.s
	强烈感觉到	$0.2826\,(\mathrm{m/s^2})$ r.m.s
	不能忍受	$2.826\,(\mathrm{m/s^2})$ r.m.s
VDI2057（1986 年）	感觉不到	$<0.0036\,(\mathrm{m/s^2})$ r.m.s
	刚能感觉到	$0.0036\sim0.0143\,(\mathrm{m/s^2})$ r.m.s
	容易感觉到	$0.0143\sim0.0225\,(\mathrm{m/s^2})$ r.m.s
	强烈感觉到	$0.571\sim0.225\,(\mathrm{m/s^2})$ r.m.s
	非常强烈感觉到	$0.225\sim3.5714\,(\mathrm{m/s^2})$ r.m.s
BS6841（1987 年）	感觉不到	$0.005\sim0.01\,(\mathrm{m/s^2})$ r.m.s
	刚能感觉到	$0.01\sim0.02\,(\mathrm{m/s^2})$ r.m.s
	容易感觉到	$0.02\sim0.04\,(\mathrm{m/s^2})$ r.m.s
	强烈感觉到	$0.08\sim0.16\,(\mathrm{m/s^2})$ r.m.s
	非常强烈感觉到	$0.16\sim0.315\,(\mathrm{m/s^2})$ r.m.s

注：表中峰值是指峰值加速度，除 Chang 的数据是 0.1～0.25Hz 外，其余数据频率范围为 1～2Hz。$\mathrm{r.m.s}=\left[\dfrac{1}{T}\displaystyle\int_0^T a_{\mathrm{w}}(t)\mathrm{d}t\right]^{1/2}$
其中 T 是振动信号的持续时间，$a_{\mathrm{w}}(t)$ 是经过频率加权后振动信号的加速度。

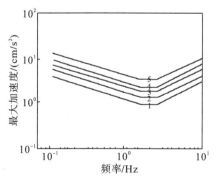

1.日本标准H-10，1年风载 10min内最大加速度
2.日本标准H-30，1年风载 10min内最大加速度
3.日本标准H-50，1年风载 10min内最大加速度
4.日本标准H-70，1年风载 10min内最大加速度
5.日本标准H-90，1年风载 10min内最大加速度

图 1.9　日本舒适度评价标准

1.2.5　冷弯薄壁型钢结构建筑的经济性能

冷弯薄壁型钢、绿色墙材的大力发展为冷弯薄壁型钢结构建筑提供了良好的物质基础，规范标准的逐步完善是其发展的理论依据，而结构自身的抗震优势使冷弯薄壁型钢结构建筑进一步发展成为必然。但就现阶段发展情况来看，该类房屋在销售过程中存在问题。

目前制约我国住宅消费的主要原因是建筑质量和建筑价格。国内，国民收入和建筑价格之间还存在一定差距，大多数的消费者更倾心于价位相对较低的钢筋混凝土结构和砖混结构。虽然在诸多文献中已表明冷弯薄壁轻型钢结构房屋的综合经济效益优于传统结构房屋，但是，按照国内消费者平均收入情况来看，冷弯薄壁轻型钢结构体系房屋主要还是面向中、高收入阶层人群(何保康，2008；周绪红等，2010；朱榆萍，2016)。

综上所述，冷弯薄壁型钢结构建筑在国家政策、技术规程、结构性能方面已相对较为充分，且随着相关标准的优化与构件的标准化、产业化生产，单位面积的造价有望等同甚至低于传统结构的造价(何保康，2008；周绪红等，2010；朱榆萍，2016)。但是房屋计量计价模式、经济效益等问题却阻碍、限制着其发展。基于此背景，为保证该类房屋在未来住宅市场顺利发展，房屋的各个方面均需要进一步完善，以某房屋为研究对象，展开其在现行工程量清单计价模式下的经济性能研究。对计价组成进行细化分析，针对影响成本较大的部分进行优化，或改变结构形式，或优化材料成本，以便房屋更能适应于在建筑市场进行推广应用。

1.3　规范中连接构造及结构限值要求

2001 年美国、加拿大和墨西哥等国家现行设计规范为 2015 版《北美冷成型钢构件设计规范》(American Iron and Steel Institute，2015)。我国 2002 年颁布了国家标准《冷弯薄壁型钢结构技术规范》(GB 50018—2002)(中华人民共和国建设部，2003)，此规范中提供了各类构件设计方法，但其适用的型钢构件壁厚不宜大于 6mm；且连接采用的是焊接及螺栓连接，此种连接方式不适用于壁厚小于 2mm 的杆件，很容易发生板件受拉的撬曲及受剪的挤压破坏。

我国 2011 年发布了《低层冷弯薄壁型钢房屋建筑技术规程》(JGJ 227—2011)(中华人民共和国住房和城乡建设部，2011)，此规程中给出了承重杆件壁厚不宜小于 0.6mm，主要承重杆件壁厚不宜小于 0.75mm，且承重构件的壁厚可不大于 2mm；还给出连接方式采用螺钉连接，且螺钉群连接承载力应进行折减；规定了超薄壁结构中构件的计算、墙体构造、单位长度墙体抗剪强度设计值，并给出了墙体抗剪试验方法等，这些为本书的试验试件设计、加载方式及数据处理，墙体及构件的理论计算提供了方法及依据。多层冷弯薄壁型钢住宅结构体系在国内研究及应用刚刚起步，我国 2018 年发布的《冷弯薄壁型钢多层住宅技术标准》(JGJ/T 421—2018)(中华人民共和国住房和城乡建设部，2018)给出能用于 8 度及以下地区的限制条件，基于多层住宅的墙体抗剪性能的研究开展极少，结构的抗震及抗风设计方法还未形成。

超薄壁冷弯型钢结构体系属于装配式钢结构范畴，《装配式钢结构建筑技术标准》(GB 51232—2016)(中华人民共和国住房和城乡建设部，2016)5.2.3 条指出，装配式钢结构建筑结构体系应对薄弱部位采取有效的加强措施，但如何加强并未给出；在多遇地震标准值作用下，弹性层间位移角不宜大于 1/250。《低层冷弯薄壁型钢房屋建筑技术规程》(JGJ 227—2011)(中华人民共和国住房和城乡建设部，2011)规定在多遇地震作用标准值下产生的层间位移与层高之比不应大于 1/300。

综上所述，国内外对超薄壁多层冷弯型钢结构体系房屋开展的各项研究已初见端倪，但目前还不能形成完整的理论体系用以系统指导制定规范和工程应用。学者们通过试验研究得到大量的墙体受剪承载力数据，对墙体组成部分如何影响墙体受剪承载力也有一定的研究，但未对基于多层房屋的高轴压下墙体抗剪性能开展研究，未提出构造加强措施，未开展含有楼层连接这种薄弱构造的整体墙体的抗剪性能的研究，这些都大大限制了该结构体系的推广应用。

1.4 本书主要内容

鉴于超薄壁多层冷弯型钢结构分散承载，具有明显的空间整体性、传统的抗震设计方法已不再实用，需通过研究获得结构高效的抗震设计方法；又因多层结构房屋杆件多且有面板蒙皮，构件间及构件与龙骨间大量采用自攻螺钉连接，上下层组合墙体间、墙体与楼板连接间、龙骨与面板间、抗拔锚栓与墙架柱间、顶底梁与楼层梁间传力复杂，且采用精细化建模方法计算效率低，不容易收敛，因此如何把复杂结构简化为可高效计算的简化力学计算分析模型并完成结构抗震设计至关重要。研究处于薄弱部位的楼层连接处部件工作机理，在结构抗震设计中解决楼层梁及配套加劲件宽肢薄壁受压屈曲问题，并解决多层带来的轴压增大引起破坏模式、恢复力骨架特征值变化及楼层连接部位简化等新问题，方可完成结构高效的抗震设计。结构体系具有更小的阻尼和更柔的特性，且结构自振周期与风速的长卓越周期较为接近，因而成为风敏感结构。风载较大时，会使屋面揭开，造成严重破坏，因而其成为结构设计的重要荷载之一甚至控制荷载。风载较小时房屋会产生摇晃，居住者会产生强烈的不舒适感，情况严重时使人无法忍受；结构轻柔及外形的个性化，横风向响应逐渐大于顺风向振动，扭转振动问题也较为突出；往复风载作用也易造成自攻螺钉孔洞变大，发生拉脱破坏，造成面板与龙骨脱开，降低承载能力并影响耐久性。因此，有必要系统开展冷弯薄壁型钢房屋结构的抗风传力体系特点、风致破坏特点及机理、墙面及屋面系统的抗风设计，舒适度评价指标及评定方法，风载下连接可靠性及损伤评定方法等研究，以提高结构抗风能力。

基于此，本书结合四川省科技支撑计划项目"节能环保围护材料及轻钢生态房集成技术研究与应用(2011GZ0043)"、四川省科技创新苗子工程资助项目"超薄壁冷弯 C 型钢空间节点抗震性能研(20132085)"、四川省科技支撑计划项目"秸秆粉煤灰节能墙材与全装配式轻钢生态集成房屋关键技术研究与应用(2016GZ0318)",针对冷弯薄壁型钢结构体系房屋中存在的问题,开展了部件抗震性能及结构抗震设计方法等重要问题的研究,主要包括层间加强方法、组合墙体-楼板节点抗震、含有楼层连接处的双层组合墙体抗剪及结构的抗震设计方法等。提出了一系列创新解决方法,包括"多层房屋冷弯薄壁型钢梁柱结构体系(ZL201210564012.8)""冷弯薄壁型钢结构房屋外墙结构体系(ZL2016108 76109.0)""弯薄壁型钢房屋层间加强部件(ZL201610876110.3)""冷弯薄壁型钢结构房屋内墙结构体系(201611100380.1)""冷弯薄壁型钢房屋内墙层间加强部件(201611100381.6)",为该结构体系的工程化应用提供一定参考。

1) 墙架柱-楼层梁空间节点抗震性能研究

(1) 研究不同墙架柱截面、不同轴压比、不同连接方式等因素对节点抗震性能的影响规律,并获得随加载进行损伤变化情况,得到节点力学计算简图。

(2) 采用有限元软件 ANSYS 建立节点的有限元模型,确定有限元分析的可行性,并对节点进行参数化建模分析,讨论不同部件及构造对节点抗震性能的影响规律。

2) 组合墙体-楼板空间节点抗震性能研究

通过试验研究对龙骨覆板后节点抗震性能,得到节点在不同连接方式、轴压比、墙架龙骨截面形式等因素对节点抗震性能的影响规律,并得到节点破坏特征、简化力学计算简图及损伤变化规律。

3) 往复荷载作用下双层组合墙体抗剪性能研究

双层墙体间的楼层连接处是结构的薄弱部位,其抗剪连续性是影响墙体抗剪性能的关键,研究不同墙体类型、不同轴压力、抗拔锚栓形式及数量、墙架龙骨截面尺寸、面板类型及厚度等因素对双层墙体抗剪性能影响规律;获得诸因素对墙体恢复力骨架曲线特征值影响规律;获得墙体破坏模式、获得层间位移角、刚度及承载力退化曲线等。通过有限元分析,获得墙体面板厚度、不同类型面板、楼层梁间距、锚栓直径等因素对组合墙体抗震性能的影响规律。

4) 基于损伤的多层房屋结构抗震性能设计方法研究

(1) 依据已完成的国内外低层房屋振动台试验结论,结合单双层组合墙体试验、组合墙体-楼板节点试验结论,建立震损特征、损伤等级与允许损伤指数三者间的对应关系,得到不同损伤等级的顶层位移角、层间位移角允许限值,形成评定结构在水平地震作用下的损伤判据,获得多层房屋基于损伤的抗震设计方法。

(2) 利用 SAP2000 中 Pivot 连接单元可对组合墙体进行简化模拟,建立结构简化力学分析模型,获得结构在不同地震强度下的损伤状态,评定结构损伤等级,调整 Pivot 单元中能够表征墙体恢复力骨架曲线的特征值,完成结构基于损伤的抗震设计。

5) 多层冷弯薄壁型钢结构房屋风致响应研究

(1) 设计并制作规则体型的多层房屋气弹性模型,对气弹性模型进行模态试验,通过频率、阻尼比、振型等参数与期望结果的对比来验证气弹性模型的合理性。

(2) 对气弹性模型进行不同风向角、不同风速下的风洞模拟试验,得到模型位移、加速度等数据,分析各种工况下结构的风致响应规律,并分析结构承载能力极限状态的安全性及正常使用的舒适性。

(3) 利用有限元软件 ANSYS 建模,验证采用有限元方法计算风致响应合理性,并建立复杂多层结构房屋模型,对其进行参数化风致响应分析,获得结构舒适度及改善方法的可行性。

(4) 运用 SAP2000 建立考虑墙体-楼盖梁连接体系连接刚度的多层整体计算简化力学模型,计算时程风荷载作用下多层房屋的加速度及位移响应,结合相关评价标准给出房屋舒适度评价,并给出改进措施,降低风载作用下房屋的风致振动。

6) 冷弯薄壁型钢结构房屋经济性能分析

在清单计价模式下对该类建筑与传统结构建筑的工程造价进行对比分析,以研究房屋的造价构成,为优化结构、降低造价提供参考。

(1) 以某低层房屋为研究对象,利用 PKPM 结构设计软件,在保证建筑轴线相同的情况下,设计出同抗震设防烈度、同使用功能的钢筋混凝土框架结构、砖混结构房屋。

(2) 利用广联达计量系列软件,算出三种结构清单工程量,编制各工程量清单,并对三种结构建筑的清单工程量进行对比,从工程量角度对比其与传统房屋在建设费用方面的异同。

(3) 以工程量清单计价方式为基础,运用广联达计价软件对三种结构房屋进行工程造价对比,得到其与其他两种结构在计价组成上的差异,进而提出降低该类房屋工程造价的措施。

参 考 文 献

陈明, 马晓飞, 赵根田, 2015. 冷弯型钢组合截面 T 形节点抗震性能研究[J]. 工程力学, 32(1): 184-191.

陈伟, 叶继红, 许阳, 2017. 夹芯墙板覆面冷弯薄壁型钢承重复合墙体受剪试验[J]. 建筑结构学报, 38(7): 85-92.

陈卫海, 2008. 高强冷弯薄壁型钢骨架带交叉支撑墙体抗剪性能研究[D]. 西安: 西安建筑科技大学.

褚云朋, 王秀丽, 姚勇, 2019. 冷弯薄壁型钢墙体-楼板节点抗震性能试验研究[J]. 浙江大学学报, 53(4): 732-742.

褚云朋, 姚勇, 2016. 超薄壁冷弯型钢矩形截面墙架柱-楼层梁连接抗震性能试验研究[J]. 建筑结构学报, 37(7): 46-53.

褚云朋, 姚勇, 陈俊颖, 等, 2017. 冷弯薄壁型钢房屋层间加强部件: 中国, CN201610876110.3[P].2017-02-22.

褚云朋, 姚勇, 古松, 等, 2017. 冷弯薄壁型钢结构房屋内墙结构体系: 中国, CN201611100380.1[P].2017-05-31.

褚云朋, 姚勇, 王汝恒, 等, 2012. 冷弯薄壁方钢管梁柱结点抗震性能试验研究[J]. 土木工程学报, 45(6): 101-109.

高红伟, 2015. 多层冷弯薄壁型钢房屋风致响应分析与抗风对策[D].绵阳:西南科技大学.

高红伟, 姚勇, 褚云朋, 等, 2015. 多层冷弯薄壁型钢房屋脉动风速风压模拟[J].四川建筑科学研究,41(2):51-54,60.

高宛成, 肖岩, 2014. 冷弯薄壁型钢组合墙体受剪性能研究综述[J]. 建筑结构学报, 35(4): 30-40.

郭鹏, 何保康, 周天华, 等, 2010. 冷弯型钢骨架墙体抗侧移刚度计算方法研究[J]. 建筑结构学报, 31(1): 1-8.

郭彦林, 陈绍蕃, 1990. 冷弯薄壁槽钢短柱局部屈曲后相关作用的弹塑性分析[J]. 土木工程学报, 23(3): 36-46.

何保康, 郭鹏, 王彦敏, 等, 2008. 高强冷弯型钢骨架墙体抗剪性能试验研究[J]. 建筑结构学报, 29 (2): 72-78.

黄智光, 2010. 低层冷弯薄壁型钢房屋抗震性能研究[D]. 西安: 西安建筑科技大学.

黄智光, 苏明周, 何保康, 等, 2011. 冷弯薄壁型钢三层房屋振动台试验研究[J]. 土木工程学报, 44(2): 72-81.

黄智光, 王亚军, 苏明周, 等, 2012. 冷弯薄壁型钢墙体恢复力模型及房屋地震反应简化分析方法研究[J]. 土木工程学报, 45(2): 26-35.

李斌, 2010. 开门窗洞口的冷弯薄壁型钢组合墙体抗剪性能[D]. 苏州: 苏州科技学院.

李斌, 曹芙波, 赵根田, 2008. 冷弯 C 型钢节点抗震性能的研究与分析[J]. 土木工程学报, 41(9): 34-39.

李杰, 2008. 低层冷弯薄壁型钢结构住宅新型构件性能研究[D]. 北京: 清华大学.

李元齐, 刘飞, 沈祖炎, 等, 2012.S350 冷弯薄壁型钢住宅足尺模型振动台试验研究[J]. 土木工程学报, 45(10): 135-144.

李元齐, 刘飞, 沈祖炎, 等, 2013. 高强超薄壁冷弯型钢低层住宅足尺模型振动台试验[J]. 建筑结构学报, 34(1): 36-43.

李元齐, 马荣奎, 2017. 冷弯薄壁型钢龙骨式剪力墙抗震性能简化及精细化数值模拟研究[J].建筑钢结构进展, 19(6): 25-34.

李元齐, 帅逸群, 沈祖炎, 等, 2015. 冷弯薄壁型钢自攻螺钉连接抗拉性能试验研究[J]. 建筑结构学报, 36(12): 143-151.

刘晶波, 陈鸣, 刘祥庆, 等, 2008. 低层冷弯薄壁型钢结构住宅整体性能分析[J]. 建筑科学与工程学报, 25(4): 6-12.

马荣奎, 2014. 低层冷弯薄壁型钢龙骨体系房屋抗震性能精细化数值模拟研究[D]. 上海: 同济大学.

马荣奎, 李元齐, 2014. 低层冷弯薄壁型钢龙骨体系房屋抗震性能有限元分析[J]. 建筑结构学报, 35(5): 40-47.

聂少锋, 2006. 冷弯型钢立柱组合墙体抗剪承载力简化计算方法研究[D]. 西安: 长安大学.

欧进萍, 何政, 吴斌, 等, 1999. 钢筋混凝土结构基于地震损伤性能的设计[J].地震工程与工程振动, (1): 21-30.

乔存怀, 2006. 钢板连接对冷弯薄壁 C 型钢梁柱节点的受力影响及有限元分析[D]. 重庆: 重庆大学.

沈祖炎, 刘飞, 李元齐, 2013. 高强超薄壁冷弯型钢低层住宅抗震设计方法[J].建筑结构学报,34(1):44-51.

石宇, 2008. 水平地震作用下多层冷弯薄壁型钢结构住宅的抗震性能研究[D]. 西安: 长安大学.

石宇, 周绪红, 苑小丽, 等, 2010. 冷弯薄壁卷边槽钢轴心受压构件承载力计算的折减强度法[J]. 建筑结构学报, 31(6): 78-86.

史三元, 邵莎莎, 陈林, 等, 2010. 多层冷弯薄壁型钢结构住宅抗震性能分析[J]. 河北工程大学学报: 自然科学版, 27(4): 1-4.

史艳莉, 王文达, 靳垚, 2012. 考虑墙体作用的低层冷弯薄壁型钢轻型房屋住宅体系弹塑性动力分析[J]. 工程力学, 29(12): 186-195.

苏明周, 黄智光, 孙健, 等, 2011. 冷弯薄壁型钢组合墙体循环荷载下抗剪性能试验研究[J]. 土木工程学报, 44(8): 42-51.

童悦仲, 刘美霞, 2005. 澳大利亚冷弯薄壁轻钢结构体系[J]. 住宅产业, 6: 89-90.

童悦仲, 娄乃琳, 2004. 美国的多层轻钢结构住宅[J]. 住宅产业, 58(11): 36-39.

万馨, 赵根田, 张建, 2009. 冷弯薄壁型钢梁柱节点抗震性能试验研究[J]. 建筑科学, 25(3): 7-10.

汪洋, 2006. 冷弯薄壁 C 型钢组合梁柱加腋连接板结点试验研究[D]. 重庆: 重庆大学.

王军, 2005. 冷弯薄壁型钢框架半刚性节点动力性能试验研究及有限元分析[D]. 重庆: 重庆大学.

王嵘, 2017. 多层冷弯薄壁型钢结构房屋风致响应研究[D].绵阳:西南科技大学.

王秀丽, 褚云朋, 姚勇, 等, 2015. 超薄壁冷弯型钢 C 型墙架柱-楼层梁连接抗震性能试验研究[J]. 土木工程学报, 48(7): 51-59.

徐龙河, 单旭, 李忠献, 2013. 强震下钢框架结构易损性分析及优化设计[J]. 工程力学, 30(1): 886-890.

徐龙河，单旭，李忠献，2016. 基于概率的钢框架结构地震失效模式识别方法[J]. 工程力学，33（5）：66-73.

徐龙河，吴耀伟，李忠献，2015. 基于性能的钢框架结构失效模式识别及优化[J]. 工程力学，32（10）：44-51.

徐龙河，杨冬玲，李忠献，2011. 基于应变和比能双控的钢结构损伤模型[J]. 振动与冲击，30（7）：218-222.

杨清平，袁旭东，孙丽，2011. 基于塑性变形的钢结构地震损伤量化[J]. 沈阳建筑大学学报，27（5）：886-890.

姚勇，褚云朋，邓勇军，等，2011. 低层冷弯薄壁型钢结构体系动静性能数值模拟[J]. 建筑结构，41（2）：41-45.

叶继红，陈伟，彭贝，等，2015. 冷弯薄壁 C 型钢承重组合墙耐火性能简化理论模型研究[J]. 建筑结构学报，36（8）：123-132.

郑山锁，孙乐彬，程洋，等，2015a. 考虑累积耗能损伤的钢框架结构抗震能力分析[J]. 建筑结构，45（10）：32-37.

郑山锁，代旷宇，孙龙飞，等，2015b. 钢框架结构的地震损伤研究[J]. 地震工程学报，37（6）：290-297.

中华人民共和国建设部，2002. 冷弯薄壁型钢结构技术规范：GB 50018—2002[S]. 北京：中国计划出版社.

中华人民共和国住房和城乡建设部，2011. 低层冷弯薄壁型钢房屋建筑技术规范：JGJ 227—2011 [S]. 北京：中国建筑工业出版社.

中华人民共和国住房和城乡建设部，2016. 装配式钢结构建筑技术标准：GB /T 51232—2016 [S]. 北京：中国建筑工业出版社.

中华人民共和国住房和城乡建设部，2018. 冷弯薄壁型钢多层住宅技术标准：JGJ/T 421—2018 [S]. 北京：中国建筑工业出版社.

钟延营，2010. 冷弯薄壁型钢 C-C 型梁柱钢板-螺栓节点力学性能研究[D]. 北京：北京交通大学.

周天华，刘向斌，杨立，等，2013. LQ550 高强冷弯薄壁型钢组合墙体受剪性能试验研究[J]. 建筑结构学报，34（12）：62-68.

周绪红，管宇，石宇，2017. 多层冷弯薄壁型钢结构住宅抗震性能分析[J]. 建筑钢结构进展，19（6）：11-15.

周绪红，石宇，周天华，等，2006. 冷弯薄壁型钢结构住宅组合墙体受剪性能研究[J]. 建筑结构学报，27（3）：42-47.

周绪红，石宇，周天华，等，2010. 冷弯薄壁型钢组合墙体抗剪性能试验研究[J]. 土木工程学报，43（5）：38-44.

周知，钱江，黄维，2016. 基于修正的 Park-Ang 损伤模型在钢构件中的应用[J]. 建筑结构学报，37（5）：448-454.

朱榆萍，2016. 基于清单计价模式的某低层冷弯薄壁型钢房屋经济性研究[D].绵阳:西南科技大学.

American Iron and Steel Institute，2015. North American standard for seismic design of cold-formed steel structural systems：AISI-S400-2015[S].Washington DC：American Iron and Steel Institute.

Dong J，Wang S Q，Zhang X J，2004. Finite element analysis for the hysteretic behavior of cold-formed thin-wall steel members under cyclic uniaxial loading[C]. Proceedings of the 3rd International Conference on Earthquake Engineering. Nanjing，10：397-405.

Dubina D，2008. Behavior and performance of cold-formed steel-framed houses under seismic action[J]. Journal of Constructional Steel research，64（7/8）：896-913.

Folz B，Filiatrault A，2001. Cyclic analysis of wood shear walls[J]. Journal of Structural Engineering，ASCE，127（4）：433-441.

Fulop L A，Dubina D，2004. Performance of wall-stud cold formed shear panels under monotonic and cyclic loading-Part I：experimental research[J].Thin-Walled Structures，42（2）：321-338.

Gad E F，Duffield C F，Hutchinson G L，1999. Lateral performance of cold-formed steel-framed domestic structures [J]. Engineering Structures，21（1）：83-95.

Iman F, Mohd H O, Mahmood M T, 2016. Behaviour and design of cold-formed steel c-sections with cover plates under bending[J]. International Journal of Steel Structures，16（2）：587-600.

Lewandowski M J，Gajewski M，Gizejowski M，2015. Numerical analysis of influence of intermediate stiffeners setting on the stability behaviour of thin-walled steel tank shell[J]. Thin-Walled Structures，90：119-127.

Liu S D，Xian Z Z，Kim J R，2018. Rasmussen cyclic performance of steel storage rack beam-to-upright bolted connections[J]. Journal of Constructional Steel Research，148：28-48.

Mahaarachchi D，Mahendran M，2004. Finite element analysis and design of crest-fixed trapezoidal steel claddings with wide pans subject to pull-through failures[J]. Engineering Structures，26（11）：1547-1559.

Mahaarachchi D，Mahendran M，2005. Strength of screwed connections in crest-fixed trapezoidal steel claddings[J].Australian Journal of Structural Engineering，6（1）：11-23.

Manikandan P，Sukumar S，2015. Behaviour of stiffened cold-formed steel built-up sections with complex edge stiffeners under bending[J]. Journal of Civil Engineering,19（7）：2108-2115.

Nakashima M，Roeder C W，Maruoka Y, 2000. Steel Moment Frames for Earthquake in United States and Japan[J]. Struct. Engrg.，126（8）：861-868.

North American specification forth design of cold-formed steel structural members: AISIS100-2007[S]. Washington DC，USA：American Iron Steel Institute.

Park Y J，Ang A S H，1985. Mechanistic seismic damage model for reinforced concrete[J]. Journal of Structural Engineering，ASCE，111（4）：722-739.

Serrette R L，Lam I，Qi H，2006. Cold-Formed steel frame shear walls utilizing structural adhesives[J]. Journal of Structural Engineering，132（4）：591-599.

Serrette R，Chau K，2006. Estimating drift in cold-formed steel frame structures[C]// Structures Congress 2006：Structural Engineering and Public Safety. Reston，VA：American Society of Civil Engineers：1-11.

Serrette R，Lam I，Qi H，et al.，2006. Cold-formed steel frame shear walls utilizing structural adhesives[J]. Journal of Structural Engineering，ASCE，132（4）：591-599.

Tian Y S，Wang J，Lu T J，2004. Racking strength and stiffness of cold-formed steel wall frames[J]. Journal of Constructional Steel Research，60（7）：1069-1093.

Xu L，Martínez J，2006. Strength and stiffness determination of shear wall panels in cold-formed steel framing[J]. Thin-Walled Structures，44（10）：1084-1095.

Ye J H，Feng R Q，Chen W，et al.，2016. Behavior of cold-formed steel wall stud with sheathing subjected to compression[J]. Journal of Constructional Steel Research，116：79-91.

Ye J H，Wang X X，Jia H Y，et al.，2015. Cyclic performance of cold-formed steel shear walls sheathed with double-layer wallboards on both sides [J]. Thin- Walled Structures，92：146-159.

第2章 超薄壁冷弯型钢房屋层间加强方法

2.1 引 言

超薄壁冷弯型钢房屋主要承重的型钢龙骨构件壁厚多采用 Q235、Q345、Q460 及 Q550 钢，厚度为 0.46~2mm，当用于主承力构件时，厚度应不小于 0.75mm。结构由组合墙体、组合楼板及屋盖组成，此三部分所对应的墙架龙骨、楼层梁及屋架均采用超薄壁冷弯型钢，都要依托外覆的面板构成组合构件才能很好地承受外加荷载作用，因为超薄壁可采用自攻螺钉方便快捷地对构件间以及对构件和面板间进行连接。对房屋整体结构、组合墙体-楼板连接、双层组合墙体构造进行分析研究，依据《低层冷弯薄壁型钢房屋建筑技术规程》(JGJ 227—2011)(中华人民共和国住房和城乡建设部，2011)给出的相关连接构造方法及施工过程中的装配流程，结合结构传力，提出连接构造改进及层间加强方法，使其成为结构抗震概念设计的重要组成部分，将其应用于多层房屋整体结构设计中，以提高房屋抗震性能。

2.2 组合墙体构造分析

组合墙体主要由墙架龙骨、顶底导轨梁、边梁、抗拔锚栓及墙体面板等组成，为提高整体性，墙体内部设置支撑、拉条和撑杆等构件(图 2.1)，可看到墙体内部龙骨数量多。为提高施工精度，节省工时，当前房屋建造过程中单层墙段龙骨在工厂加工生产，后运到现场，在楼层连接处采用抗拔锚栓及配套抗拔件进行装配。楼层梁墙架柱等承重构件多采用 C 型截面，U 型截面被用作导顶梁或边梁，套在 C 型截面构件的端头，并采用自攻螺钉连接固定。

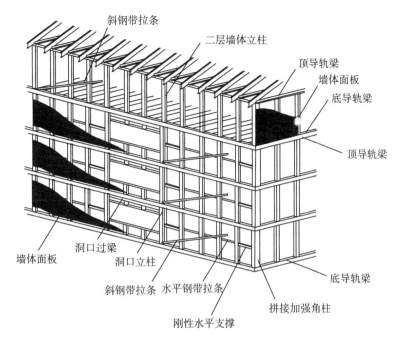

图 2.1　墙体结构系统示意

2.3　组合墙体-楼层梁连接方法

由于上下层墙段被楼板隔开，墙体在结构上不连续，还必须设置贯通楼板的抗拔锚栓将上下层墙段连成整体。此种连接方式适合建筑工业化施工，但此种连接(尤其应用于多层房屋中时)承受地震作用却非常不利，且不符合工程结构设计中"强墙弱梁"的设计原则，楼盖与墙体连接见图 2.2，边梁和楼层梁均为高截面薄壁构件，稳定性差，其在同一标高内，楼盖梁上部为楼板，可看到传力到楼板下底面时，继续往下传，形成了承载的薄弱层。楼层梁与上下层墙架柱连接细部见图 2.3，楼层梁与边梁、楼层梁与顶底梁间均采用自攻螺钉连接，且抗拔锚栓穿过顶底梁，穿过楼板，抗拔件的背板与上下层墙架柱间通过自攻螺钉连接。依据构造可知：楼层梁容易发生局部压屈，因此需采用局部加强方法，提高楼层梁及配套加劲件抗破坏能力，同时抗拔锚栓起到协调上下楼层变形的功能，为关键传力部件。

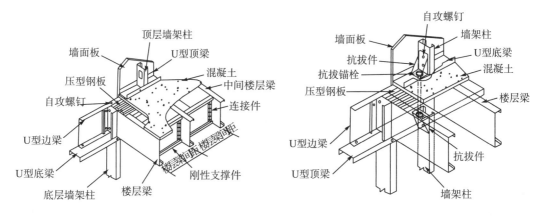

图 2.2   楼盖与墙体连接构造   图 2.3   楼层梁与上下层墙架柱连接

2.3.1   规程推荐连接传力机理及构造规定

依据《低层冷弯薄壁型钢房屋建筑技术规程》(JGJ 227—2011)(中华人民共和国住房和城乡建设部, 2011)给出的连接构造方法, 组合楼板支承在组合墙体上。要使得上下层墙体协同受力, 墙体间要设置抗拔锚栓, 锚栓上的抗拔件与上下层墙架柱采用自攻螺钉连接, 以抵抗上部结构传来的弯矩和剪力。规程规定其间距不宜大于 6m, 沿外部抗剪的墙体锚栓间距不应大于 2m, 抗拔锚栓设置见图 2.4 所示。抗拔连接件的立板厚度不宜小于3mm, 底板钢板及垫片厚度不宜小于 6mm, 与立柱连接的螺钉应采用计算确定, 且不宜少于 6 颗, 确保上下层墙体间、墙体与基础间能够可靠传力, 示意见图 2.5(a)(b)所示。且抗拔锚栓直径大小及数量需按计算确定, 抗拔锚栓、抗拔件大小及所用螺钉的数量应由计算确定, 且锚栓规格不宜小于 M16。

组合墙体和楼板的连接中, 支承在组合墙体上的部分楼层梁成为整个连接体系中薄弱部分, 目前采用的在支座处加设加劲件只是对梁抗局部屈曲的一种补强措施, 但传力方式依然是上层墙体通过抗剪件传递给锚栓、上层底梁楼层梁及加劲件后传递到下层墙体, 楼层梁及加劲件腹板受压, 楼层梁截面高容易发生局部压曲破坏, 抗拔件细部构造如图2.5(c)所示, 其中底板和墙体的顶底梁直接相连, 立板和墙架柱间采用自攻螺钉连接, 通过连接构造。

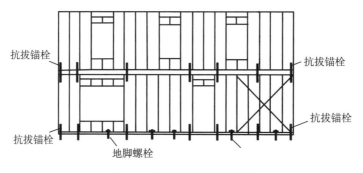

图 2.4   组合墙体抗拔件布置

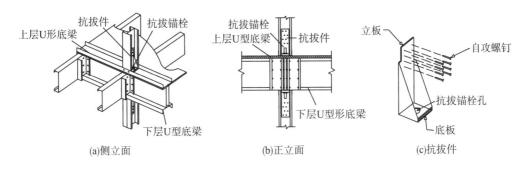

图 2.5 抗拔锚栓及抗拔件布置

2.3.2 角钢加强型连接

针对组合墙体-楼板连接中存在的传力不连续问题，提出一种角钢加强型节点，避开薄弱环节(图 2.6)，竖向墙架柱连续，楼板整体性强，可很好协调墙体共同抵抗水平地震作用，也使得该体系向多高层及公共建筑发展成为可能。采用顶底角钢进行连接，缓解顶底梁及楼层梁上荷载对 C 型钢梁与柱间自攻螺钉的破坏作用，提高墙体抗剪承载力；采用顶底角钢连接方式，可有效地将楼板传到梁上的荷载传到柱上，结构中不需再使用楼层抗剪件，极大提高楼层抗剪能力，减小层间位移角，有利于结构刚度分布均匀，不形成抗震中的薄弱环节，连接部位采用角钢进行加强，形成第二道破坏防线，进一步提高承载能力极限状态下的抗破坏能力。具体构造见发明专利"多层房屋冷弯薄壁型钢梁柱结构体系(ZL201210564012.8)"(褚云朋等，2005)。

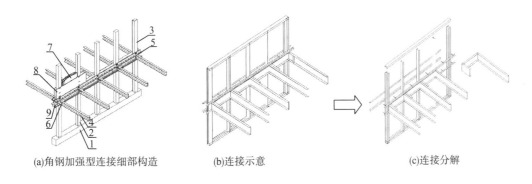

图 2.6 角钢加强型连接构造

注：1-钢筋混凝土地梁，2-矩形钢管柱，3-砂卵石，4-冷弯薄壁 C 型钢梁，5-冷弯薄壁角钢，6-自攻螺钉，7-矿棉，8-墙面面板，9-长螺栓。

具体实施时，角钢加强型连接体系中墙架柱在楼层连接处不截断，楼层梁采用折弯成 L 型的冷弯薄壁 C 型钢梁，并形成楼层梁部分、折弯部分、勾头部分，并用四根冷弯薄壁角钢通过自攻螺钉把楼盖梁固定到墙架柱上。C 型楼层梁的折弯部分的腹板通过自攻螺钉固定在每根墙架柱上，折弯部分的翼缘通过自攻螺钉固定到冷弯薄壁角钢上。L 型冷弯薄壁 C 型楼盖梁的折弯部分的长度等于相邻两根墙架柱的间距，楼盖梁在集中荷载作用下易发生局部折曲，折曲后计算强度可按《冷弯薄壁型钢多层住宅技术规程》（征求意见稿）中给出的公式计算，此类节点试验结果见本书第 3 章。

2.4　楼层连接处加强方法

随房屋层数增多，底下各层墙体承受压力将增大，各层由地震作用产生的剪力也将增大，因此形成的组合墙体在楼层连接处不连续做法始终是限制该装配式体系向多层发展的瓶颈因素，迫切需要采取加强措施，提高上下层墙段间协同工作的能力，使之符合"强连接弱墙体"的结构概念设计要求。又由于外墙宽度一般控制在 200mm 以内，如何提高墙段在楼层连接处的传力能力成为该结构体系应用到多层房屋中的瓶颈因素。

2.4.1　外墙加强方法

依托楼层连接处顶底梁间安放空间桁架加强部件，能够部分承担水平及竖向荷载作用，提高楼层连接处的薄弱部位的抗往复荷载作用破坏的能力。抗拔锚栓数量由设计规范《低层冷弯薄壁型钢房屋建筑技术规范》（JGJ 227—2011）（中华人民共和国住房和城乡建设部，2011）推荐的每个截面设置单根增加到每个截面设置两根，提高抗拔锚栓的传力能力，避免抗拔件上自攻螺钉传递竖向荷载时被剪断，且提高抗平面外失稳的能力。层间加强部件采用工厂化生产，与楼层连接处的抗拔锚栓配合使用，现场安装速度快，可将该体系应用到多层房屋中，形成分层装配的易于实施建筑工业化的多层结构体系。且不改变规程推荐的楼层连接处做法，规范规定的相关设计方法依然具有一定适用性，适合建筑工业化，单层墙段墙架柱可在工厂加工好后运到现场进行组装，施工速度快。加强部件采用空间桁架形式，造价低、自重轻、易于安装，不会明显增加房屋综合造价和房屋重量，适用性强。

桁架式加强部件安装在顶底梁之间的楼层连接处，并由抗拔锚栓穿过螺栓孔、顶梁、钢套管、底梁后，通过垫片和螺母相互固定。钢套管上相间焊接有加强箍。楼层梁内壁还背靠背紧贴有加劲件，并用自攻螺钉将加劲件固定在楼层梁上。桁架为空间立体桁架，其水平横向钢筋直径为 20mm，水平纵向钢筋及斜向钢筋直径为 16mm，所有钢筋均通过焊接方式焊接在钢套管端部的空心支座上，水平横向钢筋选用较大直径，是为提高层间加强部件抗扭能力。开孔钢板强度最好为 Q235B 型结构钢，壁厚 10mm，钢板上开有竖向椭圆形孔，椭圆长轴长度 40mm，短轴长度 10mm，孔间净距离 20mm，钢筋与钢板采用角焊缝连接，此构造能明显提高楼层连接处耗能能力，且缩短钢筋计算长度，抑制钢筋发生面外失稳。钢套管可采用壁厚 3mm 的无缝钢管制成，直径 20mm，便于抗拔锚栓穿过；在钢套管上间隔 50mm 外围焊接加强箍，加强箍高度 30mm，壁厚 5mm，进行局部加强，避免钢套管发生局部失稳；钢套管端部焊接空心支座，避免受荷载作用时沿端部拉裂或局部发生挤压破坏；钢套管对抗拔锚栓受压屈曲后具有约束变形的作用，形成约束屈曲支撑作用的效果，可抑制抗拔锚栓受压作用时屈曲失效，如图 2.7(a)(b)所示，详见发明专利"冷弯薄壁型钢房屋层间加强部件(201610876110.3)"（褚云朋等，2018）。

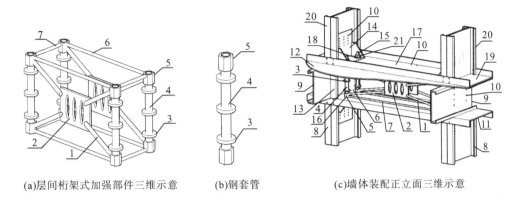

(a)层间桁架式加强部件三维示意　　　(b)钢套管　　　(c)墙体装配正立面三维示意

图 2.7　层间桁架加强部件

注：1-斜向钢筋，2-开孔钢板，3-加强箍，4-钢套管，5-空心支座，6-水平横向钢筋，7-水平纵向钢筋，8-下层柱，9-楼层梁，10-自攻螺钉，11-顶梁，12-楼面结构板，13-加劲件，14-抗拔件，15-抗拔锚栓，16-螺栓孔，17-边梁，18-垫片，19-底梁，20-上层柱，21-螺母。

将层间桁架加强部件安装到墙体端部的首跨，之后隔跨布置。安装顺序为：底层墙段龙骨与基础固定好后，将楼层梁通过自攻螺钉固定到底层 U 型顶梁上，再将楼层加劲件用自攻螺钉连接到楼层梁上，将抗拔锚栓穿过底层抗拔件的螺栓孔后，再穿过放置在底层 U 型顶梁上表面的垫片，抗拔锚栓穿过钢套管后，穿过顶层 U 型底梁后再放置垫片，拧紧上下螺母，完成层间加强部件的安装，并采用角钢进行加强。最后，采用自攻螺钉将墙面板安装在墙架上，也就完成了外墙楼层墙段的安装，如图 2.7(c)所示，详见发明专利"冷弯薄壁型钢结构房屋外墙结构体系(ZL201610876109.0)"（褚云朋等，2018）。

2.4.2　加强桁架承载性能分析

桁架加强部件中，桁架立柱与楼层梁同高，横向钢筋长度为 576mm，截面高度及宽度均为200mm，所有杆件均采用 HRB335 级光圆钢筋制作，其中竖向杆件直径为16mm，水平纵向钢筋直径为12mm，水平横向钢筋直径为12mm。钢板采用 Q235B 级材料，试件相关参数如表 2.1 所示。将钢筋桁架加工好后，安装抗拔锚栓穿过上下螺母，装配到上下楼层间，提高薄弱楼层连接处的抗压能力，桁架承受竖向荷载及水平往复荷载。主要考察部件在不同构造、不同杆件直径下的抗压性能，水平往复荷载作用下加强部件的耗能能力，屈服、极限承载力等，以便将其应用于整体结构房屋的抗震性能计算。

表 2.1　试件主要参数

序号	组别	试件编号	纵向交叉直径/mm	横向交叉直径/mm	钢板厚度/mm	水平筋直径/mm	竖向轴压力/kN
1	一	HJ1	12	—	—	10	30.2
2		HJ2	12	—	—	10	40.3
3		HJ3	12	—	—	10	50.3
4		HJ4	12	—	—	10	60.6
5	二	HJZ1	12	12	—	10	30.2
6		HJZ2	12	12	—	10	40.3
7		HJZ3	12	12	—	10	50.3
8		HJZ4	12	12	—	10	60.6
9	三	HJB1	12	—	8	10	30.2
10		HJB2	12	—	8	10	40.3
11		HJB3	12	—	8	10	50.3
12		HJB4	12	—	8	10	60.6
13	四	HJZB01	12	12	8	10	30.2
14		HJZB02	12	12	8	10	40.3
15		HJZB03	12	12	8	10	50.3
16		HJZB04	12	12	8	10	60.6
17	五	HJZB11	12	12	14	10	30.2
18		HJZB12	12	12	14	10	40.3
19		HJZB13	12	12	14	10	50.3
20		HJZB14	12	12	14	10	60.6
21	六	HJZB21	12	16	14	10	30.2
22		HJZB22	12	16	14	10	40.3
23		HJZB23	12	16	14	10	50.3
24		HJZB24	12	16	14	10	60.6

2.4.3　试验及有限元对比分析

因墙体对楼层连接处的抗压及抗水平作用能力要求较高,因此需获得楼层连接处所加部件的抗压能力,开展部件抗压性能试验获得其竖向承载能力,并验证竖向荷载作用下有限元分析的可行性,以便能将有限元分析方法用于部件在竖向固定轴压、顶部水平荷载作用下的抗剪性能及耗能能力的有限元分析。

1. 试验概况

因所做试验试件数量少且构件小,简单介绍试验情况。共进行 3 个代表试件的竖向加载试验,分别为 HJZ、HJZB0 及 HJZB1,试件尺寸见图 2.8,杆件及钢板规格见表 2.1。共布置 5 片应变片(图 2.8),标示有 1～5 号数字,其中 1 号应变片贴于竖直杆上,2 号、3 号应变片贴于横向斜杆上,4 号应变片贴于纵向斜杆上,5 号应变片贴于纵向横杆上,便于获得试件加载过程中应变变化情况，荷载值及竖向位移值均采用试验机所采集数据。将试件放到长柱试验机的底板上，施加速度 5kN/min 的单调荷载，直到试件承载力降低，停止加载。

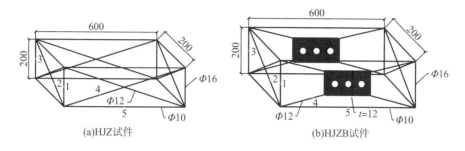

(a)HJZ试件　　　(b)HJZB试件

图 2.8　试件应变片布置图

2. 破坏模式及分析

通过图 2.9 的破坏照片可看到，破坏时试件发生的均是角部四根立柱的平面外失稳，只是失稳的荷载大小及平面外变形程度不同。

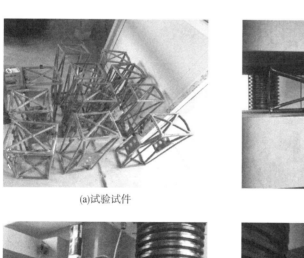

(a)试验试件

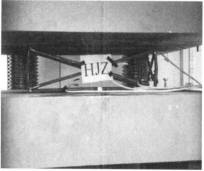

(b)HJZ破坏模式

(c)HJZB0破坏模式

(d)HJZB1破坏模式

图 2.9　试验破坏照片

通过图 2.10 的荷载-应变曲线可看到：贴于立柱上的应变片 1 的数值增加较快，横向交叉杆应变片 2 上的数值增加也很快，此两类杆在竖向荷载作用下受力较大，应用时应注意其受压整体稳定问题。

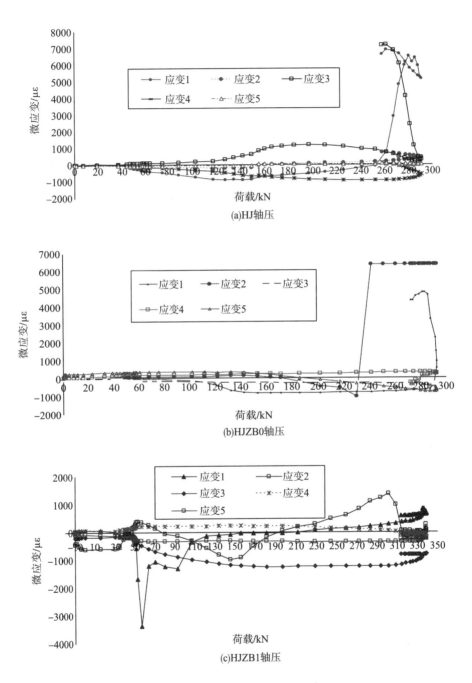

图 2.10　竖向荷载-应变曲线

3. 有限元分析模型

共进行了 4 类加强部件的有限元建模分析(图 2.11),分别为桁架模型(HJ)、桁架十字交叉支撑模型(HJZ)、桁架加耗能板模型(HJB)、桁架十字交叉支撑加耗能板模型(HJZB0),因 HJZB 类承载性能较好,在此基础上针对此类部件开展了杆件直径及耗能板厚度的参数化分析,通过改变交叉钢筋直径(HJZB1),交叉钢筋直径及钢板厚度(HJZB2)共计 6 类试件。模型采用实体单元 Solid185 来模拟,该单元为 8 节点实体单元,用于模拟 3D 实体模型。该单元由 8 个节点定义,每个节点有 3 个自由度,即沿节点坐标系 x、y 和 z 方向的平动位移。

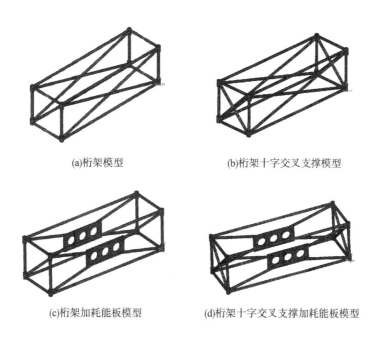

(a)桁架模型　　　　　　　　　　(b)桁架十字交叉支撑模型

(c)桁架加耗能板模型　　　　　　(d)桁架十字交叉支撑加耗能板模型

图 2.11　有限元分析模型

4. 有限元分析结果

通过图 2.12(a) 的竖向荷载-位移曲线可看到:①承载力从高到低依次为 HJZB2、HJZB1、HJZB0、HJB、HJZ、HJ,由于 HJB 系列中增加纵向耗能钢板,缩短了纵向交叉支撑的计算长度,因此承载能力有所提高,HJ 系列没有明显下降段,纵向杆件计算长度较大且横向联系弱,因此会由于突然失稳而丧失承载力。②有限元分析中 HJ 系列试件极限承载力为 187.2kN,当加载到 170.6kN 时,部件竖向位移很小,几乎可忽略不计。但加载到破坏阶段时,最大应力位于边柱上;竖向位移会突然增大,是由于纵向交叉撑杆计算长度过大,造成部件整体失稳。③HJZ 系列试件加载到 220.48kN 时,处于弹性工作阶段,之后进入弹塑形变形阶段,极限承载力为 277.50kN,对应的部件竖向加载位移仅为 0.76mm,该类部件具有很好的抗竖向变形的能力。④HJB 系列试件荷载加到 252.60kN 时处于弹性阶段，后进入弹塑形变形阶段，极限承载力为 288.0kN，对应的竖向位移仅为 0.72mm。⑤HJZB0 系列试件竖向加载到 286.60kN 时处于弹性阶段，之后进入弹塑形变形阶段，极限承载力为 324.0kN，对应的竖向位移为 0.75mm。HJZB1 系列试件极限承载力为 360.0kN，对应的竖向位移为 0.75mm。⑥HJZB2 系列试件竖向加载到 294.0kN 时处于弹性阶段，后进入弹塑形变形阶段，极限承载力为 472.3kN，对应的竖向加载位移为 2.93mm。

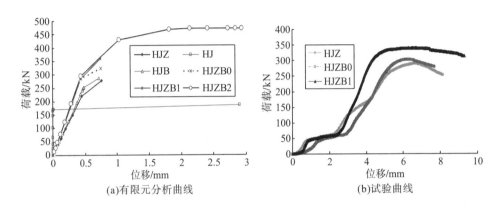

(a)有限元分析曲线   (b)试验曲线

图 2.12　竖向荷载-位移曲线

5. 竖向荷载作用下抗压性能计算

试件破坏模式为边立柱失稳，采用轴压稳定公式(2.1)进行计算，边立柱及斜向撑杆两端均为铰接。

$$N \leqslant \varphi A f \tag{2.1}$$

式中，φ 为轴心压杆稳定系数；A 为轴心压杆截面面积；f 为钢材强度设计值。

边立柱：直径 16mm，φ=0.88068，$A = 200.96\text{mm}^2$，$f = 310\text{MPa}$，$N_1 \leqslant \varphi A f = 54864.25\text{N}$

(1)斜向交叉撑杆直径 $\phi 12$：$\varphi = 0.53232$，$A = 113.04\text{mm}^2$，$f = 310\text{MPa}$。

$N_2 \leqslant \varphi A f = 18653.77\text{N}$；

$N = N_1 + N_2 \cdot \sin 45° = 68054.46\text{N}$；

$N_s = 4 \cdot N = 272217.84\text{N} = 272.22\text{kN}$。

对于此类试件，计算承载力和有限元分析结果很接近，都略低于试验承载力，但三者差值在 10%以内。

(2)斜向交叉支撑杆直径 $\phi 16$：$\varphi = 0.74254$，$A = 200.96\text{mm}^2$，$f = 310\text{MPa}$。

$N_2 \leqslant \varphi A f = 46426.67\text{N}$；

$N = N_1 + N_2 \cdot \sin 45° = 87692.86\text{N}$；

$N_s = 4 \cdot N = 350771.44\text{N} = 350.77\text{kN}$。

对于此种试件，计算承载力和试验承载力很接近，但都低于有限元分析值。

6. 试验与有限元分析结果对比

对比可发现：①试验中所有试件承载力均有下降段，为延性破坏，试件 HJZB1 极限承载力略高于 HJZB0，也高于 HJZ，且 HJZ 试件竖向极限承载力达到283.09kN，此数值完全能够满足 6 层房屋对墙体竖向抗压能力的要求。②有限元分析和试验曲线走势基本一致，都有弹塑性阶段，不会发生部件的突然破坏，但相同荷载作用下试验值略大于有限元分析值，因建模分析时未考虑初始缺陷的影响。③第四组及第六组的试件，有限元分析中极限承载力高于试验值，实验时发生的均为边立柱的平面外失稳，说明立柱的稳定是影响部件承载性能的关键。通过图 2.13 的破坏阶段部件变形分布可看到：变形分布主要在竖向杆件上，这点与试验现象(图 2.9)一致，且 HJBZ 系列杆件变形更趋均匀，没有突然增大的部位，说明整体性很强。④通过对比分析，可采用该种建模方法开展部件的参数化分析。

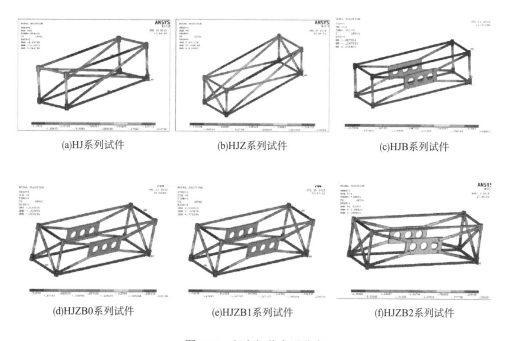

(a)HJ系列试件　　　　(b)HJZ系列试件　　　　(c)HJB系列试件

(d)HJZB0系列试件　　　　(e)HJZB1系列试件　　　　(f)HJZB2系列试件

图 2.13　竖向加载变形分布

2.4.4　有限元参数化分析

共进行表 2.1 中的 6 组 24 个试件的有限元计算分析，考虑部件不同构造，满足不同房屋层数的固定轴压荷载值。为与其在实际应用到楼层连接处的受力及约束情况相符(图 2.7)，对四根立柱底部施加 x、y、z 三个方向的位移约束，在试件顶端部施加低周往复位移荷载，获得部件各受力阶段承载能力及对应的水平位移和耗能能力。又因楼层连接处对部件变形性能要求较高，部件刚度大则抗拔件与墙架柱连接的自攻螺钉仅承受剪力作用；部件刚度小则抗拔件与墙架柱连接的自攻螺钉仅承受拉剪作用，楼层连接处易发生破坏，因此需获得加载到不同阶段的部件变形，为楼层层间构造加强及部件类别的选用提供参考。

1. HJ 系列试件受力性能

①从图 2.14 轴压 30.2kN 下部件总变形图分布可看到，随荷载增加部件变形发展情况，纵向交叉杆件先发生面外位移，后位移逐渐增加而失稳，造成试件无法继续承载，因此纵向杆件的长细比对该类部件承载力影响较大，是加强部件设计的关键。②从图 2.15 滞回耗能情况可看到，竖向轴压大小对试件耗能能力影响较大，30.2kN 和 40.3kN 两曲线形状相似，但轴压增大到 50.3kN 时曲线形状发生改变，加载到 60.6kN（6 层房屋）轴压时，部件所经过循环次数明显减少，耗能能力很差，此类加强部件建议用到 5 层房屋及以下。

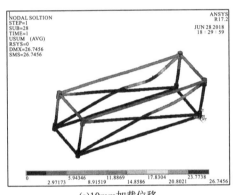

(a)10mm加载位移

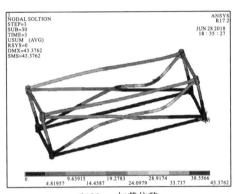

(b)20mm加载位移

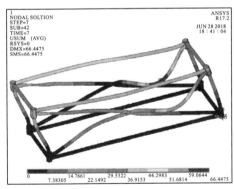

(c)40mm加载位移

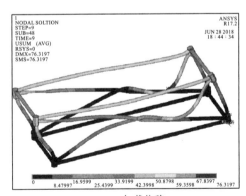

(d)50mm加载位移

图 2.14 HJ 试件变形分布

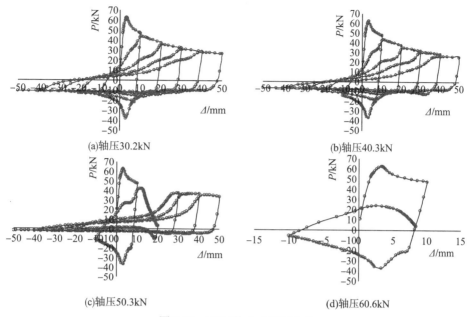

(a)轴压30.2kN

(b)轴压40.3kN

(c)轴压50.3kN

(d)轴压60.6kN

图 2.15　HJ 试件 P-Δ 滞回曲线

2. HJZ 系列试件受力性能

①轴压 30.2kN 下部件总变形分布见图 2.16，在 HJ 试件基础上增设了横向交叉斜杆，部件整体性增强，随往复加载进行，虽破坏方式依然是纵向交叉杆发生面外失稳，造成试件无法继续承载，但部件在轴压 60.6kN 下依然可经过多个加载循环，同 HJ 系列试件相比承载能力明显增强；可看到变形较大值仍先出现在纵向交叉杆上，纵向杆件的长细比依然对该部件承载力影响较大。②从图 2.17 的滞回曲线可看到：此类部件滞回曲线较饱满，耗能能力较强，随加载进行承载力在每个加载级循环都在逐步降低，但滞回环所包围的面积逐渐增大，耗能能力逐渐增强，直到模型失效。当最大轴压达到 60.6kN 的工况时，对模型承载力及耗能能力影响均较小，该部件具有很好抗外载作用的能力。部件自重轻，适合将其用于房屋的层间构造加强中，单个部件在加载水平位移到 50mm 时，水平承载力可达到 35kN。

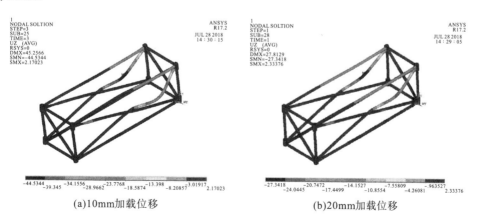

(a)10mm加载位移

(b)20mm加载位移

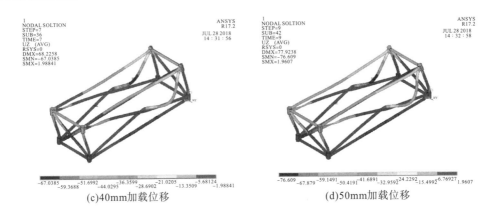

(c)40mm加载位移   (d)50mm加载位移

图 2.16   HJZ 试件变形分布

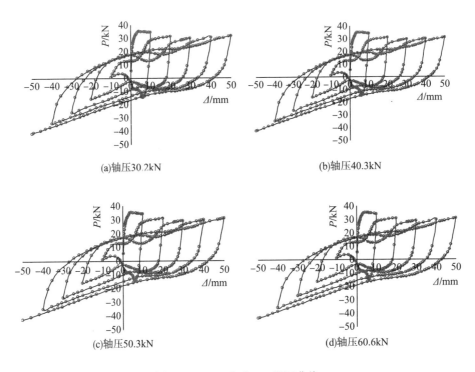

(a)轴压30.2kN   (b)轴压40.3kN

(c)轴压50.3kN   (d)轴压60.6kN

图 2.17   HJZ 系列 P-Δ 滞回曲线

3. HJB 系列试件受力性能

①从图 2.18 可看到在 HJ 试件基础上增设了纵向耗能钢板，缩短了纵向交叉支撑杆件的计算长度，部件整体性增强。随加载进行纵向交叉杆及竖向立柱均发生较大变形，造成试件无法继续承载，但部件在轴压 60.6kN 下可经过多个加载循环，承载能力与同类型相比降低不明显。②从图 2.19 滞回曲线可看到此类部件耗能能力较强，在所考察的轴压范围内，随轴压增大极限承载力及耗能能力均有所提高，原因是加设开孔的耗能钢板后，缩短了纵向交叉杆计算长度，提高了杆件受压稳定承载力。在试件不破坏情况下，

根据力矩平衡条件随轴压增加水平承载力会提高。随加载进行，前两个循环刚度退化缓慢，后刚度突然出现较大降低，是因为纵向交叉支撑杆发生了平面外位移，但依然可以继续承载。

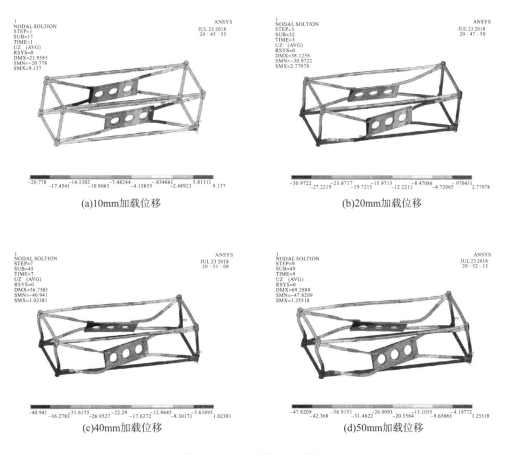

(a)10mm加载位移　　　　　　　　　　　　　　(b)20mm加载位移

(c)40mm加载位移　　　　　　　　　　　　　　(d)50mm加载位移

图 2.18　HJB 试件变形分布

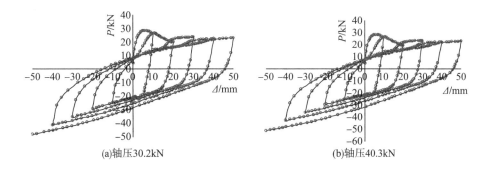

(a)轴压30.2kN　　　　　　　　　　　　　　(b)轴压40.3kN

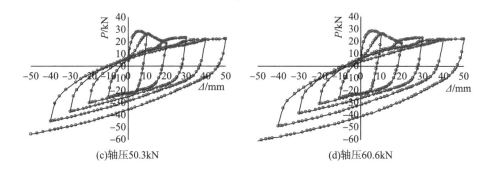

(c)轴压50.3kN   (d)轴压60.6kN

图 2.19   HJB 系列 P-Δ 滞回曲线

4. HJZB 系列试件受力性能

此系列试件承载及耗能力均很强,证明加横向交叉支撑杆及纵向的耗能钢板后,较前 3 类试件相比,整体性进一步提高。因此 3 类试件承载性能类似,仅以 HJZB0 试件在不同轴压下变形进行分析,3 类试件耗能曲线放在一起对比分析。①从图 2.20 可看出,随加

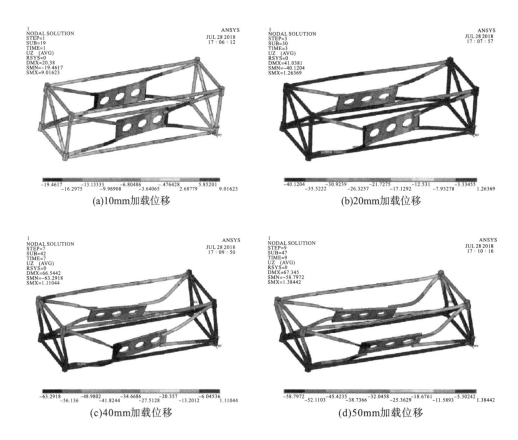

(a)10mm加载位移   (b)20mm加载位移

(c)40mm加载位移   (d)50mm加载位移

图 2.20   HJZB0 试件变形分布

载进行纵向交叉杆及竖向立柱均发生较大变形，且通过变形发展过程可看到，立柱变形后续发展较纵向交叉杆件快，因此四根立柱的受压稳定对该类试件承载力影响较大。②从图 2.21 可看出 HJZB0 系列部件滞回曲线较饱满，耗能能力较强，曲线形状很相似，在当前所加轴压数值范围内，轴压对模型承载力及耗能能力影响较小，加载到两个循环以后，存在刚度的明显降低。③从图 2.22 可看出 HJZB1 系列滞回性能同 HJZB0 比承载力会提高，但存在明显刚度退化。④从图 2.23 可看出 HJZB2 系列部件滞回曲线更为饱满，耗能能力较强，刚度没有明显退化，承载力比 HJZB0 及 HJZB1 高。

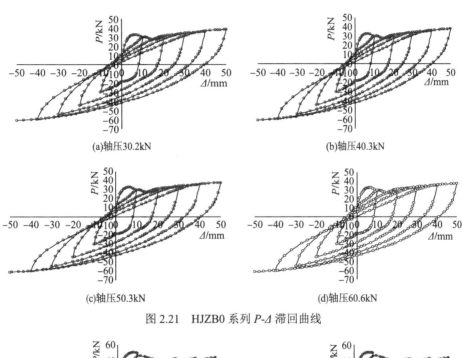

(a) 轴压 30.2kN　　　　　　(b) 轴压 40.3kN

(c) 轴压 50.3kN　　　　　　(d) 轴压 60.6kN

图 2.21　HJZB0 系列 P-Δ 滞回曲线

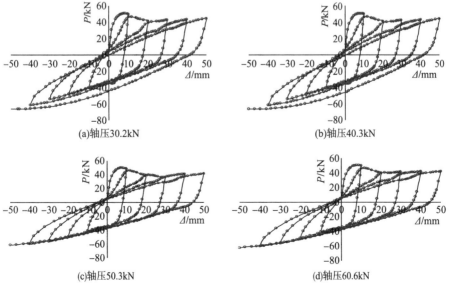

(a) 轴压 30.2kN　　　　　　(b) 轴压 40.3kN

(c) 轴压 50.3kN　　　　　　(d) 轴压 60.6kN

图 2.22　HJZB1 系列 P-Δ 滞回曲线

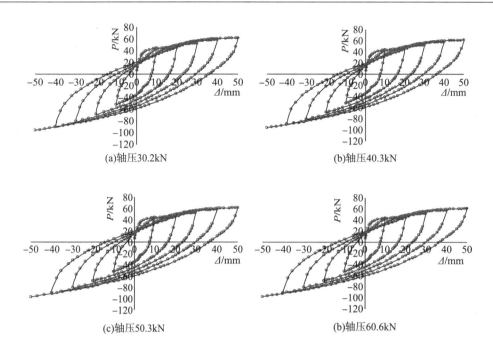

(a)轴压30.2kN　　　　　　　　　　　　　　(b)轴压40.3kN

(c)轴压50.3kN　　　　　　　　　　　　　　(b)轴压60.6kN

图 2.23　HJZB2 系列 P-Δ 滞回曲线

2.4.5　加强桁架承载性能对比

　　从表 2.2 可看出：①轴压比对 HJ 系列试件总耗能能力影响较大，随轴压力增大总耗能能力降低明显，当顶部轴压加到 60.6kN 时，水平位移仅能加载到 10mm，完成 1 个加载级别的循环，耗能能力很低。②对于其他系列试件，在所考察的轴压力范围内，轴压力对承载力及耗能能力影响均较小，且随轴压比增大，承载能力及耗能能力还稍有提高。③HJZB 系列试件比 HJZ 承载力及耗能能力略有提高，但都比 HJ 系列试件提高的多；在考察的轴压范围内，随轴压增大，承载力及耗能能力略有提高；竖向承载力 HJZ 比 HJ 高出62.7%，竖向荷载作用下试验值比有限元值约高出 2%，有限元参数化分析更接近部件真实响应；建议工程应用中采用 HJZ 系列加强部件，自重轻加工焊接工作量小，造价低承载性能也很好。④HJZB 系列试件承载及耗能能力明显好于前三种类型，对于第四及第六组别的试件，竖向荷载作用下有限元极限承载力高于试验值，试验时发生的均为边立柱的平面外失稳，说明立柱的稳定是影响部件承载性能的关键。

表 2.2　模型主要分析结果

序号	组别	试件编号	水平承载力/kN	水平最大位移/mm	总耗能能力/(kN·mm)	竖向极限承载力/kN		最大荷载对应位移/mm	
						有限元	试验	有限元	试验
1	一	HJ1	−38.65	50	7752	170.60	—	3.04	—
2		HJ2	−36.48	50	6652				

序号	组别	试件编号	水平承载力 /kN	水平最大位移 /mm	总耗能能力 /(kN·mm)	竖向极限承载力 /kN		最大荷载 对应位移/mm	
						有限元	试验	有限元	试验
3		HJ3	-36.64	50	4866	170.60	—	3.04	—
4		HJ4	-36.67	10	1150				
5		HJZ1	-41.40	50	8887	277.50	283.09	0.76	6.22
6	二	HJZ2	-41.94	50	8984				
7		HJZ3	-42.53	50	9086				
8		HJZ4	-43.27	50	9206				
9		HJB1	-47.97	50	10692	288.00	—	0.72	—
10	三	HJB2	-50.94	50	11080				
11		HJB3	-55.23	50	11629				
12		HJB4	-60.66	50	12422				
13		HJZB01	-60.69	50	15438	324.00	285.95	0.75	6.17
14	四	HJZB02	-60.76	50	15541				
15		HJZB03	-61.17	50	15641				
16		HJZB04	-61.40	50	15754				
17		HJZB11	-66.10	50	16831	360.00	—	0.75	—
18	五	HJZB12	-66.21	50	16994				
19		HJZB13	-61.34	50	16539				
20		HJZB14	-61.91	50	16727				
21		HJZB21	-95.35	50	23031	472.30	341.59	2.93	6.80
22	六	HJZB22	-96.10	50	23128				
23		HJZB23	-96.83	50	23228				
24		HJZB24	-97.72	50	23338				

2.4.6　内墙加强方法

内墙层间加强方法利用内墙加强部件完成，部件在工厂化生产，与楼层连接处的抗拔锚栓配合使用，现场安装速度快，可将该体系应用房屋内墙楼层连接处(褚云朋等，2019)，形成分层装配的易于实施建筑工业化的多层房屋结构体系。构成部件的各元件均可在市面直接购买，经简单加工即可，加工工艺简单，造价低，自重小于 15kg，体量小，易于运输和放置。

H 型钢叠层焊接加强部件易于人工搬运安装，不会明显增加房屋综合造价和房屋重量，适用性强，与楼层连接处的抗拔锚栓配合使用，不额外增加连接件，现场安装速度快，解决了该种结构体系应用到多层冷弯薄壁型钢房屋中的瓶颈问题。不会明显增加房屋重量，也就不会增加地震作用，在静载作用下连接处于弹性工作状态，加强部件能提高连接处的刚度,强震发生时加强部件进入弹塑性状态后,开孔腹板开始耗能,因此减震效果好。建筑物拆除后层间加强部件易于拆除,拆后仍可继续使用,安装在内墙墙架柱平面内,不影响建筑美观。细部见图2.24,详细内容见发明专利"冷弯薄壁型钢房屋内墙层间加强部件(201611100381.6)"(褚云朋等,2017)。

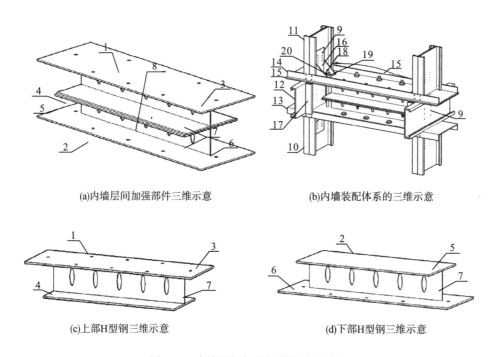

(a)内墙层间加强部件三维示意   (b)内墙装配体系的三维示意

(c)上部H型钢三维示意   (d)下部H型钢三维示意

图2.24 内墙层间加强部件及装配示意

注:1-上部H型钢,2-下部H型钢,3-上部型钢上翼缘,4-上部型钢下翼缘,5-下部型钢上翼缘,6-下部型钢下翼缘,7-腹板,8-角焊缝,9-自攻螺钉,10-下层柱,11-上层柱,12-楼层梁,13-顶梁,14-底梁,15-楼面结构板,16-抗拔件,17-加劲件,18-抗拔锚栓,19-垫片,20-螺母。

为提高上下层墙体间、墙体与楼板间协同工作能力,H型钢叠层焊接组合加强部件中部与两侧的C型钢楼层梁之间连接有角钢,两侧的C型钢楼层梁之间也连接有角钢,角钢间形成三角形结构,三角形结构和图2.24(a)通过螺栓连接,综合起到横向进一步加强作用。角钢宜采用等边L60角钢,角钢支撑能明显提高楼层处在水平方向协调墙体左右两侧楼板共同工作的能力,也避免墙体发生平面外扭转,这些构造处置措施能明显提高房屋结构整体性。细部见图2.25所示,详细内容见发明专利"冷弯薄壁型钢结构房屋内墙结构体系(201611100380.1)"(褚云朋等,2017)。

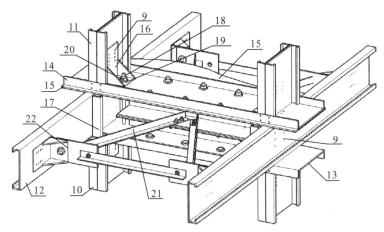

图 2.25　内墙与楼层梁加强连接三维示意

注：　9-自攻螺钉，10-下层柱，11-上层柱，12-楼层梁，13-顶梁，14-底梁，15-楼面结构板，16-抗拔件，17-加劲件，18-抗拔锚栓，19-垫片，20-螺母，21-角钢，22-角钢端部连接件。

2.4.7　内墙有限元分析

加强部件长度为 600mm，腹板开孔，能够明显提高楼层连接处耗能能力及抗水平外载作用的能力，部件安装方便，可与上下导轨梁采用普通螺栓连接固定，其重量低于 20kg，不会明显增加原结构的重量，拆装方便，建议 5 层房屋内墙采用此部件进行构造加强，能明显提高竖向及水平承载能力。建模及加载简单介绍如下：采用实体建模，求解时底部施加位移约束，与图 2.25 的工程应用相一致；在顶部施加均布面荷载，为上层底梁传给加强部件的荷载，在端部施加低周往复水平位移荷载，且翼缘上表面所有节点耦合，这与楼层连接部位在竖向轴压与水平地震产生的作用相一致。根据图 2.26，加载到 40.3kN 时加强部件的应力及应变分布情况为在加载点处应变较大，应力也较大，腹板开洞处的洞口产生应力集中现象，平均应力达到 380MPa，且竖向位移较大处也位于端部，因此应用时应尽可能不在端部开孔，以提高部件稳定承载能力。

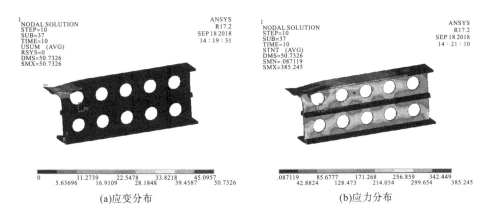

(a)应变分布　　　　　　　　　　　(b)应力分布

图 2.26　内墙加强部件有限元分析结果

从图 2.27 滞回曲线可看出内墙加强部件滞回曲线形状相似,在所考察的范围内,轴压对最大承载力及耗能能力影响很小,且水平方向承载力可以达 300kN,水平位移小于 10mm,加载到破坏阶段,承载力下降到约 100kN,对应的水平位移为 50mm,能有效抵抗内墙上层墙体施加给下层墙体的轴压力,降低水平荷载作用下墙体的层间位移角,使其满足规范规定的层间位移限值要求,达到改变抗拔件上自攻螺钉受力状态的目的,以提高墙体抗外载作用的能力。

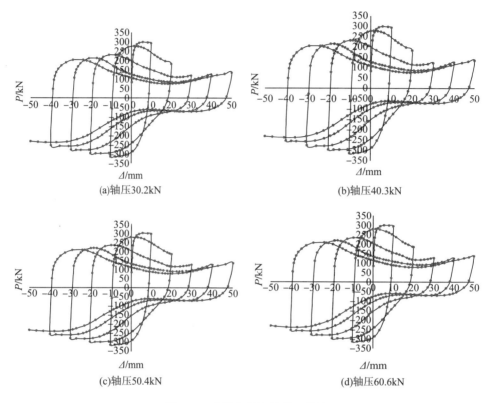

图 2.27   内墙加强部件滞回曲线

2.5 本 章 小 结

(1)房屋施工时将上下楼层墙段龙骨在工厂加工好后运到现场在楼层标高处进行分层拼装,形成了规程推荐的工艺流程,龙骨与墙板间通过自攻螺钉连接而形成的承受竖向和水平荷载作用的组合墙体,该类体系房屋施工快速,易于实现建筑工业化。

(2)依据结构实际连接构造,分析了荷载传递路径,组合墙体-楼层梁连接部位的楼层连接处为该结构体系的薄弱部位,也是协调墙体和楼层共同工作的连接区域,其力学性能会影响结构整体承载性能,是结构抗震成败的关键。针对分层连接工艺形成的薄弱部位,提出角钢加强型连接节点,墙架柱连续,使结构传力更简单有效,且有多道抗震防线。

（3）依据楼层连接处上下层墙体构造不连续造成的传力不连续，为提高墙体整体性，能够将此结构体系用于多层房屋中，提出楼层连接处内墙外墙采用加强部件进行层间构造加强，提高楼层连接处抗往复荷载破坏的能力，提高对上下层墙体的协调工作能力；并对两种加强部件进行试验及有限元分析，获得承载力、变形及耗能等数据，以更好地完成层间构造加强，减小层间位移角，进而提高房屋抗震能力。

参 考 文 献

褚云朋，姚勇，陈俊颖，等, 2018.冷弯薄壁型钢房屋层间加强部件: ZL201610876110.3[P].2018-07-06.

褚云朋，姚勇，古松，等, 2018.冷弯薄壁型钢结构房屋外墙结构体系: ZL201610876109.0[P].2018-08-14.

褚云朋，王秀丽，侯鸿杰, 2019. 钢筋桁架加强部件承载性能研究[J].钢结构, 34(3):69-74.

褚云朋，姚勇，古松，等, 2017.冷弯薄壁型钢结构房屋内墙结构体系: 中国, CN201611100380.1[P].2017-05-31.

褚云朋，姚勇，贾彬，等, 2017. 冷弯薄壁型钢房屋内墙层间加强部件：中国， CN201611100381.6 [P].2017-05-31.

褚云朋，姚勇，罗能，等, 2005.多层房屋冷弯薄壁型钢梁柱结构体系: ZL201210564012.8[P]. 2015-01-07.

万馨，赵根田，张建, 2009. 冷弯薄壁型钢梁柱节点抗震性能试验研究[J]. 建筑科学, 25(3)：7-10.

中华人民共和国住房和城乡建设部, 2011.低层冷弯薄壁型钢房屋建筑技术规程(JGJ 227—2011)[S]. 北京：中国建筑工业出版社.

第3章 墙架柱-楼层梁及考虑蒙皮后的节点抗震性能试验

3.1 引 言

低层超薄壁冷弯型钢房屋振动台试验表明罕遇地震作用下自攻螺钉易脱落,板件间已发生挤压破坏,楼盖梁及边梁由于宽肢薄壁,易发生局部屈曲(黄智光,2010;黄智光等,2011;李元齐等,2012;沈祖炎等,2013)。因此楼层连接处成为整个结构体系的薄弱部位,相关规程推荐连接节点在楼层梁支座处增设加劲件(图3.1),虽对楼层梁腹板抗屈曲能力有一定提高,但用到多层房屋中时随房屋自重增加,对墙体的抗竖向及水平破坏的能力也随之提高。结合《冷弯薄壁型钢结构技术规范》(GB 50018—2002)(中华人民共和国建设部,2003)相关内容,考虑"强墙弱梁"的设计原则,本书提出一种墙架柱在楼层处连续,在楼层梁与墙架柱间采用角钢进行加强,并采用长螺栓进行连接,定义为角钢加强型节点(图3.2),详见发明专利"多层房屋冷弯薄壁型钢梁柱结构体系(ZL201210564012.8)"(褚云朋等,2015)。

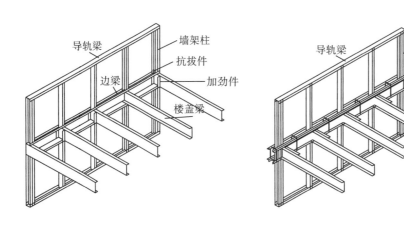

图3.1 规程推荐连接   图3.2 角钢加强型连接

又因杆件宽肢超薄壁,C型截面受压时易发生屈曲,降低构件承载能力(石宇等,2010;秦雅菲等,2006;沈祖炎等,2006),墙架柱截面类型对节点抗震性能影响较大,将墙架柱截面改为矩形,可提高墙架柱受压承载能力(石宇,2005;李杰,2008;高宛成和肖岩,2014;陈伟等,2017);因轴压比对剪力墙的延性及耗能影响较大,因此对试件墙顶施加轴压力,获得节点在不同轴压比下的抗震性能(石宇,2005;李杰,2008;高宛成和肖岩,2014;陈伟等,2017);又因杆件壁厚仅有1mm局部稳定性差,会降低承载力,因此在墙架龙骨外覆面板后所产生的蒙皮效应,能大大增强墙体的整体稳定性,提高墙体的承载能力(何保康等,2008;周绪红等,2010;李斌,2010;苏明周等,2011;叶继红等,2015),考虑蒙皮效应后所构成的组合墙体的抗侧刚度也将有较大提高(郭鹏等,2010;周天华等,2013),因此提出开展考虑轴压比下覆有欧松板的组合墙体-楼板节点抗震性能试验,获得其抗震性能。

3.2 试 验 目 的

(1)获得不同连接方式的组合墙体-楼板节点在低周往复荷载作用下的抗震性能及破坏特征,为结构损伤判据提供参考。

(2)获得不同连接方式下不同轴压比的组合墙体-楼板节点的荷载-位移曲线、恢复力骨架曲线和承载力特征值;得到节点刚度变化承载力退化等力学性能指标,并计算出不同加载阶段损伤值。

(3)通过试验得到墙架柱-楼层梁节点破坏机理,并提出构造改进建议,改善其抗震性能。

3.3 试件和材性

3.3.1 试件设计

墙架柱-楼层梁节点试验的 18 个试件分为四组见表 3.1,主体由 5 根墙架柱(间距600mm),5 根梁(间距 600mm)组成(图 3.3)。试件墙体部分整体高度 1800mm,试件整体宽度 2400mm,楼层梁长 1200mm。C 型墙架柱截面分别为 C89×44.5×12×1 和 C160×40×10×1,对应上下导轨采用 U92×40×1 和 U163×40×10×1。矩形墙架柱截面为 C80×40×1,对应上下导轨采用 U82×40×1。楼层梁、加劲件、刚性支撑均采用 C205×40×10×1(C 型加劲件取 195mm高),支撑连接件采用 50×50×1 型冷弯角钢,边梁采用 U207×40×1,刚性支撑采用C155×40×10×1,扁钢带采用 40×1,角钢采用 50×50×1 型冷弯角钢。墙体构件间采用圆头大华司自转自攻螺钉 ST4.2×13 连接,边梁螺钉间距 200mm。试件编号及组成详见表 3.1,自攻螺钉、长螺栓布置等详细细部构造见图 3.2,矩形墙架柱竖向承载力按《冷弯薄壁型钢结构技术规范》(GB 50018—2002)(中华人民共和国建设部,2003)中轴心受压构件计算;C

型立柱竖向承载力大小根据周绪红等(2006)提出的折减强度法,对于 Q235 钢可按计算式(3.1)计算得到。

$$\frac{P_u}{P_y} = 1.1918 - 0.0752\frac{b_w}{b_f} - \frac{0.00371}{i_y} - 0.0057\frac{b_f}{t} \tag{3.1}$$

式中,P_u 表示构件极限承载力;P_y 表示构件屈服承载力;b_w 表示构件腹板宽度;b_f 表示构件翼缘宽度;t 表示构件壁厚。

表 3.1　试件编号及组成

序号	组别	试件编号	连接方式	墙架柱截面	竖向力/kN	轴压比
1		CS-89-0.2		C89×44.5×12×1	32.7	
2	一	CS-160-0.2	规程推荐	C160×40×10×1	17.8	0.2
3		CS-89-0.2		C89×44.5×12×1	32.7	
4		CS-160-0.4		C160×40×10×1	35.6	0.4
5		NCS-89-0.2-1		C89×44.5×12×1	32.7	
6		NCS-89-0.2-2		C89×44.5×12×1	32.7	
7		NCS-160-0.2-1		C160×40×10×1	17.8	0.2
8	二	NCS-160-0.2-2	角钢加强	C160×40×10×1	17.8	
9		NCS-89-0.2-1		C89×44.5×12×1	32.7	
10		NCS-89-0.2-2		C89×44.5×12×1	32.7	
11		NCS-160-0.4-1		C160×40×10×1	17.8	0.4
12		NCS-160-0.4-2		C160×40×10×1	17.8	
13	三	CS-80-0.2	规程推荐	□80×40×1	45.8	0.2
14		CS-80-0.4		□80×40×1	91.6	0.4
15		NCS-80-0.2-1		□80×40×1	45.8	
16	四	NCS-80-0.2-2	角钢加强	□80×40×1	45.8	0.2
17		NCS-80-0.4-1		□80×40×1	91.6	
18		NCS-80-0.4-2		□80×40×1	91.6	0.4

注:试件编号"CS-89-0.2"表示"规程推荐连接-腹板高度89mm-轴压比0.2",试件编号"NCS-89-0.2-1"表示"角钢加强型连接-腹板高度89mm-轴压比0.2-连接角钢厚度1mm"。试件编号"CS-80-0.2"表示"规程推荐连接-截面高度80mm-轴压比0.2",试件编号"NCS-80-0.2-1"表示"角钢加强型连接-截面高度80mm-轴压比0.2-连接角钢厚度1mm"。其中截面高度89 mm、160mm 截面为 C 形开口截面,截面高度80 mm 截面为矩形截面。其中C89×44.5×12×1 表示截面为89mm×44.5mm×12mm×1mm 的 C 形截面,□80×40×1 表示截面为80mm×40mm×1mm 的矩形钢管。

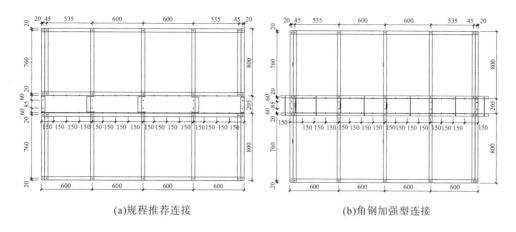

(a)规程推荐连接　　　　　　　　　(b)角钢加强型连接

图 3.3　试件细部构造(单位：mm)

3.3.2　材料性能

试件材料为 Q235B 级镀锌钢板，基材名义厚度为 1.0mm。根据现行《金属材料拉伸试验第 1 部分：室温试验方法》（GB/T 228.1—2010）(中华人民共和国国家质量监督检验检疫总局，2010)的规定制作试样，试样尺寸如图 3.4 所示。图中 $b=15mm$，$s_0=b×t=15mm^2$，$L_0=11.3\sqrt{s_0}=44mm$，$L_c=L_0+20=64mm$。

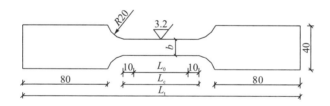

图 3.4　材性试件尺寸(单位：mm)

试验设备采用 100kN 微机控制万能试验机，应变采用电子引伸仪测量，微机全程自动控制加载和记录试验数据，所有试件在破坏前有一定的"缩颈"现象，主要发生 45°角剪切破坏。主要试验结果如表 3.2 所示。

表 3.2　主要试验结果

试件编号	厚度/mm	屈服强度/MPa	弹性模量/GPa	屈服应变/%	极限强度/MPa	伸长率/%	截面收缩率/%
MP1	0.90	312.59	163.06	0.19	385.19	22.47	33.33
MP2	0.94	306.38	155.08	0.20	373.05	22.29	33.20
MP3	0.92	314.49	162.41	0.19	378.99	22.56	35.33
均值	0.92	311.16	160.19	0.19	379.07	22.44	33.95

试件屈曲后出现塑性变形，横截面逐渐减小，采用初始截面面积计算截面应力导致计算极限强度偏小。设初始截面面积为 A_0，长度为 l_0，试验中某一时刻截面面积为 A，长度为 l，则有

$$\mathrm{d}\xi = \frac{\mathrm{d}l}{l} \Rightarrow \xi = \int_0^l \frac{\mathrm{d}l}{l} = \ln\frac{l}{l_0} = \ln\frac{l_0 + \Delta l}{l_0} = \ln(1 + \xi_0) \tag{3.2}$$

$$\sigma = \frac{N}{A} = \frac{N}{A_0 l_0 / l} = \sigma_0 \frac{l_0 + \Delta l}{l_0} = \sigma_0(1 + \xi_0) \tag{3.3}$$

由表 3.2 可知：ξ_0=0.27，σ_0=379.17MPa，代入式（3.2）和式（3.3）可得 ξ=0.24，σ_0=482.03MPa。

3.4　试验装置及加载制度

3.4.1　试验装置

试验加载设备采用美国 MTSMPT793 电液伺服程控结构试验机系统，数据采集采用东华测试的 DH3815N 系统，位移计采用 YHD100 型位移传感器，应变计采用 BE120-6AA 型电阻应变计。墙架柱轴力一次性施加到位，楼盖梁悬臂端采用位移加载方式施加低周往复荷载，采用层间位移角进行控制加载（王秀丽等，2015）。试验中试件进入屈服状态后，加载过程中发现，采用三次循环和两次循环损伤程度基本相同，故试验中试件未屈服时采用 3 次循环，屈服后采用 2 次循环进行加载，加载装置示意如图 3.5 所示，加载实物如图 3.6 所示。

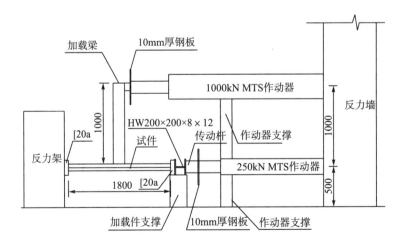

图 3.5　加载装置

图 3.6　试件现场布置

3.4.2　加载制度

①组合墙体轴力：竖向轴压大小见表 3.1，试验时先把组合墙体轴力一次性施加到位，记录各位移计和应变片初始读数，并持荷直至试验结束。②楼盖端部往复荷载：组合墙体端部的加载制度采用位移控制加载方式，以层间位移角控制施加低周往复荷载(高宛成和肖岩，2014)，试验加载制度如表 3.3 所示。

表 3.3　试验加载制度

荷载级别	位移幅值/mm	循环次数	层间位移角/rad	荷载级别	位移幅值/mm	循环次数	层间位移角/rad
1	±4.5	3	0.005	10	±81	2	0.090
2	±9	3	0.010	11	±90	2	0.100
3	±18	3	0.020	12	±108	2	0.120
4	±27	2	0.030	13	±126	2	0.140
5	±36	2	0.040	14	±144	2	0.160
6	±45	2	0.050	15	±162	2	0.180
7	±54	2	0.060	16	±180	2	0.200
8	±63	2	0.070	17	±207	2	0.230
9	±72	2	0.080				

3.4.3　测点布置

应变数据通过 DH3815N 采集仪进行数据采集，位移计采用 YHD100 型位移传感器采集，试验时共布置 8 个位移计，具体如图 3.7 所示。D1～D4 分别测量墙架柱在轴压力下轴向变形，D5 用于测试楼盖梁平面外位移，D6、D7、D8 分别测量左、中、右楼盖梁沿作动器加载方向的位移值，D9～D12 测量连接区域沿竖直平面的转角。通过 D6～D8 数值变化可发现楼盖梁是否发生扭转。反力墙上端固定的作动器位移传感器和力传感器记录加载时梁悬臂端位移及所加荷载数值。每个试件上布置 16 个应变片，应变片布置如图 3.8所示，两种类型节点应变片布置方式完全相同。1~12 号应变片用于测试楼盖梁节点域的应力，13~16 号应变片用于测试墙架柱的应力。

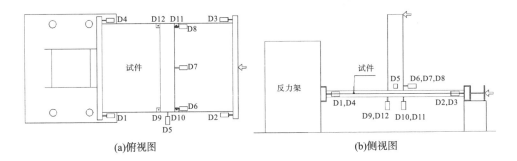

(a)俯视图　　　　　　　　　　　　(b)侧视图

图 3.7　位移计布置图

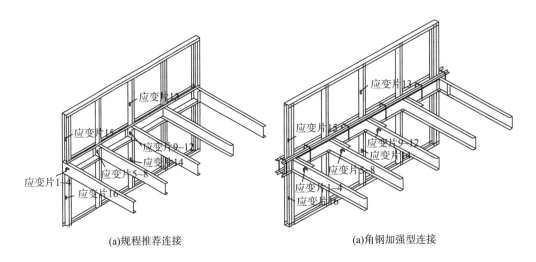

(a)规程推荐连接　　　　　　　　　(a)角钢加强型连接

图 3.8　应变片布置图

3.5　试　验　现　象

3.5.1　矩形墙架柱截面系列试件

1. 规程推荐系列试件

规程推荐(CS)系列的两个试件试验现象类似，在柱顶施加轴压力的过程中伴随"咔咔"响声，是上下柱在连接处压紧时发出的，轴压力施加完毕后边梁腹板出现轻微面外鼓曲，在轴压比为 0.4 时比 0.2 时更明显［图 3.9(a)］；加劲件上应变片(1 号、5 号、9 号)读数增长得较快，在轴压比为 0.4 加载结束时，应变接近屈服应变值。位移计 D9~D12 的读数接近 3mm，证明边梁的屈曲引发连接平面外位移，对其承载能力不利。试验现象及特征具体有：①梁悬臂端位移加载至±4.5mm 时，试件发出轻微"咔咔"响声。②CS-80-0.2 加载至±18mm，而试件 CS-80-0.4 加载至±9mm 时，响声逐渐变大。③试件 CS-80-0.2 加载至±45mm，而试件 CS-80-0.4 加载至±27mm 时，开始发出连续响声，边梁局部屈曲明显。④CS-80-0.2 加载至±81mm，而试件 CS-80-0.4 加载至±63mm 时墙梁连接区域自攻螺钉开始出现滑移，边梁屈曲［图 3.9(b)］。⑤CS-80-0.2 加载至±90mm，而试件 CS-80-0.4 加载至±81mm 时，部分墙梁连接处自攻螺钉从螺孔中拔出。⑥CS-80-0.2 加载至±126mm，而 CS-80-0.4 加载至±108mm 时，楼盖梁支座加劲件与边梁连接螺钉大多失效，左右两侧楼盖梁与墙架柱、边梁连接螺钉孔变大变大，自攻螺钉脱落［图 3.9(c)］；13 号及 14 号应变片读数接近相等，证明墙架柱未发生弯曲变形，为轴心受力构件。试验结束后，墙架柱变形基本恢复，但边梁产生塑性变形较大，楼层梁靠近连接区域腹板局部屈曲也较明显［图 3.9(d)］，卸载后墙架柱基本保持完好。⑦通过墙架柱 13 号、15 号应变片及 14 号、16 号应变片的读数可看出，应变均匀增加且读数接近，证明试件在加载过程中未发生扭转；极限状态时墙架柱上应变未达到屈服应变，证明破坏是由于边梁、楼层梁受压屈曲及自攻螺钉脱落造成的。

(a)楼盖梁挤压变形　　　　(b)边梁局部屈曲　　　　(c)螺钉脱落　　　　(d)楼层梁局部屈曲

图 3.9　CS-80 典型破坏照片

2. NCS 系列试件

NCS 系列的 4 个试件试验现象类似，在柱顶施加轴压力过程中未发出响声，柱上所贴应变片 13～16 号读数接近，位移计 D9~D12 读数为零，证明柱未发生平面外位移。试验现象与特征主要有：①但对梁悬臂端位移荷载施加±9mm 位移时，试件发出轻微"咔咔"响声，是梁压紧墙架柱发出的声音，加载至±18mm 时，响声逐渐变大。②加载至±45mm 时，试件开始发出连续响声，加强角钢发生局部屈曲［图 3.10（a）］。NCS-80-0.2 的两个试件加载至±90mm，而 NCS-80-0.4 的两个试件加载至±108mm 时，能清楚观察到螺孔挤压扩大，楼盖梁与墙架柱间缝隙增大［图 3.10（b）］。③试件 NCS-80-0.2 加载至±144mm 时，而试件 NCS-80-0.4 加载至±180mm 时，螺钉大多失效［图 3.10（c）］，连接主要靠角钢间的对拉螺栓传力，应变片 13 号及 14 号读数相差较大，证明墙体为压弯构件。④极限状态时墙架柱和楼盖梁杆件变形基本恢复，1mm 厚角钢发生塑性变形量较大，而 2mm 角钢变形相对较小［图 3.10（d）］，自攻螺钉被拉离，反向加载时不能闭合，卸载后墙架柱变形很小，几乎无破坏。⑤达到极限状态卸载后位移计 D9～D12 读数接近零，证明柱未发生平面外位移，破坏源于自攻螺钉脱落及角钢的局部屈曲；柱上残余应变很小，满足强墙弱梁的抗震构造要求。

(a)角钢局部屈曲   (b)墙架柱与楼盖梁拉开   (c)角钢螺钉脱落   (d)角钢塑性变形

图 3.10   NCS-80 系列试件典型破坏照片

3.5.2   C 型墙架柱截面系列试件

1. CS 系列试件

CS 系列四个试件试验现象基本类似，在墙架柱顶施加轴压过程中伴随"咔咔"声，这是上下柱对楼层连接处压紧时发出的声响。轴压施加结束后，边梁腹板可见轻微平面外鼓曲，CS-89 试件鼓曲程度小于 CS-160 试件的，轴压比为 0.2 的鼓曲程度小于轴压比为 0.4 的。对梁悬臂端施加往复荷载后：①加至±4.5mm 时，试件再次发出压紧的轻微响声，加载至±18mm 时，发出响声，之后试件开始出现不同程度不同模式的破坏。②CS-89-0.2 加载至±27mm，而 CS-160-0.2 加载至±63mm 时，试件发出连续响声，边梁局部屈曲明显。在加载过程中，边梁向外鼓曲明显，伴随鼓曲会发出声响，卸载时鼓曲可恢复。由于试件钢板厚度仅为 1mm，受压时柱及楼层梁腹板极容易发生局部屈曲，在循环加载下，楼层梁端部时刻处于被压收紧然后放松的状态，端部很容易发生不可恢复的局部屈曲变形。③CS-89-0.2 加载至±55mm，而 CS-160-0.2 加载至±72mm 时梁柱连接区域自攻螺钉出现滑移，边梁屈曲[图 3.11(a)]。④CS-89-0.2 加载至±108mm，而 CS-160-0.2 加载至±90mm 部分墙架柱-梁连接处自攻螺钉从螺孔中拔出。位移逐渐变大，自攻螺钉对其孔壁产生反复挤压，从而使得孔径变大，当位移更大时，自攻螺钉脱落[图 3.11(b)]。⑤加载至±126mm 时楼盖梁与墙架柱连接部分自攻螺钉被剪断，楼盖梁支座加劲件与边梁连接螺钉大多失效，两侧楼盖梁与墙架柱、边梁连接螺钉孔变大。试验结束后，墙架柱变形能基本恢复，表明墙架柱处于弹性阶段，边梁产生较大塑性变形[图 3.11(c)]，楼层梁靠近连接区域局部屈曲较为明显[图 3.11(d)]，说明仅采用加劲件对其端部腹板进行抗屈曲加强，不能有效抵抗顶层墙段压力，因此在多层房屋设计时，楼层梁端部仍需进一步加强。

(a)边梁屈曲　　　　　　(b)螺钉脱落　　　　　　(c)边梁塑性变形　　　　　(d)楼盖梁畸变屈曲

图 3.11　CS 系列试件破坏特征

2. NCS 系列试件

NCS 系列的 4 个试件试验现象类似，施加轴压过程中基本不发出响声。梁悬臂端位移加载至±9mm 时，试件发出轻微响声，为杆件间空隙被压紧时所发出声响。加载至±18mm 后响声逐渐变大，连接开始受力。加载至±45mm 时，试件开始发出连续响声，发现螺栓与螺孔间发生滑移出，角钢局部屈曲[图 3.12(a)]。NCS-160-0.2 及 NCS-89-0.2 试件加载至±108mm 时，自攻螺钉从螺孔滑移，楼盖梁与墙体骨架间缝隙加大，表明柱截面高度对改进连接楼盖梁的受力基本没有改变，而起加强作用的角钢对连接承载性能较大。NCS-89-0.2 试件加载至±162mm，NCS-160-0.2 试件加载至±144mm 时，有自攻螺钉从螺孔中拔出，边梁发生局部屈曲[图 3.12(b)(c)]。NCS-89-0.2 试件加载至±180mm 时，而 NCS-160-0.2 试件加载至±162mm 时，角钢与墙架柱连接的自攻螺钉大多失效，楼盖梁与墙架柱间传力主要靠角钢间对拉螺栓。卸载后，墙架柱和楼盖梁变形可基本恢复，但角钢发生较大局部屈曲变形[图 3.12(d)]，试验中的任何受力阶段，角钢对试件抗震性能影响均较大，因此角钢厚度宜增至 2～3mm。

　(a)角钢局部屈曲　　　　　(b)螺钉拔出　　　　　(c)边梁局部屈曲　　　　　(d)角钢局部屈曲

图 3.12　NCS 系列试件破坏特征

3. 两类试件破坏过程

两类试件墙架柱截面和连接构造方式不同，所经过的破坏过程也不同，试件在低周往复荷载作用下分别经历了弹性变形、局部扭转屈曲、屈服、板件屈曲、螺钉拔出、螺钉被剪断等阶段。根据试验记录，试件破坏过程可描述如表 3.4 所示，表中①～⑩的含义分别为：①墙架柱-楼层梁连接弹性；②墙架柱局部屈曲；③楼层梁局部屈曲；④自攻螺钉拔出；⑤自攻螺钉剪断；⑥梁端位移过大；⑦墙架柱位移过大；⑧边梁腹板局部屈曲；⑨角钢挤压变形过大；⑩大量螺钉孔挤压破坏。

表 3.4　试件破坏过程

试件编号	试件失效过程
CS-89-0.2	①、②、③、④、⑤、⑥、⑦、⑧、⑩
CS-89-0.4	①、②、③、④、⑤、⑥、⑦、⑧、⑩
CS-160-0.2	①、②、③、④、⑤、⑥、⑦、⑧、⑩
CS-160-0.4	①、②、③、④、⑤、⑥、⑦、⑧、⑩
NCS-89-0.2	①、②、④、⑤、⑥、⑨
NCS-160-0.2	①、②、④、⑤、⑥、⑨
NCS-89-0.4	①、②、④、⑤、⑥、⑨
NCS-160-0.4	①、②、④、⑤、⑥、⑨

3.6　试　验　结　果

3.6.1　C 型截面墙架柱荷载-位移($P\text{-}\Delta$)曲线

试验过程中楼盖梁端部实测位移 δ_0 由组合墙体压缩位移 δ_1、试件整体转动时梁端位移 δ_φ 及梁端水平位移 δ 组成。试验时通过固定组合墙体固定端和轴压作动器的垂直方向位置，控制试件不发生垂直平面外的整体转动，因此楼盖梁端部的实际剪切位移为

$$\Delta = \delta = \delta_0 - \delta_1 - \delta_\phi \tag{3.4}$$

$$\delta_1 = \frac{\left(D_2 + D_3 - D_1 - D_4\right)}{2} \tag{3.5}$$

$$\delta_\phi = \frac{\left(D_9 + D_{12} - D_{10} - D_{11}\right)L}{2d} \tag{3.6}$$

式中，δ_0 为作动器位移传感器采集值；δ_1 为试件相对于地面水平位移，即位移计 D_2、D_3 与 D_1、D_4 差值平均值；δ_ϕ 为连接域转动引起的梁端位移；L 为梁端加载点到墙架柱距离，取 900mm；d 为 D_9 与 D_{10}、D_{11} 与 D_{12} 的距离，取 205mm。

由式(3.4)可求出各试件的实际水平位移 Δ，由 MTS 作动器中力传感器可得实际荷载 P，从而得到各试件荷载-位移(P-Δ)曲线见图 3.13。

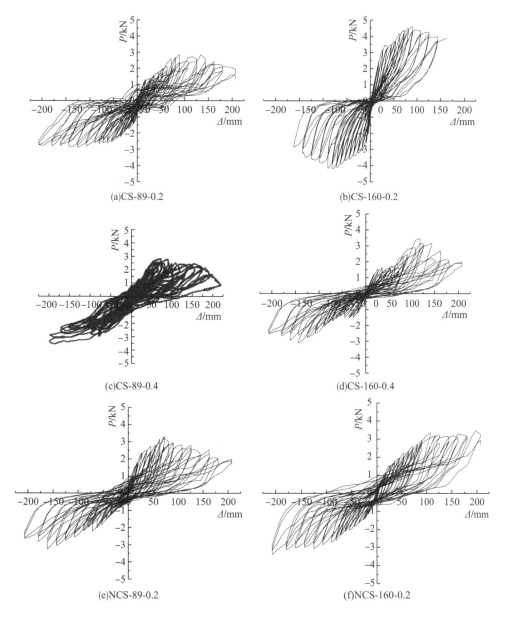

(a)CS-89-0.2

(b)CS-160-0.2

(c)CS-89-0.4

(d)CS-160-0.4

(e)NCS-89-0.2

(f)NCS-160-0.2

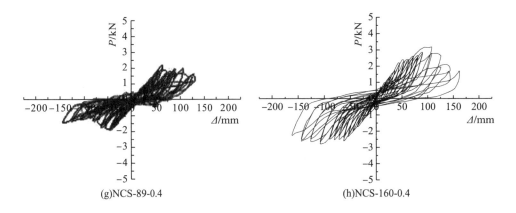

(g)NCS-89-0.4 　　　　　(h)NCS-160-0.4

图 3.13 　P-Δ 曲线

从图 3.13 可看出：①所有试件在加载初期加卸载曲线基本重合，滞回环面积很小，为试件的弹性工作阶段；随循环次数增加，耗能能力不断增强，在同一加载幅值下，后一循环达到的荷载值均低于前一次，表明试件出现了强度、刚度和耗能能力的退化，反映了试件的累计损伤。②随加载位移增大，轴压比为 0.4 的试件快速由弹性阶段进入弹塑性阶段，承载力退化明显，主要原因是连接区域板件局部屈曲。③CS 系列试件由于在加载过程中存在加载拉开、卸载闭合的情形，虽然在小荷载下位移稍大，但刚度退化不明显，没有发生自攻螺钉脱落现象；对于 CS-160 两个试件加载到极限状态卸载后，残余位移依然很小。④对于 NCS-160-0.2 试件进入屈服阶段后屈服平台较长，滞回环更为饱满，破坏时各部件塑性发展明显。⑤在整个加载过程中，滞回曲线由梭形发展为弓形后呈反 S 形，对于 NCS 系列试件由弹性、弹塑性到塑性变形各阶段均较明显。⑥试件在加载过程中出现"捏拢"现象，是由于加载过程中自攻螺钉脱落、腹板局部屈曲及加卸载过程中楼盖梁与墙架柱在外力下"接触-分离"所致。

3.6.2 矩形截面墙架柱荷载-位移(P-Δ)曲线

试件悬臂端荷载-位移(P-Δ)曲线如图 3.14 所示。①随梁端加载位移幅值增加，试件从加载初期弹性阶段进入弹塑性阶段，滞回环面积增大，卸载后出现残余变形，刚度逐渐退化。②随荷载继续增加，滞回曲线逐渐向弓形转变，滞回环面积增大，但曲线出现捏拢；当达到屈服荷载后，滞回环面积更加饱满，滞回曲线由弓形向反 S 形发展，捏拢现象更显著。③对于规程推荐的 CS 系列连接，加载初期由于出现楼层梁与墙架柱连接"接触-分离"现象，加载时楼层梁被拉离墙架柱，卸载、反向加载时均会反向闭合，梁端加载位移越大现象越明显，边梁、楼层梁及墙架柱塑性变形很小，因此在加载的前几个循环中卸载后残余变形很小，随加载位移幅值增加，自攻螺钉被拔出，残余变形逐渐增大；对于 NCS 系列试件，在加载过程中自攻螺钉被拉开后，也存在楼层梁卸载及反向加载初期的闭合现象，但对滞回性能影响比 CS 系列试件要弱，螺钉被拉开后反向闭合程度不明显。④轴压比对 CS 系列试件滞回性能影响大于 NCS 系列试件，随轴压比增加，CS 系列试件滞回环面积明显减小。⑤角钢厚度对 NCS 系列试件承载力影响较大，因此对滞回性能也有一定影响，2mm 厚角钢试件滞回环面积明显大于 1mm 的，是由于角钢厚度增加后对梁柱连接区域约束增强，抑制螺钉脱落，提高了耗能能力。

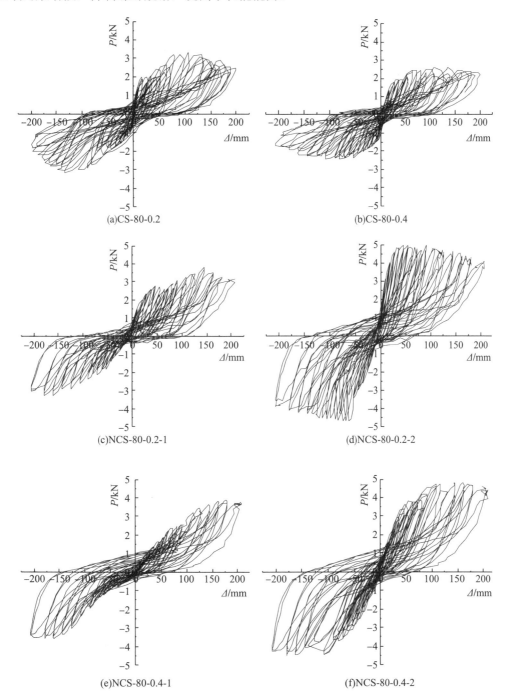

图 3.14　滞回曲线

3.6.3 主要试验结果

《建筑抗震试验规程》(JGJ/T 101—2015)(中华人民共和国住房和城乡建设部，2015)规定，试件所承受的最大荷载 P_{max} 及其变形 $\varDelta_{max}$ 是试件的 P-$\varDelta$ 曲线上荷载最大值时对应的荷载和位移；破坏荷载 P_u 和相应位移 $\varDelta_u$ 取试件在最大荷载出现后，随位移的增加而荷载降至最大荷载的 85%时的对应荷载和位移(图 3.15)。对无明显屈服点的试件，可采用 P-$\varDelta$ 曲线的能量等效面积法确定屈服荷载 P_y、屈服位移 $\varDelta_y$。具体方法如图 3.15 所示：由 P_{max} 点 A 作水平线 AB，从原点 O 作割线 OD 与 AB 线交于 D 点，使平面 $ADCA$ 与平面 $CFOC$ 面积相等，此时过 D 点作垂线与曲线 OA 交于 E 点，则 E 点即为试件的屈服点，E 点对应的荷载为屈服荷载 P_y，对应的位移为屈服位移 $\varDelta_y$。各试件的 P_y、$\varDelta_y$、P_{max}、$\varDelta_{max}$、P_u、$\varDelta_u$ 等试验结果汇总如表 3.5 所示。试件在不同加载方向下的各荷载和位移特征值不同，试验取两个方向的平均值作为最终结果，如表 3.5 及表 3.6 所示。

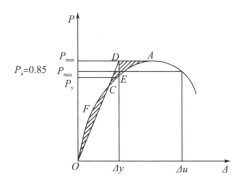

图 3.15　屈服荷载、破坏荷载的确定

表 3.5　试件的荷载、位移特征值汇总

试件编号	屈服荷载			极限荷载			破坏荷载			延性系数 μ
	P_y /kN	$\varDelta_y$ /mm	E_y	P_{max} /kN	$\varDelta_{max}$ /mm	E_{max}	P_u /kN	$\varDelta_u$ /mm	E_u	
CS-89-0.2	2.515	63.0	0.50	2.835	108.0	0.63	2.415	181.0	0.66	2.87
CS-160-0.2	3.580	44.5	0.37	4.380	85.5	0.42	3.725	148.0	0.50	3.32
CS-160-0.4	2.695	108.0	0.50	3.070	135.0	0.54	2.610	178.5	0.61	1.65
CS-80-0.2	2.618	66.8	0.41	3.254	121.3	0.48	2.766	174.3	0.48	2.61
CS-80-0.4	2.124	49.7	0.62	2.529	112.5	0.64	2.149	182.3	1.13	3.67
NCS-89-0.2-1	2.685	83.0	0.51	3.240	117.0	0.60	2.755	150.3	0.61	1.81
NCS-89-0.2-2	3.535	57.5	0.44	3.870	72.0	0.62	3.290	112.5	0.53	1.96
NCS-160-0.2-1	2.610	74.0	0.49	3.120	117.0	0.68	2.645	192.0	0.64	2.59

续表

试件编号	屈服荷载			极限荷载			破坏荷载			延性系数 μ
	P_y/kN	Δ_y/mm	E_y	P_{max}/kN	Δ_{max}/mm	E_{max}	P_u/kN	Δ_u/mm	E_u	
NCS-160-0.2-2	3.435	40.0	0.47	4.080	63.0	0.50	3.470	136.5	0.65	3.41
NCS-160-0.4-1	2.530	65.7	0.53	2.900	94.5	0.60	2.465	146.0	0.83	2.22
NCS-80-0.2-1	2.534	76.8	0.42	3.578	153.0	0.44	3.041	202.8	0.52	2.64
NCS-80-0.2-2	3.804	38.1	0.44	4.560	85.4	0.46	3.875	169.0	0.58	4.44
NCS-80-0.4-1	3.300	134.5	0.41	3.800	153.0	0.58	3.211	201.0	0.74	1.49
NCS-80-0.4-2	4.251	70.0	0.35	4.790	135.0	0.62	4.072	202.5	0.75	2.89

表 3.6　试件荷载、位移特征值汇总

试件编号	屈服状态		极限状态		破坏状态		延性系数 μ
	P_y/kN	Δ_y/mm	P_{max}/kN	Δ_{max}/mm	P_u/kN	Δ_u/mm	
CS-80-0.2	2.62	66.8	3.25	121.3	2.77	174.3	2.61
CS-80-0.4	2.12	49.7	2.53	112.5	2.15	182.3	3.67
NCS-80-0.2-1	2.53	76.8	3.58	153.0	3.04	202.8	2.64
NCS-80-0.2-2	3.80	38.1	4.56	85.4	3.88	169.0	4.44
NCS-80-0.4-1	3.30	134.5	3.80	153.0	3.21	201.0	1.49
NCS-80-0.4-2	4.25	70.0	4.79	135.0	4.07	202.5	2.89

1. C 型截面矩形墙架柱-楼层梁节点

①规程推荐连接抗震性能受截面高度影响较大,腹板高度 160mm 的试件屈服荷载、破坏荷载分别为腹板高度 89mm 试件的 1.42 倍、1.54 倍,说明柱腹板高度对规程推荐连接承载力影响较大;角钢加强型连接方式腹板高度 89mm 试件极限荷载略高于腹板高度 160mm 试件,表明柱腹板高度对改进后连接影响较小。②相同试件规程推荐的连接随轴压比增大屈服、破坏荷载都有明显降低,这表明规程推荐连接应用于轴压比较高建筑时应引起重视。③对腹板高度 89mm 的不同轴压比试件极限荷载对比发现,规程推荐连接轴压比为 0.2 的试件比轴压比为 0.4 的高出 1.162 倍,而新型连接轴压比为 0.2 的试件比轴压比为 0.4 的高出 1.612 倍,说明轴压比对两类连接承载力均有影响,但对新型连接试件极限承载力影响较大。

2. 矩形截面钢管墙架柱-楼层梁节点

①对于 NCS 系列试件,由表 3.5 中数据可知,在 0.2 轴压比下:采用厚 1mm 角钢连接的 P_y、P_{max} 和 P_u 比《建筑抗震试验规程》(JGJ/T 101—2015)(中华人民共和国建设部,1996)推荐节点对应值分别提高-3%、10% 和 10%,2mm 厚角钢新型连接 P_y、P_{max} 和 P_u 比规程推荐连接对应值大 45%、40% 和 40%,角钢厚度对节点承载力影响显著。②在 0.4 轴压比下:采用厚 1mm 角钢连接的 P_y、P_{max} 和 P_u 比规程推荐连接对应值大 55%、50% 和 50%,

而厚 2mm 角钢连接 P_y、P_{max} 和 P_u 对应值则大 100%、89%和 89%，可看出随轴压比增大，角钢厚度对连接承载力影响更为明显。③在 0.4 轴压比下：规程推荐的 CS 系列连接 P_y、P_{max} 和 P_u 分别降低 20%、22%和 16%。轴压通过楼盖梁及边梁传递，虽然连接区域楼层梁有腹板加劲件，但在施加轴压力时腹板还是发生了局部屈曲，梁端施加反复荷载后力的叠加作用使得边梁受压作用更加明显，加之连接区域较弱，难以协调墙梁变形，仅靠抗拔键协调墙梁变形，难度较大。角钢加强型连接比规程推荐连接的 P_y、P_{max} 和 P_u 分别提高 12%～30%、5%～6%和 5%～6%。④随轴压比的增加，CS 系列试件的延性有所提高，轴压力增加限制了连接区域被拉开，使得其屈服位移减小，而破坏状态时连接区域的变形受轴压比的影响很小，但楼盖梁加载到极限状态时变形却随轴压比增加而增加，μ 值变大。随轴压比增加，对于角钢加强型节点延性降低明显，此结论与普通钢框架梁柱节点拟静力试验中，柱顶轴压增加将导致节点延性降低所得结论一致，因此在此类结构设计中应严格限定轴压比，且轴压比增大将导致墙架柱发生失稳破坏，进而降低节点承能。

3.6.4　耗能系数和延性系数

在低周往复荷载试验中，通常用能量耗散系数 E 来衡量试件的能量耗散能力。如图 3.16 所示，$S_{(ABC+CDA)}$ 代表 P-Δ 曲线一环所包围的面积，$S_{(OBE+ODF)}$ 代表 $\triangle OBE$ 与 $\triangle ODF$ 所围成的面积，按式(3.7)计算可得能量耗散系数 E。它表征了滞回环的饱满程度，E 越大，则滞回环越饱满。本书整理了各试件分别在屈服荷载、极限荷载和破坏荷载处的耗能系数，其取值为同一级位移荷载下多次循环耗能系数的平均值，如表 3.6 所示，可看出，不同节点破坏时的耗能能力变化较大，各试件不同阶段耗能能力变化较大，极限荷载下的耗能系数最小为 0.42，最大为 0.68；破坏时的耗能系数最小为 0.42，最大为 1.13，可看到试件进入到破坏阶段，耗能能力也很强。

$$E = \frac{S_{(ABC+CDA)}}{S_{(OBE+ODF)}} \tag{3.7}$$

延性是指结构或构件从屈服开始达到最大承载力或到达以后而承载力没有明显下降期间的变形能力，通常用延性系数表示延性大小。延性系数定义为结构或构件的破坏位移与屈服位移之比，即 $\mu = \Delta_u / \Delta_y$。各试件的延性系数如表 3.5 和表 3.6 所示，可看出试验规程推荐节点的延性系数最小为 1.65，最大为 3.67；角钢加强型节点的延性系数最小为 1.81，最大为 4.44。角钢加强型节点延性系数好，主要原因是加载到破坏阶段，角钢进入张开闭合的塑性变形阶段较长，所以节点屈服平台较长，角钢、顶底梁、墙架柱及楼层梁间自攻螺钉不脱落，试件就不会完全失效，因此其耗能能力及延性均较好。由表 3.5 及表 3.6 可知，试件延性与墙架柱截面、轴压比、连接方式、角钢厚度均相关，对于 C89×44.5×12×1 截面试件在 0.2 的轴压比下，常规连接方式试件的延性比新型连接延性大 30%；C160×40×10×1 截面试件在 0.2 的轴压比下，常规连接方式试件的延性与 2mm 角钢连接新型连接试件的延性相当；□80×40×1 截面试件在 0.2 的轴压比下，常规连接方式试件的延性与 1mm 角钢连接新型连接试件的延性相当。

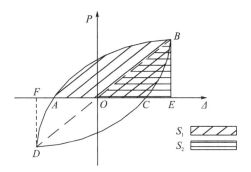

图 3.16　能量耗散系数 E 的确定方法

1. C 型截面墙架墙架柱-楼层梁节点

①在轴压比为 0.2 时，改进连接累计耗能能力强于规程推荐连接，而当轴压比增加到 0.4 时，两种连接累计耗能能力接近。②规程推荐连接具有较好的延性性能，延性系数均大于改进连接，是因为规程推荐连接梁柱断开，在往复加卸载过程中楼盖梁与墙架柱会发生挤压-分离现象，在自攻螺钉脱落前，连接区域变形能力较强，但自攻螺钉脱落后，连接间约束减弱，试件快速失效；而改进型连接柱连续，延性主要由楼盖梁弯曲变形表现，自攻螺钉脱落后还有长螺栓继续工作。

2. 矩形截面墙架墙架柱-楼层梁节点

随着轴压比的增加，CS 系列试件的延性有所提高，轴压力增加限制了连接区域被拉开，使得其屈服位移减小，而破坏状态时连接域的变形受轴压比的影响很小，但楼层梁加载到极限状态时变形却随轴压比增加而增加，μ 值变大。随轴压比增加，对于角钢加强型连接延性降低明显，此结论与普钢框架梁柱节点拟静力试验所得试验结论一致。

3.6.5　节点刚度

结构设计中通常将剪力墙与楼层梁连接处设置为刚接或铰接，而对于薄壁龙骨墙体与楼层梁间的连接需进一步确定，并可将试验结论用于结构计算时的简化模型分析。根据欧洲规范(EN 1993-1-8:2005)规定，当连接转动刚度小于梁线刚度($i_b = EI_b/l$)的 1/2 时，可视为铰接；当连接转动刚度大于梁线刚度的 25 倍时，可视为刚接；两者之间为半刚接。连接的初始刚度按 $K_1 = M_0/\theta_0$ 计算，式中 K_1 为连接的初始刚度；M_0 为加载第一步时连接的弯矩；θ_0 为加载第一步时连接转角。试件在循环荷载作用下，刚度会随循环的次数和荷载的增大而降低，这种现象称为刚度退化。试件的刚度可以用环线刚度表示，环线刚度 K_1 可按式(3.8)计算。

$$K_1 = \frac{\sum\limits_{i=1}^{n} P_j^i}{\sum\limits_{i=1}^{n} \Delta_j^i} \tag{3.8}$$

1. C 型截面墙架柱-楼层梁节点

1) 初始刚度

计算结果见表 3.7，可知：①轴压比为 0.2 时，所有试件均具有半刚性但高出铰接的上限值很少；②轴压比为 0.4 时，试件为铰接，因此为提高连接对梁的约束能力，建议对连接区域进行构造加强。

表 3.7　转动刚度与梁线刚度

试件编号	K_1/($\times10^8$ N/mm)	$0.5i_b$/($\times10^8$ N/mm)	$25i_b$/($\times10^8$ N/mm)	连接属性	K_g	损伤 D
CS-89-0.2	0.972	0.882	44.101	半刚接	0.087	0.91
CS-160-0.2	2.737	0.882	44.101	半刚接	0.192	0.93
CS-89-0.4	0.619	0.882	44.101	铰接	0.210	0.66
CS-160-0.4	0.599	0.882	44.101	铰接	0.204	0.66
NCS-89-0.2	0.972	0.882	44.101	半刚接	0.301	0.69
NCS-160-0.2	0.861	0.882	44.101	铰接	0.198	0.77
NCS-89-0.4	0.315	0.882	44.101	铰接	0.098	0.69
NCS-160-0.4	0.672	0.882	44.101	铰接	0.228	0.66

注：K_1 表示试件初始刚度，i_b 表示梁的线刚度，K_g 表示节点剩余刚度。

2) 刚度退化

试件在循环荷载作用下，刚度会随循环次数和荷载的增加而降低，这种现象称为刚度退化。试件刚度可用环线刚度表示，计算可参照相关规范的计算方法进行，刚度退化曲线如图 3.17 所示。针对本次试验，当加载位移小于 50mm 时刚度退化迅速，端部位移大于 50mm 时刚度退化减缓；在达到 100mm 时，自攻螺钉失效较多，刚度退化趋于平缓。

3) 刚度损伤

从试验全过程看，导致试件破坏是连接累积损伤的结果。利用式(3.9)～式(3.16)可算出试件损伤指数 D，如表 3.7 所示。累计损伤可通过每次荷载循环时刚度退化值来表达，参考王秀丽等(2015)提出的刚度退化计算方法，可得到每次施加荷载节点损伤的刚度 $u_{Ls}/u_y = 1.0 + 0.8(d-1)$，通过每次荷载循环中刚度退化值，可得连接相应的损伤情况。

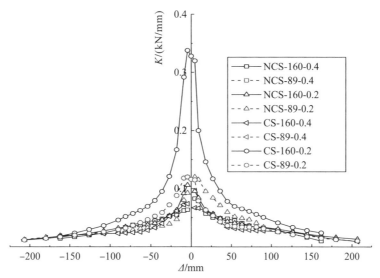

图 3.17   C 型截面墙架柱刚度退化曲线

$$D_i = \sum_{i=1}^{n} \frac{\Delta K_i}{K_0} \tag{3.9}$$

式中，D_i 为每次荷载循环中节点的刚度损伤；K_0 为连接初始刚度；ΔK_i 为每次荷载循环中连接的刚度退化值，可通过式(3.10)计算：

$$\Delta K_i = K_i - K_{i-1} \tag{3.10}$$

式中，K_i 和 K_{i-1} 为连接在第 i 次和第 i-1 次荷载循环时所具有的刚度；ΔK_i 也反映出了连接在循环荷载作用下刚度退化的快慢，将每次循环荷载作用下的 ΔK_i 相加即可得到整个往复荷载作用下连接总的刚度退化值，同时刚度退化总值也可通过式(3.11)计算：

$$\Delta K = K_y \left(\frac{\varDelta_y}{\varDelta_u} \right)^{y} \tag{3.11}$$

式中，K_y 为连接屈服时所对应的刚度；$\varDelta_u$ 为连接极限位移；$\varDelta_y$ 为连接屈服位移；γ 为卸载刚度系数，根据试验数据通过回归分析按式(3.12)结算可得

$$\gamma = \lg \left(\frac{\Delta K}{K_y} - \frac{\varDelta_y}{\varDelta_u} \right) \tag{3.12}$$

因为延性比常用极限位移 $T = 0.53392$ 与屈服位移 $T_g = 0.4$ 的比值来表示，即

$$\mu = \frac{\varDelta_u}{\varDelta_y} \tag{3.13}$$

显然，式(3.13)可变换为

$$\gamma = \ln \left(\frac{\Delta K}{K_y} - \frac{1}{\mu} \right) \tag{3.14}$$

显而易见，连接延性对刚度退化影响较大。

$$D = \sum_{i=1}^{n} D_i \tag{3.15}$$

同时，式(3.15)亦可进一步简化为

$$D = 1 - \frac{K_g}{K_0} \tag{3.16}$$

式中，K_g 为节点剩余刚度。

可看到 CS 系列试件刚度损伤值均较大,证明随循环次数增多刚度损伤高达 90% 以上,而其他连接刚度损伤值也在 60% 以上,通过试验中试件的破坏过程可发现,破坏前梁端发生了较大的变形,破坏是累积损伤的结果。

2. 矩形截面墙架柱-楼层梁节点

1) 初始刚度

由表 3.8 可知：①除 NCS-80-0.4-1 属于铰接以外,其余连接均属半刚接。②对于 NCS 系列试件,角钢厚度对初始刚度 K_1 值影响较大,轴压比为 0.2 时,厚度为 2mm 的角钢试件比厚度为 1mm 的角钢试件高出 3.32 倍,而轴压比为 0.4 时,厚度为 2mm 的角钢试件比厚度为 1mm 的角钢试件高出 1.46 倍,说明角钢厚度对提高连接转动刚度帮助极大。③对厚度为 2mm 的角钢试件,轴压比为 0.2 时的初始钢度比轴压比为 0.4 时的大 2.48 倍;对于厚度为 1mm 的角钢试件,轴压比为 0.2 时的初始钢度比轴压比为 0.4 时的大 0.69 倍。说明轴压比对 NCS 系列试件初始刚度影响较大。但对于 CS 系列试件,轴压比为 0.2 时的角钢试件比轴压比为 0.4 时的高 5.3%,说明轴压比对 CS 系列试件影响较小,主要因为 CS 系列试件在弹性阶段施加往复荷载后,梁端位移主要由连接区域转动引起,而限制连接转动作用的是上下层导轨梁间的抗拔键以及楼层梁与上下导轨梁间的自攻螺钉,依据粘贴到抗拔键上的应变片读数可知其所起作用非常明显,因此轴压对其初始刚度影响很小。

表 3.8 刚度损伤

编号	K_1 /($\times 10^8$/mm)	$0.5i_b$ /($\times 10^8$N/mm)	$25i_b$ /($\times 10^8$N/mm)	连接属性	K_g	D
CS-80-0.2	1.38	0.88	44.10	半刚接	0.083	0.94
CS-80-0.4	1.31	0.88	44.10	半刚接	0.079	0.94
NCS-80-0.2-1	0.91	0.88	44.10	半刚接	0.118	0.87
NCS-80-0.2-2	3.93	0.88	44.10	半刚接	0.157	0.96
NCS-80-0.4-1	0.54	0.88	44.10	铰接	0.130	0.76
NCS-80-0.4-2	1.33	0.88	44.10	半刚接	0.160	0.88

2) 刚度退化

试验中有加载、卸载、反向加载和卸载等情况，刚度退化复杂，且因管壁较薄加载时连接区域墙架柱和楼层梁局部屈曲明显，刚度退化迅速。根据《建筑抗震试验规程》(JGJ/T 101—2015)(中华人民共和国住房和城乡建设部，2015)规定，用线刚度表示试件刚度，将位移和刚度无量纲化，得到图 3.18 刚度退化曲线。①虽然 NCS-80-0.2-2 的试件初始刚度很大，但试件的刚度退化速度均较快，最后趋于平缓，说明此类连接的累计损伤导致试件最终破坏。②NCS-80-0.2-1 试件由于加强角钢厚度较薄，因此初始刚度小，加载初期角钢塑性变形很大，但随加载进行刚度快速退化到平缓状态。③对于 CS 系列试件，由于加载过程中楼层连接处存在楼层梁与墙架柱被拉开，卸载至反向加载后闭合情形，在加载初期刚度损伤较小，但在大位移幅值下，楼层梁及边梁产生明显塑性变形，自攻螺钉反复挤压薄壁板件上孔洞，致使孔洞变大后自攻螺钉被拔出，刚度损伤速度加快。

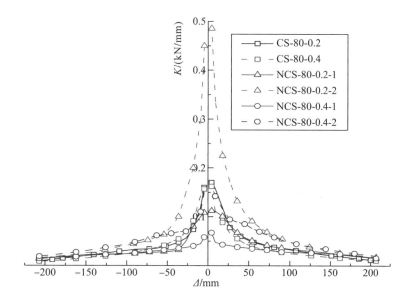

图 3.18　矩形截面墙架柱刚度退化曲线

3) 刚度损伤

通过已有整体房屋振动台试验(李元齐等，2013)及此次墙架柱与梁的连接试验可看出，导致连接最终破坏的是累计损伤的结果，往复荷载作用下，利用式(3.9)～式(3.16)可算出试件损伤指数 D，计算值见表 3.8，所有连接刚度与初始值比损伤 D 值均较大，证明导致连接破坏原因是累积损伤的结果。显然按照规范设计的连接最终破坏时损伤较大，主要原因是自攻螺钉失效将导致梁柱拉脱，刚度退化大。

3.6.6 骨架曲线对比分析

1. C 型截面骨架曲线

骨架曲线是确定恢复力模型中特征点的重要依据，由滞回曲线得到骨架曲线如图 3.19 所示。①试件都经历了弹性、屈服、强化、破坏四个阶段，但 CS-89-0.4 及 NCS-89-0.4 试件强化阶段不明显，且在加载初期就出现了较为明显的非线性，主要是加载过程中连接区域墙架柱腹板局部屈曲及自攻螺钉拔出所致。②试件加载到极限荷载后，骨架曲线进入下降段，表现出明显的刚度和承载力退化，骨架曲线均有明显的屈服点、最大荷载点，轴压比为 0.2 的试件有明显的屈服平台，而轴压比为 0.4 的试件，加载到极限荷载后承载力快速退化。

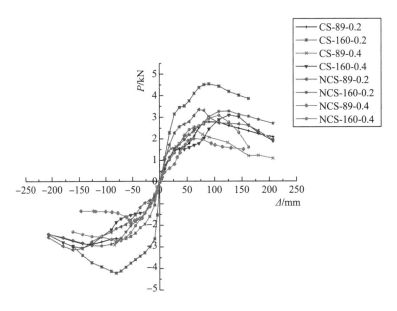

图 3.19　C 型截面墙架柱骨架曲线

2. 矩形截面骨架曲线

从图 3.20 可知：①所有试件均经历了弹性、弹塑性及塑性阶段。②相同轴压比下，角钢加强型连接极限承载力比规程推荐连接高得多。③轴压比对规程推荐连接试件承载力影响大于角钢加强型连接试件，角钢厚度对 NCS 系列试件承载力影响明显。说明在选用墙架柱-楼层梁连接时应根据不同需求，选用不同的连接构造形式。

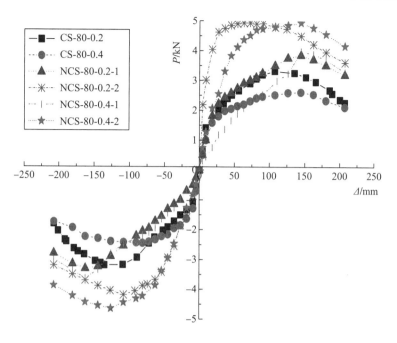

图 3.20　矩形截面墙架柱骨架曲线

3.6.7　应变及分析

对试验过程中采集到的应数据进行整理，反映各测点在加载过程中产生的应变反应，各试件测点的最大应变反应如表 3.9 所示。可看出：①试验中墙架柱的应变均处于弹性阶段，试验结束后墙架柱变形基本恢复。②规程推荐连接中连接域的应变比角钢加强型连接的应变大，轴压通过上层墙架柱传到楼层梁后传到下层墙架柱，角钢加强型连接中墙架柱连续，轴压直接传到基础。

表 3.9　最大应变值

试件编号	墙架柱		边楼层梁连接域		中间楼层梁连接域		屈服应变
	边柱	中柱	梁长方向	梁宽方向	梁长方向	梁宽方向	
CS-89-0.2	−292	−358	586	860	698	2140	
CS-160-0.2	−179	−250	631	1245	493	1532	
CS-160-0.4	−465	−529	1474	1746	507	1942	
CS-80-0.2	−207	−324	345	1035	471	2012	
CS-80-0.4	−416	−544	659	2611	2567	3596	1942
NCS-89-0.2-1	−304	−369	368	757	509	540	
NCS-89-0.2-2	−278	−305	790	879	565	1121	
NCS-160-0.2-1	−215	−256	536	629	620	1155	
NCS-160-0.2-2	−196	−247	547	812	780	1282	

试件编号	墙架柱		边楼层梁连接域		中间楼层梁连接域		屈服应变
	边柱	中柱	梁长方向	梁宽方向	梁长方向	梁宽方向	
NCS-160-0.4-1	−447	−498	1025	1254	828	1278	
NCS-80-0.2-1	−481	−539	310	498	159	196	
NCS-80-0.2-2	−495	−511	353	952	1236	1953	1942
NCS-80-0.4-1	−733	−863	474	681	230	282	
NCS-80-0.4-2	−549	−896	338	1582	697	944	

3.7　考虑蒙皮的组合墙体-楼板节点抗震性能试验研究

结合示范房屋建设时部件装配工艺，对墙体龙骨双面覆板，对楼层梁单面覆板，考虑蒙皮效应对节点抗震性能的影响，得到组合墙体-楼板节点在不同连接方式下的抗震性能及破坏特征，并与未覆面板的对应试件(墙架柱-楼层梁节点)进行抗震性能对比，获得节点连接方式、轴压比、龙骨截面形式等因素对节点抗震性能的影响规律。

3.7.1　试验概况

1. 材性试验

龙骨为 Q235B 级镀锌钢板，材料性能见 3.3.2 节试验结论。墙面板选用厚度为 9mm 的欧松板，楼面欧松板厚度为 15mm，弹性模量取 3500N/mm²，泊松比为 0.3。

2. 试件制作

依据不同墙架柱高度及截面形式、墙顶轴压比及楼层连接处构造处理方式等影响因素共设计 7 组 14 个试件，《低层冷弯薄壁型钢房屋建筑技术规程》(JGJ 227—2011)(中华人民共和国住房和城乡建设部，2011)推荐节点简图见图 3.1，角钢加强型节点简图见图 3.2。其中规程推荐墙架龙骨构造及螺钉间距见图 3.3(a)，包括 CS 及 NCS 墙架柱-楼层梁连接系列(王秀丽等，2015；褚云朋和姚勇，2016)，后又在二者表面覆欧松板，制作对应的 7 个组合墙体-楼板(CS-B 及 NCS-B 系列)节点试件。试件由 5 根墙架柱及 5 根 C 型镀锌薄壁钢梁组成，柱间距 600mm，试件宽度 2400mm，梁长 1200mm。墙架高度 1800mm，柱截面 C160×40×10×1(C 表示截面形式，160 表示腹板高度，40 表示翼缘宽度，10 表示卷边高度，1 表示名义厚度，实为 0.92mm)及 C89×44.5×12×1，对应的上下导轨梁采用 U163×40×1 及 U93×40×1。楼盖梁、梁加劲肋、刚性支撑均采用 C205×40×10×1，□80×40×1 截面为 80mm×40mm，对应上下导轨采用 U83×40×1。角钢加强型连接依托上下角钢与承载梁及墙内龙骨采用自攻螺钉进行连接，边梁采用

C205×40×10×1，自攻螺钉 ST4.2×13 级，楼盖边梁自攻螺钉间距 200mm。试件编号及组成详见表 3.10，墙板与龙骨自攻螺钉间距见图 3.21。

表 3.10　试件编号及组成

序号	组别	试件编号	连接方式	墙架柱截面	竖向力 /kN	轴压比	附注
1	一	CS-89-0.2-B	规程推荐	C89×44.5×12×1	32.7	0.2	面板采用水平拼缝，且拼接处尽可能远离楼层连接处；墙架柱楼层梁厚度 1mm；墙面欧松板厚度 9mm；楼面欧松板厚度 15mm
2		CS-89-0.2					
3	二	CS-160-0.2-B	规程推荐	C160×40×10×1	17.8	0.2	
4		CS-160-0.2					
5	三	CS-160-0.4-B	规程推荐	C160×40×10×1	35.6	0.4	
6		CS-160-0.4					
7	四	NCS-80-0.2-B	角钢加强型	□80×40×1	45.8	0.2	
8		NCS-80-0.2					
9	五	NCS-160-0.2-B	角钢加强型	C160×40×10×1	17.8	0.2	镀锌角钢厚度 2mm
10		NCS-160-0.2					
11	六	NCS-89-0.4-B	角钢加强型	C89×44.5×12×1	65.4	0.4	
12		NCS-89-0.4					
13	七	NCS-80-0.4-BG	角钢加强型	□80×40×1	91.6	0.4	角钢厚度 4mm
14		NCS-80-0.4					镀锌角钢厚度 2mm

注：试件编号"CS-160-0.2-B"表示 C 型截面，高度 160mm，轴压比 0.2，"B"表示墙架龙骨外覆面板。试件编号"CS-160-0.2"表示 C 型截面，高度 160mm，轴压比 0.2，墙架龙骨未覆面板。

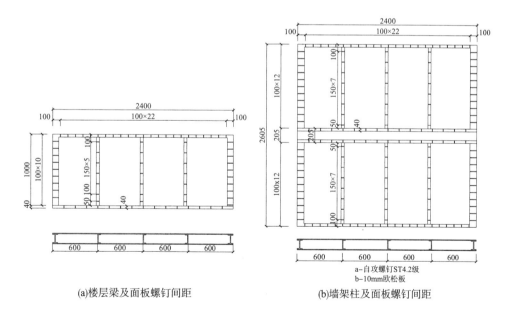

(a)楼层梁及面板螺钉间距　　　　(b)墙架柱及面板螺钉间距

图 3.21　龙骨及覆板后连接构造(单位：mm)

3. 试验装置及加载制度

试验装置及加载制度与本书 3.4.2 节装置完全相同，试件现场布置见图 3.22。试验时先将轴力一次施加到位，竖向力大小根据石宇等(2010)提出的折减强度法计算得到(表 3.10)，后对楼层梁端部采用位移控制方式施加低周往复荷载(王秀丽等，2015；褚云朋和姚勇，2016)，反力墙上端固定的作动器位移传感器和力传感器记录加载时梁悬臂端位移及所加荷载值，加载方法见表 3.3。

图 3.22　试件现场布置

4. 测点布置

共粘贴 16 个应变片(图 3.23)，通过读数判断杆件所处的应力状态，并获得应力随加载进行的变化情况。共布置 12 个 YHD100 型位移计(图 3.24)，其中 D1~D4 用于测量墙体在轴压下的轴向变形，D5 用于测量楼板平面外位移，D6~D8 分别用于测量左、中、右楼板沿作动器加载方向的位移值，D9~D12 用于测量连接区域沿竖直平面的转角。通过 D6~D8 数值变化可判断楼板是否发生扭转。

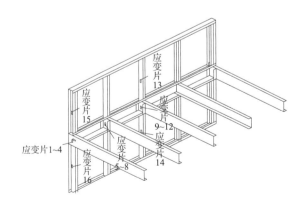

图 3.23　应变片布置

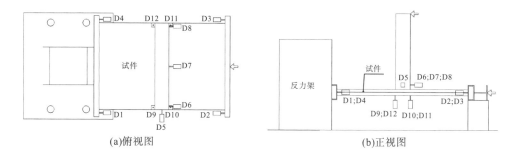

(a)俯视图　　　　　　　　　　　　　　　　　(b)正视图

图 3.24　位移计布置

3.7.2　试验现象及破坏特征

1. CS 及 CS-B 系列试件

这两类试件为规程推荐楼层连接处做法，它们的试验现象类似，如图 3.25 所示，其中图 3.25(a)～(f)为 CS-B 系列的破坏特征，图 3.25(g)～(i)为 CS 系列的破坏特征。未在墙顶施加轴压过程中，CS 系列试件发出轻微响声，而 CS-B 系列试件没有发出响声。①两类试件均会发生梁端较大压缩变形[图 3.25(a)(i)]，且 CS-89-B 试件较 CS-89 试件进入屈曲更早，变形也更大，说明仅对梁端腹板增设加劲肋进行加强，作用不明显，不能有效抵抗顶层墙段向下传递的压力，其成为此种体系的薄弱部位。②对于 CS-B 系列试件，墙-板连接区域剪切塑性变形更为明显[图 3.25(c)]，同时出现自攻螺钉与孔挤压变大后螺钉滑移现象[图 3.25(b)]，试件仍可继续承载，但连接区域受到反复挤压，加速了自攻螺钉的拉脱。而 CS 系列试件楼层梁与顶底梁间自攻螺钉滑移后，虽然承载力急剧降低，但有顶底梁约束螺钉很难拉脱，因此不会立刻破坏。③CS-160-B 加载到破坏阶段，楼层连接处的外覆欧松板由于自攻螺钉脱落而与墙架柱断开，试件无法继续承载[图 3.25(d)(e)]，可从工艺上改变此种破坏方式。将墙板拆掉可看到内部墙架几乎无塑性变形[图 3.25(f)]，应将接缝远离楼层处，且加密自攻螺钉。

(a)楼层梁连接处挤压变形　　　(b)连接处自攻螺钉剪断　　　(c)点域破坏

(d)连接处墙体拉开 　　(e)连接处墙面失效 　　(f)龙骨破坏轻微

(g)边梁屈曲 　　(h)螺钉脱落 　　(i)连接处楼盖梁畸变屈曲

图 3.25　CS 及 CS-B 系列试件破坏特征

2. NCS 及 NCS-B 系列试件

此两类试件为角钢加强型做法，它们的试验现象类似，如图 3.26 所示，其中图 3.26(a)～(f)为 NCS-B 系列试件破坏特征，图 3.26(g)～(i)为 NCS 系列试件破坏特征。两类试件在施加轴压过程中均未听到响声，且各位移计读数均极小。①在梁端位移加载至 18mm 时，试件发出轻微响声，是楼层梁与角钢间连接的自攻螺钉挤压孔壁及楼层梁与角钢肢间挤压发出的；继续加载自攻螺钉与孔间产生相对滑移[图 3.26(a)]，两类试件均有墙-梁拉离现象，但 NCS 系列比 NCS-B 系列晚。②NCS-89-0.4-B、NCS-80-0.2-B、NCS-160-0.2-B 三个试件破坏模式类似[图 3.26(b)]，镀锌角钢在长螺栓连接处发生局部屈曲，墙梁连接处欧松板由于局部挤压造成板角破坏；随加载位移增加角钢塑性变形明显，大量自攻螺钉被拔出，连接失效[图 3.26(c)]；从试件侧面可看出墙架柱变形很小，尤其是 NCS-80-0.2-B 试件，几乎无任何塑性变形，位移计 D9～D12 读数小于 3mm，其上的 13 号、15 号应变片读数 95με，而 NCS-160-B 系列试件其应变值最大达到 461με，强度利用率也很小，可见此类连接的关键是防连接区域的自攻螺钉拉脱，且提高角钢抗局部屈曲能力。③对于 NCS-80-0.4-BG 加载到 45mm 时，楼层梁与墙体间产生拉开缝隙，继续加载到 63mm 时梁与墙间拉开的缝隙开始增大，梁与角钢间连接的自攻螺钉部分被拉出[图 3.26(d)]，继续加载自攻螺钉大量拉出，楼板拉离墙架柱，连接快速失效。拆除欧松板后看到角钢、楼层梁及墙架柱没有明显塑性变形[图 3.26(f)]，可见此类连接成败关键在于如何防止自攻螺钉拉脱，而对于 NCS 系列试件，破坏模式为角钢肢的挤压局部屈曲，后面诸多循环主要表现为角钢肢的拉开与闭合，直到加载到大位移阶段，自攻螺钉全部失效后，梁被拉离墙体。

| (a)墙架梁拉离墙面 | (b)连接角钢失效 | (c)梁端大位移变形 |

| (d)螺钉拉脱失效 | (e)角钢无变形 | (f)龙骨破坏轻微 |

| (g)角钢局部屈曲 | (h)墙架柱与楼盖梁拉开 | (i)螺钉拔出失效 |

图 3.26　NCS 及 NCS-B 系列试件破坏特征

3.7.3　试验结果及分析

1. 滞回曲线

为对比龙骨外覆面板后连接耗能情况，将冷弯薄壁型钢楼层梁-墙架柱与组合墙体-组合楼板的滞回曲线进行对比分析。试验中梁悬臂端实测位移 δ_0 参照文献(王秀丽等，2015；褚云朋和姚勇，2016)方法，得到各试件 P-Δ 滞回曲线(图 3.27)。

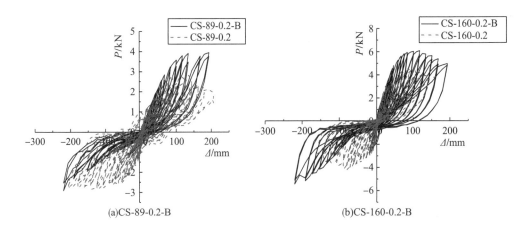

(a)CS-89-0.2-B　　　　　　　　　　　　　　　(b)CS-160-0.2-B

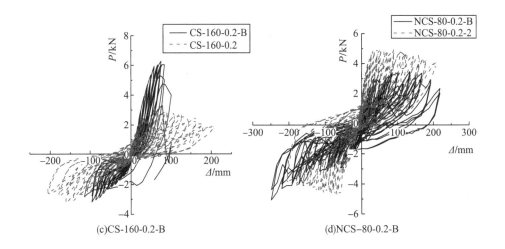

(c)CS-160-0.2-B　　　　　　　　　　　　　　(d)NCS−80-0.2-B

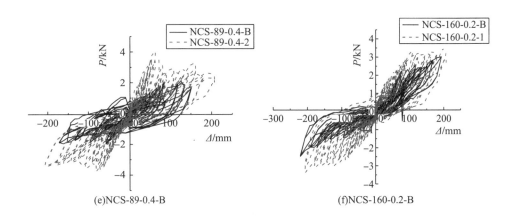

(e)NCS-89-0.4-B　　　　　　　　　　　　　　(f)NCS-160-0.2-B

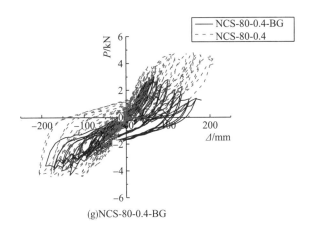

(g)NCS-80-0.4-BG

图 3.27　P-Δ 滞回曲线

　　从图 3.27 可得：①随加载级数增加，耗能能力不断增强，在同一级加载幅值下，后一循环达到的荷载值均低于前一次，表明试件出现了刚度的明显退化。②随加载位移增大，轴压比为 0.4 的试件快速由弹性阶段进入弹塑性阶段，承载力退化明显，尤其是 NCS 系列试件中 2mm 厚镀锌角钢的加强试件，主要原因是角钢过早发生局部屈曲。③CS-B 系列试件在板件间的自攻螺钉未拉脱前，刚度退化不明显；但试件加载到 72mm 后，顶底梁与楼层梁连接的自攻螺钉部分被拉脱后，楼层梁与墙体间发生了加载背离拉开而反向则压缩现象，虽仍可承载但残余位移逐渐增大，试件刚度退化迅速。④对于 NCS-80-0.2-B 的 2mm 镀锌角钢试件，加载到角钢局部屈曲后，继续加载仅发生角钢肢变形，而墙架部分未进一步损伤，屈服平台较长，滞回环更为饱满；对于 NCS-89-0.4-B 试件，加载过程中楼层梁与顶底梁间自攻螺钉过早拉脱造成试件失效，因此耗能能力相对较弱；对于 NCS-160-0.2-B 试件，加载到 144mm 后由于角钢局部变形过大，长螺栓约束作用减弱，试件反向加载时出现了空载滑移现象，最后一个加载循环耗能极低。⑤对于 NCS-80-0.2-BG 试件，由于角钢厚度增加到 4mm，初始阶段连接刚度较大，耗能不明显；随加载进行，楼板与角钢间自攻螺钉与其孔壁发生挤压，孔变大试件开始进入弹塑性阶段，后自攻螺钉被拉脱，滞回环虽然渐趋饱满，但试件快速失效，整体耗能能力较差。⑥对于 CS-B 系列试件，覆板后其承载力高于未覆板试件，且自攻螺钉失效后仍可继续承载，经过循环次数较多。⑦NCS-B 系列耗能能力低于 NCS 系列，主要原因是覆板后墙板及楼板刚度增大，变形完全要靠连接区域的角钢来协调，墙体、楼板及角钢间连接采用的自攻螺钉更容易被拉脱，由于角钢为该体系的传力中枢，自攻螺钉失效后会诱发试件快速失效，因此其耗能能力比 NCS 系列试件低，尤其是 NCS-80-0.4-BG 试件。

　　2. 骨架曲线

　　骨架曲线由滞回曲线的每个循环的极值点连接得到(图 3.28)。可看到：①未覆板试件均有明显弹性、弹塑性、强化及破坏四个阶段，原因是未覆板试件刚度相对较小，加载到大位移阶段后，自攻螺钉虽有拉脱及剪断，但楼层梁未拉离墙架柱，使得加载位移仍可增加，直到大位移阶段试件完全失效，表现出明显的四个阶段。②对于覆盖欧松板的试件，CS-B 系列试件中，腹板高度 160mm 的试件经历了完整的四个阶段，但 CS-89-B 试件均没有明显的承载力下降段。而对于 NCS-B 系列试件没有明显的承载力下降阶段，角钢自攻螺钉失效后节点快速破坏。③对于 NCS-80-0.4-B 试件，几乎一直处于弹性阶段，原因是角钢厚度增大到 4mm 后，开始阶段角钢对墙梁具有较强的约束作用，能很好协调其变形，试件处于弹性工作状态。当楼层梁与连接角钢间自攻螺钉被大量拉脱及剪断后，楼层梁拉离墙架柱，试件快速失效，未能进入明显的弹塑性变形阶段。

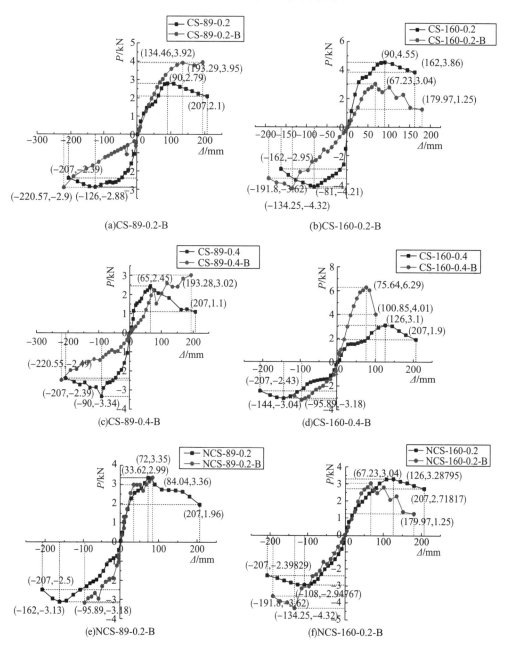

(a)CS-89-0.2-B　　　　　　(b)CS-160-0.2-B
(c)CS-89-0.4-B　　　　　　(d)CS-160-0.4-B
(e)NCS-89-0.2-B　　　　　　(f)NCS-160-0.2-B

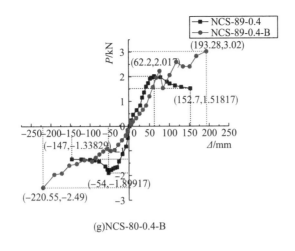

(g)NCS-80-0.4-B

图 3.28　$P\text{-}\varDelta$ 曲线

3. 试件屈服、极限、破坏荷载

通过《建筑抗震试验规程》(JGJ/T 101—2015)(中华人民共和国住房和城乡建设部，2015)规定采用的计算方法(图 3.15)，得到试件的最大荷载 P_{max} 及其位移 $\varDelta_{max}$、破坏荷载 P_u 及其相应位移 $\varDelta_u$，计算结果对比汇总见表 3.11。可得到：①CS-B 系列承载力受截面高度影响较大，CS-160-B 屈服荷载、破坏荷载分别比 CS-89-B 高 0.67 倍、0.58 倍，说明墙截面高度对 CS-B 系列试件承载力影响较大；CS-B 系列受轴压比影响较大，对于 CS-160-B 试件，当轴压比为 0.2 时其屈服荷载、破坏荷载分别比轴压比为 0.4 时高 0.28 倍、0.42 倍。②NCS-B 系列中 NCS-89-B 的屈服荷载、极限荷载及破坏荷载均略低于 NCS-160-B 试件，范围在 12%以内，说明墙截面高度对改进后连接影响较小。③影响 NCS-B 系列承载能力的关键为角钢和自攻螺钉，破坏时墙面并没有破坏，NCS-80-0.2-B 与 NCS-160-0.2-B 两个试件屈服荷载及破坏荷载较接近；角钢厚度对连接承载力影响较大，采用壁厚为 4mm 的等边角钢后，由于角钢未发生明显塑性变形，因此组合楼板与角钢间连接的自攻螺钉承受较大的拉剪作用，大位移加载时楼层梁与角钢间的自攻螺钉大量拉脱或者被剪断，连接快速失效。造成角钢厚度增加后承载力反而降低，NCS-80-0.4-BG 的角钢厚度 4mm 试件的极限荷载和破坏荷载分别比 NCS-89-0.4-B 的角钢厚度 2mm 试件降低了 25.8%和 37.1%，说明角钢加厚后需减小自攻螺钉间距，且加粗加长提高其抗剪断及拉脱能力，且应采用长螺栓加强楼层梁与墙板间的拉接。④通过 CS-160-0.2-B 与 NCS-160-0.2-B 两个试件可看到，CS-B 系列比 NCS-B 系列试件的屈服荷载、破坏荷载分别提高了 0.52 倍、0.74 倍，表明 CS-B 系列试件的构件间协调变形能力强，虽连接处损伤明显，但不会造成自攻螺钉快速失效，而 NCS-B 系列试件中与角钢相连的自攻螺钉成为外载破坏作用的首要防线，当螺钉拉脱后引发试件快速失效。

表 3.11　试件荷载、位移特征值对比汇总

序号	试件编号	屈服荷载		极限荷载		破坏荷载		延性系数	累积耗能能力
		P_y/kN	Δ_y/mm	P_{max}/kN	Δ_{max}/mm	P_u/kN	Δ_u/mm	μ	
1	CS-89-0.2-B	3.19	121	3.44	206	3.44	206	1.70	4113
2	CS-89-0.2	2.515	63	2.835	108	2.415	181	2.87	3575
3	CS-160-0.2-B	5.33	113	5.77	169	5.42	201	1.78	6517
4	CS-160-0.2	3.58	44.5	4.38	85.5	3.725	148	3.33	3899
5	CS-160-0.4-B	4.18	61	4.73	85	3.82	105	1.72	3928
6	CS-160-0.4	2.695	108	3.07	135	2.61	178.5	1.65	3899
7	NCS-80-0.2-B	3.16	58	3.37	90	3.27	90	1.55	4017
8	NCS-80-0.2	2.685	83	3.24	117	2.755	150.3	1.81	4071
9	NCS-160-0.2-B	3.50	98	3.68	101	3.12	133	1.36	6270
10	NCS-160-0.2	2.61	74	3.681	101	2.645	192	2.59	4297
11	NCS-89-0.4-B	2.24	121	2.75	207	2.75	207	1.71	3773
12	NCS-89-0.4	1.95	60.21	2.753	207	1.71	100.9	1.68	3250
13	NCS-80-0.4-BG	1.85	78	2.04	71	1.73	110	1.41	2128
14	NCS-80-0.4	4.25	70	4.79	135.0	4.07	202.5	2.89	5852

4. 耗能及延性

累积耗能能力为试件所有滞回环面积之和,延性系数为构件的破坏位移与屈服位移之比,由表 3.11 可知:①覆板试件耗能能力多好于未覆板试件,主要原因是所经过的循环次数及承载力较高,进入塑性状态后耗能能力较强。②CS-160-B 的试件耗能能力比 CS-89-B 高 0.58 倍,轴压比为 0.2 时耗能能力比轴压比为 0.4 时高 0.66 倍;NCS-160-B 试件耗能能力较 NCS-89-B 的高 0.66 倍。但 NCS-80-0.4-BG 耗能能力明显低于 NCS-80-0.4 的,也低于其他试件,主要原因是角钢厚度增大到 4mm 后,角钢协调变形能力降低,自攻螺钉受到强约束作用,使得楼板与角钢连接的自攻螺钉拉开后试件快速失效。③所有未覆板试件延性均好于覆板试件,原因是欧松板蒙皮后刚度明显大于龙骨试件,且自攻螺钉失效后,连接快速失效,故延性降低。④CS-B 系列具有较好延性性能,3 个试件延性系数接近,比 NCS-B 系列高。是因为规程推荐连接墙体断开,在往复加卸载过程中楼盖梁会发生挤压并被拉离墙体,梁发生较大塑性变形,自攻螺钉拉脱较为缓慢,连接区域变形能力增强,试验过程中自攻螺钉未全部拉脱,梁与墙体间依然存在弱连接,因此屈服平台较长,延性较好。⑤角钢加强型连接墙体呈连续状态,墙体塑性变形极小,其延性主要由角钢塑性变形来体现,对于角钢厚度 2mm 试件,角钢塑性变形明显,因此延性较好,但对于角钢 4mm 的试件,角钢塑性变形不明显,楼板与角钢间自攻螺钉剪断及拉脱后,会引发连接快速失效,延性较差。

5. 刚度退化

试件在循环荷载作用下刚度会随加载进行而降低,试件刚度可用环线刚度表示,计算

按照文献(石宇，2005；陈伟等，2017；李斌等，2008)的方法进行，刚度退化曲线见图 3.29，可看到无论哪种连接轴压比对其刚度退化速度影响均较小。①对于 CS-160-B 试件初始刚度较大，当加载位移小于±63mm 时刚度退化迅速，主要原因是楼层梁与顶底梁间自攻螺钉在往复荷载作用下部分拉脱；后发生楼板与未覆欧松板的楼层梁间塑性挤压变形，刚度退化缓慢，同时楼层连接处面板与龙骨间的自攻螺钉受力增大，快速拉脱造成面板与龙骨脱离，刚度降到最低。②对于 NCS 系列试件，在加载初期刚度退化较快，原因是角钢、楼层梁及墙架柱三者间连接的自攻螺钉在往复荷载作用下与孔壁发生挤压，造成孔壁变大，螺钉多发生滑移，对于角钢厚度 2mm 的试件，长螺栓连接区域角钢塑性变形较大，螺钉失效后对墙与梁依然有弱约束作用，延缓了刚度退化。③对于角钢厚度 4mm 的试件，初始刚度较大，但刚度退化迅速直到模型完全失效，主要原因是组合墙体刚度大，楼板与墙体间采用角钢来协调变形，起到连接作用的自攻螺钉受强力作用，螺钉与角钢间的孔洞被挤压扩大后自攻螺钉被快速拉脱，角钢刚度大，因此塑性变形极小，后梁脱离墙体，连接完全失效，刚度降到最低。

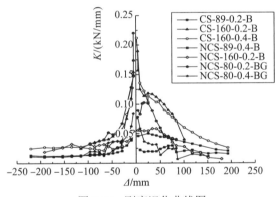

图 3.29　刚度退化曲线图

6. 刚度损伤

利用式(3.9)～式(3.16)算出试件初始刚度、残余刚度及损伤指数 D，可看到：①CS系列试件柱截面高，初始刚度大；但 NCS 系列试件初始刚度受截面高度影响极小。②对于刚度损伤，可看到新型连接刚度损伤大于 CS 系列试件连接，主要原因是角钢加强型连接中，角钢起到了决定性的作用，故角钢上自攻螺钉失效或者角钢局部屈曲后，连接刚度降低较大，损伤均在 90%以上。

对比表 3.7、表 3.8 及表 3.12 可发现：蒙皮后试件初始刚度较未蒙皮大，但刚度损伤蒙皮较未蒙皮的也略高，主要原因是试件加载到破坏阶段，刚度都降到很低，因此损失的刚度大。但对于未蒙皮试件，C 型截面较矩形截面刚度损伤大，原因是矩形截面加载到破坏阶段时墙架柱的损伤很小。

表 3.12 试件初始刚度、残余刚度及刚度损伤

试件编号	$K_0/(\times 10^8 \text{N/mm})$	$K_R/(\times 10^8 \text{N/mm})$	D
CS-89-0.2-B	1.74	0.29	0.83
CS-160-0.2-B	3.17	0.48	0.85
CS-160-0.4-B	3.29	0.57	0.83
CS-89-0.4-B	1.71	0.19	0.89
NCS-160-0.2-B	3.12	0.10	0.97
NCS-89-0.2-B	3.41	0.23	0.93
NCS-80-0.4-BG	4.10	0.14	0.97

7. 承载力退化

在加载位移幅值不变的情况下,构件承载能力随反复加载次数的增加而降低的特性称为承载力退化。其承载力降低系数 λ_i 采用同级荷载第 3 次循环按式 (3.17) 计算,其中 Q_i^1 表示同级荷载下第 1 次循环, Q_i^3 表示同级荷载下第 3 次循环,主要反映试件同一级加载各次循环的承载力降低情况。覆板试件的退化曲线见图 3.30,可看到:①CS-B 系列试件承载力退化缓慢,NCS-B 系列试件承载力退化较陡,主要原因是组合墙体刚度大,加速了自攻螺钉的拉脱,承载力退化迅速。②NCS-80-0.4-BG 有两个强度快速退化点,加载到 18mm 荷载级别时,自攻螺钉开始滑移,加载到 63mm 荷载级别时,墙梁间自攻螺钉几乎完全被拉脱,这两个转折点使得试件强度急剧退化。③对于 CS-B 系列试件,自攻螺钉部分失效后,强度退化速度依旧较为平缓,原因是螺钉失效后,墙体对梁依然有约束作用,不会发生突然破坏,直到楼层处的面板脱离龙骨,试件才会失效。

$$\lambda_i = \frac{Q_i^3}{Q_i^1} \tag{3.17}$$

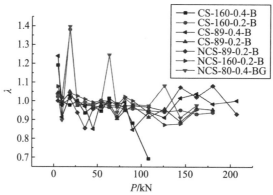

图 3.30 承载力退化曲线

3.8　墙架柱-楼层梁节点抗震性能有限元分析

3.8.1　有限元分析模型

　　由于上下层墙段运到现场分层装配,因此楼层连接处构造不连续,造成传力不连续。构件间、面板与构件间均采用自攻螺钉连接,因此自攻螺钉数量多,构件为壁厚仅为 1mm 的薄壁构件,因此存在大量非线性问题,给建模分析带来一定难度,运用 ANSYS 软件对连接进行参数化建模分析,重点解决自攻螺钉连接的合理简化和墙体-楼盖构件接触处理。建模并进行加载分析,与节点试验结论进行对比,确定有限元分析的正确性,再进行有限元参数化建模分析,探讨不同连接构造对节点抗震性能的影响。

3.8.2　单元选取

　　试件壁厚 1mm,选用壳单元 Shell181 来模拟,该单元为四节点,每个节点有六个自由度,为沿 x、y、z 方向的平动及绕 x、y、z 轴的转动自由度(图 3.31)。耦合单元 Combin39 是包含两个节点的一维非线性的单向受力弹簧单元,每个节点有 x、y、z 三个自由度,该单元通过荷载-位移曲线来定义弹簧在受力时的力学性能(图 3.32)。当选择为径向变形时,节点仅有沿轴向的平移;当选择为扭转变形时,每个节点仅有绕 x、y、z 轴的旋转自由度,而不考虑弯曲或拉压作用。打开 NLGEOM 选项且使 KEYOPT(4)=1 或 3 时,该单元具有进入大变形功能。Link180 是包含两个节点的三维应变杆单元,每个节点有 x、y、z 三方向的平动自由度(图 3.33),可用来模拟连杆,单元不承受及传递弯矩。通过设置实常数 TENSKEY[0 均可(默认),1 仅受拉,-1 仅受压]控制单元拉压性质。

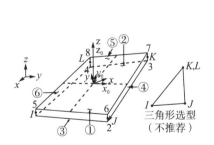

图 3.31　Shell181 单元

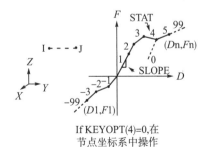

图 3.32　Combin39 单元

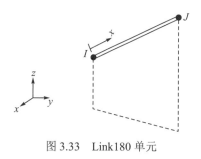

图 3.33   Link180 单元

3.8.3   材料特性

钢材的材料特性来自材性试验实测值，换算出真应力-应变值，并简化成三折线形式（图 3.34）。本书采用多线性随动强化模型模拟钢材的本构关系，钢材材性见 3.3.2 节，采用 Von Mises 屈服准则。

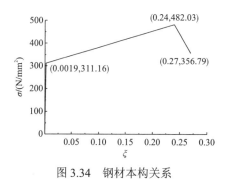

图 3.34   钢材本构关系

3.8.4   建模方式及网格划分

墙架柱-楼层梁节点连接构造复杂，为精确模拟构件间自攻螺钉的连接，采用直接生成法建模。建模顺序如下：①规程推荐节点：墙架柱→导轨→边梁→楼盖梁→支座加劲件→刚性支撑、拉条；②角钢加强型节点：墙架柱→导轨→角钢→楼盖梁→刚性支撑、拉条。模型生成、耦合及加载如图 3.35 所示。单元节点域划分须保证自攻螺钉位置准确，墙架柱与导轨及节点域网格划分如图 3.36 所示。

(a)规程推荐节点

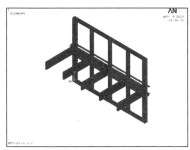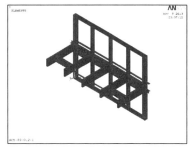

(b)角钢加强型节点

图 3.35　建模过程

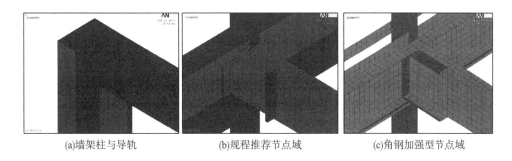

(a)墙架柱与导轨　　　　(b)规程推荐节点域　　　　(c)角钢加强型节点域

图 3.36　细部网格划分

3.8.5　自攻螺钉简化处理方法

自攻螺钉连接的模拟合理与否是有限元分析正确与否的关键因素。结合试验现象：①规程推荐节点：墙架柱与顶底梁间未发生螺钉滑移及剪断现象；顶底梁、边梁与楼层梁间发生螺钉滑移，但未出现螺钉剪断现象。因此规程推荐节点中墙架柱与导轨自攻螺钉连接采用共用连接处单元的节点方法处理，节点域的自攻螺钉采用耦合节点 x、y、z 三方向的平动自由度方式处理，不约束节点相对转动，便于和试验中螺钉发生倾斜破坏相一致。此种处理方式能满足计算精度要求，且可大量节约建模和计算时间，得出的结果与试验结论相符度高，墙体抗拔件采用 Link180 模拟。②角钢加强型节点：墙架柱与顶底梁间连接完好，未发生螺钉滑移及剪断现象；楼层梁与角钢间连接基本完好，发生滑移但未出现螺钉剪断现象，因此节点中墙架柱与顶底梁间自攻螺钉采用共用连接单元的方法处理。

3.8.6　接触处理及边界条件

节点中存在大量接触问题，构件间及构件与墙体面板间，接触的设置会直接影响试件的破坏模式及收敛。①规程推荐节点：顶底梁与楼层梁间、支座加劲件与楼盖梁和边梁间均存在接触，采用 Targe170 和 Conta174 来定义 3-D 接触对。②角钢加强型节点：楼层梁与角钢间采用耦合节点处理，角钢与墙架柱间采用 Targe170 和 Conta174 来定义接触对。根据试验现场加载装置提供的约束反力情况，约束下底梁 x、y、z 三方向的平动自由度，顶梁 z 方向平动自由度，并耦合上导轨与墙架柱端面 y 方向自由度(图 3.37)，使顶梁在轴压下水平方向平动，模拟试验过程中的加载方式。

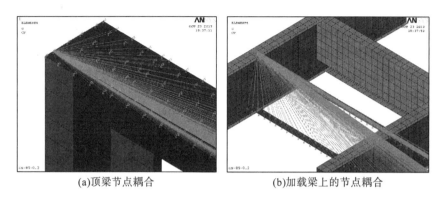

(a)顶梁节点耦合　　　　　　　　　　　　(b)加载梁上的节点耦合

图 3.37　自由度耦合

3.8.7　加载方式及求解设置

与试验加载方式完全相同，在楼层梁悬臂端施加低周往复荷载。先将墙顶轴压一次施加到位，后在梁悬臂端施加往复荷载，加载方式及加载等级见 3.4.2 节的加载制度。在求解时打开大变形和应力刚化，采用全牛顿-拉普森法迭代求解，求解时打开自动时间步长、线性搜索设置。

3.9　有限元分析模型验证

选取规程推荐及角钢加强型节点的各一个试件进行建模分析，分别为 CS-89-0.2 和 NCS-89-0.2-1 试件，建立有限元模型并与试验结果对比，对比分析破坏特征、滞回曲线和承载力特征值，验证有限元分析的正确性，便于后面开展参数化分析。

3.9.1　破坏模式对比

对比结果如图 3.38 所示，试件 CS-89-0.2 试验时，柱轴压施加结束后边梁腹板出现平面外鼓曲，随荷载的增加鼓曲程度增大[图 3.38(a)]；有限元模拟时，加载到破坏状态，墙架柱顶底梁接触处应力比其他部位大[图 3.38(b)]，二者具有很好的相似性，能够通过应力云图表达腹板的局部屈曲。NCS-89-0.2-1，梁端位移荷载加大后角钢在对拉螺栓部位发生局部屈曲[图 3.39(a)]；随荷载增大，角钢与墙架柱间的自攻螺钉连接区域应力增大，表征出自攻螺钉的脱落 [图 3.39(b)]。

(a)边梁局部屈曲　　　　　　　　　　　(b)楼盖梁屈曲

图 3.38　CS 试件破坏对比

(a)角钢局部屈曲　　　　　　　　　　　(b)楼盖梁屈曲

图 3.39　NCS 试件破坏对比

3.9.2　滞回曲线对比

二者滞回曲线对比如图 3.40 所示，可知 CS-89-0.2 中试验和有限元曲线走势基本一致，且滞回环形状及饱满程度均接近，但有限元承载力极限值比试验略高，原因是有限元分析中未能考虑板件间螺钉的滑移，试验时发生了墙架柱和顶底梁间的自攻螺钉的滑移，使得节点承载力及刚度均降低。NCS-89-0.2-1 中试验和有限元分析的滞回曲线走势吻合较好，

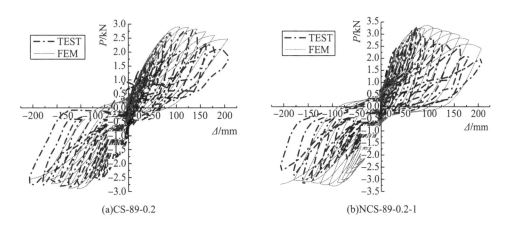

(a)CS-89-0.2　　　　　　　　　　　　(b)NCS-89-0.2-1

图 3.40　试验(TEST)与有限元(FEM)滞回曲线对比

有限元承载力极限值比试验值高，也是角钢与顶底梁间连接的自攻螺钉造成的，试验中发生了滑移，而有限元分析时未能加以考虑，故而造成了一定的误差，但二者差值小于 10%。

3.9.3　承载力特征值对比

试验值与有限元分析的特征值对比如表 3.13 所示。可看出极限承载力有限元计算值均比试验值略大，但差值均小于 10%；试验和有限元计算出的延性系数也较为接近。误差在可接受的范围内，说明此种有限元分析方法能用于对节点进行参数化建模分析，用以得到节点的抗震性能。

表 3.13　试验值与有限元值对比

编号		屈服荷载		极限荷载		破坏荷载		μ
		P_y/kN	Δ_y/mm	P_{max}/kN	Δ_{max}/mm	P_u/kN	Δ_u/mm	
CS-89-0.2	试验	2.52	64.51	2.84	63.00	2.42	108.00	2.88
	有限元	2.56	64.00	2.95	64.51	2.51	108.00	2.67
NCS-89-0.2-1	试验	2.69	62.61	3.24	83.00	2.76	117.00	2.61
	有限元	2.79	59.75	3.32	59.50	2.82	76.73	2.60

3.10　有限元参数化分析

试验中因轴压比对规程推荐节点的楼层连接处具有较强的破坏作用，为影响抗震性能的关键要素，而加强型节点角钢厚度对节点抗震性能影响较大，因此有限元分析中考虑这两个参数，讨论它们对节点抗震性能的影响。

3.10.1　轴压比影响

以规程推荐节点 CS-89-0.2 为例，墙架柱顶分别施加轴压比为 0.2、0.4、0.6 及 0.8 时，节点的恢复力骨架曲线如图 3.41 所示，模型的承载力特征值如表 3.14 所示。通过对比，可知：①随轴压比增加，荷载特征值下降，初始刚度也在降低。②随轴压比增大，规程推荐节点承载力下降较快，尤其在轴压比增大到 0.6 以后，在所考察的轴压比范围内，延性系数也下降，但受到的影响不大。③因节点承载性能对结构抗震性能影响较大，因此建议工程应用时应严格限制轴压比，最好轴压比不大于 0.4，使得节点在承载力降低不大的情形下工作，外荷载固定的情况下可以通过改变墙架柱截面形式的方式降低轴压比，比如将 C 型柱截面的改为方形或者矩形。

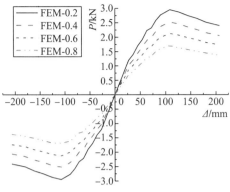

图 3.41　规程推荐型骨架曲线

表 3.14　模型的荷载、位移特征值汇总

编号	屈服荷载		极限荷载		破坏荷载		μ
	P_y/kN	Δ_y/mm	P_{max}/kN	Δ_{max}/mm	P_u/kN	Δ_u/mm	
FEM-0.2	2.56 (1.00)	64.51	2.95 (1.00)	108.00	2.51 (1.00)	185.46	2.88 (1.00)
FEM-0.4	2.21 (0.86)	64.00	2.52 (0.85)	108.00	2.14 (0.85)	170.78	2.67 (0.93)
FEM-0.6	1.86 (0.73)	62.61	2.09 (0.71)	90.00	1.78 (0.71)	163.69	2.61 (0.91)
FEM-0.8	1.46 (0.57)	59.75	1.66 (0.56)	81.29	1.41 (0.56)	155.27	2.60 (0.91)

注：括号内数值为相应数值与对应轴压比为 0.2 的规程推荐连接方式试件计算结果的比值。

3.10.2　角钢厚度影响分析

角钢厚度对节点承载性能影响较大,试验中角钢厚度为 1mm 及 2mm,以 NCS-89-0.2-1 为基础,改变角钢厚度为 0.8mm、1.0mm、1.2mm、1.5mm、1.8mm、2mm、2.5mm 及 3mm,从骨架曲线(图 3.42)可看到:随角钢厚度增加,极限承载能力提高,当厚度小于墙架柱厚

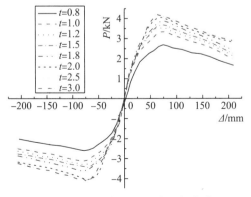

图 3.42　角钢加强型节点骨架曲线

度时，厚度增大后承载力提高较明显；当厚度大于 2 倍墙架柱厚度后，厚度继续增加承载力提高不明显。承载力特征值如表 3.15 所示，当角钢厚度增大到 2 倍墙架柱厚度时，极限承载力提高 20%以上，但继续增加，承载力提高不明显；角钢厚度对延性影响不明显，但角钢厚度大于 2mm 时，自攻螺钉施工质量不易于得到保证，因此综合考虑承载力及施工便利性，角钢厚度取 2 倍墙架柱厚度较为合适。

表 3.15　各试件的荷载、位移特征值汇总

角钢厚度/mm	屈服荷载		极限荷载		破坏荷载		μ
	P_y/kN	Δ_y/mm	P_{max}/kN	Δ_{max}/mm	P_u/kN	Δ_u/mm	
0.8	2.26 (0.81)	60.89	2.64 (0.80)	76.50	2.25 (0.80)	146.62	2.41 (0.97)
1.0	2.79 (1.00)	59.50	3.32 (1.00)	76.73	2.82 (1.00)	147.51	2.48 (1.00)
1.2	2.95 (1.06)	47.30	3.42 (1.03)	72.00	2.90 (1.03)	151.79	3.21 (1.29)
1.5	3.06 (1.10)	46.56	3.56 (1.07)	72.00	3.03 (1.07)	149.42	3.21 (1.29)
1.8	3.21 (1.15)	48.48	3.75 (1.13)	76.50	3.19 (1.13)	147.55	3.04 (1.23)
2.0	3.55 (1.27)	47.35	4.06 (1.22)	72.00	3.45 (1.22)	138.26	2.92 (1.18)
2.5	3.65 (1.31)	47.21	4.09 (1.23)	72.00	3.48 (1.23)	134.99	2.86 (1.15)
3.0	3.69 (1.32)	47.14	4.18 (1.26)	67.50	3.56 (1.26)	133.42	2.83 (1.14)

注：括号内数值为相应数值与对应 1mm 厚连接角钢的新型连接方式试件计算结果的比值。

3.11　本 章 小 结

通过对组合墙体-楼板与对应的墙架柱-楼层梁节点抗震性能对比试验研究，得到轴压比、楼层连接方式及角钢厚度等因素对节点抗震性能的影响规律，覆板后节点刚度增大，加载到墙面板失效前楼层连接处的自攻螺钉也大多失效，因此无论对哪类节点，防止墙-楼板节点区域的自攻螺钉失效是成功的关键；获得了节点的恢复力骨架曲线及特征值，为结构简化力学模型的获得、结构抗震性能计算提供了基础数据，为结构基于损伤抗震设计方法获得提供了损伤判据。

（1）规程推荐节点随腹板截面高度增大，试件屈服、极限及破坏荷载均提高 0.5 倍以上，但截面高度对角钢加强型节点承载力影响很小；规程推荐节点延性好于角钢加强型。覆板后承载力明显提高，极限承载力最低提高 21.1%，且 CS-160-0.4-B 比 CS-160-0.4 极限承载力提高 54.07%，原因是覆板后作为薄弱部位的楼层连接处有面板增强，上下层墙体能提供给楼层梁更大的约束反力，但自攻螺钉失效后，加载到大位移阶段，梁端施加往复荷载过程中，轴压力变成偏心力，加速了节点的失效。

(2)规程推荐节点转动刚度相对较小,建议对节点部位进行构造加强,且结构计算时建议将节点简化为铰接。轴压力作用下,规程推荐节点的加劲件不能有效抵抗竖向压力作用,楼层梁及边梁腹板会发生局部压屈,建议设计时应进行构造加强。

(3)角钢加强型节点承载力比规程推荐节点提高明显,破坏时墙架龙骨损伤很小,未发生墙架平面外变形。对于矩形截面墙架柱的轴压比从 0.2 增加到 0.4 时,规程推荐节点的承载力降低约 20%。节点覆板后耗能能力低于未覆板的,原因是覆板后对楼层梁、角钢及墙架柱间的螺钉约束变强,作用力变大,螺钉一经失效试件即快速破坏。2mm 厚角钢试件长螺栓连接截面处产生明显应力集中,加载初期即发生两肢间夹角的拉大与减小,屈服平台较长;角钢加厚后初始刚度增大,加载到后期角钢与节点域连接的自攻螺钉承受较大的拉剪作用而失效,造成角钢厚度增加,承载力反降低,说明角钢加厚后要发挥作用,需减小螺钉间距且加粗直径,以防止其快速失效。

(4)轴压比对节点延性、耗能能力均影响较大,故将节点用于多层房屋时,设计轴压比较大的墙体时要重视。角钢加强型节点中的厚度对抗震性能影响较大,依据本次试验结果建议应用时角钢厚度大于 2mm。规程推荐节点覆板后耗能明显高于未覆板的,但受截面高度、轴压比影响均较大;轴压比为 0.2 时 CS-160-B 耗能能力比 CS-160 高 0.66 倍;相同轴压比下截面高度为 160mm 的比截面高度为 89mm 的耗能能力高 0.58 倍;但延性普遍比未覆板的差。

(5)从承载力和刚度退化曲线、破坏特征及破坏过程可知,节点破坏前均发生较大变形,破坏是逐步发生,是累积损伤的结果。CS 系列柱截面高,初始刚度大;但 NCS 系列初始刚度受截面高度影响极小。对于刚度损伤,NCS 系列损伤大于 CS 系列,原因是连接中角钢起到了决定性的作用,角钢上自攻螺钉失效或角钢局部屈曲后,刚度降低快,损伤均在 90%以上。

(6)对自攻螺钉采用简化处理,模型中考虑构件间的接触作用,但不考虑初始几何穿透和偏移的影响,将有限元分析结论与试验结果对比发现其具有很好的相似性,此方法能用于节点抗震性能分析。后考虑了规程推荐节点中轴压比及角钢加强型节点中角钢厚度两个关键参数对墙架柱-楼层梁节点抗震性能的影响,获得相关量化指标。

(7)随轴压比增大,规程推荐节点承载力降低,延性系数减小。当轴压比达到 0.8 时节点承载力下降 43.4%。建议工程应用中规程推荐节点最大轴压比小于 0.4;角钢加强型节点角钢厚度越大,节点承载力越高;但角钢厚度超过 2 倍墙架柱厚度后对承载力影响不明显,综合考虑承载力及延性系数的影响,建议工程应用中角钢厚度取 2 倍墙架柱厚度。

(8)蒙皮后试件初始刚度较未蒙皮的大,刚度损伤较未蒙皮的也略高,原因是试件加载到破坏阶段,刚度都降到很低,因此损失的刚度大。且未蒙皮的 C 型面较矩形截面刚度损伤大,原因是矩形截面加载到破坏阶段,墙架柱的损伤很小。

参 考 文 献

陈伟,叶继红,许阳,2017. 夹芯墙板覆面冷弯薄壁型钢承重复合墙体受剪试验[J]. 建筑结构学报,38(7):85-92.

褚云朋,姚勇,2016.超薄壁冷弯型钢矩形截面墙架柱-楼层梁连接抗震性能试验研究[J].建筑结构学报,37(7):46-53.

褚云朋，姚勇，罗能，等，2015. 多层房屋冷弯薄壁型钢梁柱结构体系: ZL201210564012.8[P].2015-01-07.

高宛成，肖岩，2014. 冷弯薄壁型钢组合墙体受剪性能研究综述[J]. 建筑结构学报，35(4)：30-40.

郭鹏，何保康，周天华，等，2010. 冷弯型钢骨架墙体抗侧移刚度计算方法研究[J]. 建筑结构学报，31(1)：1-8.

何保康，郭鹏，王彦敏，等，2008. 高强冷弯型钢骨架墙体抗剪性能试验研究[J]. 建筑结构学报，29 (2)：72-78.

黄智光，2010. 低层冷弯薄壁型钢房屋抗震性能研究[D]. 西安：西安建筑科技大学.

黄智光，苏明周，何保康，等，2011. 冷弯薄壁型钢三层房屋振动台试验研究[J]. 土木工程学报，44(2)： 72-81.

李斌，2010. 开门窗洞口的冷弯薄壁型钢组合墙体抗剪性能[D]. 苏州：苏州科技学院.

李斌，曹芙波，赵根田，2008. 冷弯 C 型钢节点抗震性能的研究与分析[J]. 土木工程学报，41(9)：34-39.

李杰，2008. 低层冷弯薄壁型钢结构住宅新型构件性能研究[D]. 北京：清华大学.

李元齐，刘飞，沈祖炎，等，2012. S350 冷弯薄壁型钢住宅足尺模型振动台试验研究[J]. 土木工程学报，45(10)：135-144.

李元齐，刘飞，沈祖炎，等，2013. 高强超薄壁冷弯型钢低层住宅足尺模型振动台试验[J]. 建筑结构学报，34(1)：36-43.

秦雅菲，张其林，秦中慧，等，2006. 冷弯薄壁型钢墙柱骨架的轴压性能试验研究和设计建议[J]. 建筑结构学报，27(3)：34-41.

沈祖炎，李元齐，王磊，等，2006. 屈服强度 550MPa 高强冷弯薄壁型钢结构轴心受压构件可靠度分析[J]. 建筑结构学报，27(03)：
        26-33.

沈祖炎，刘飞，李元齐，2013. 高强超薄壁冷弯型钢低层住宅抗震设计方法[J].建筑结构学报，34(1):44-51.

石宇，2005.低层冷弯薄壁型钢结构住宅组合墙体抗剪承载力研究[D]. 长安：长安大学.

石宇，周绪红，苑小丽，等，2010. 冷弯薄壁卷边槽钢轴心受压构件承载力计算的折减强度法[J]. 建筑结构学报，31(6)：78-86.

苏明周，黄智光，孙健，等，2011. 冷弯薄壁型钢组合墙体循环荷载下抗剪性能试验研究[J]. 土木工程学报，44(8)：42-51.

干秀丽，褚云朋，姚勇，等，2015. 超薄壁冷弯型钢 C 型墙架柱-楼层梁连接抗震性能试验研究[J]. 土木工程学报，48(7)：51-59.

叶继红，陈伟，彭贝，等，2015. 冷弯薄壁 C 型钢承重组合墙耐火性能简化理论模型研究[J]. 建筑结构学报，36 (8)：123-132.

中华人民共和国国家质量监督检验检疫总局，2010. 金属材料拉伸试验 第 1 部分：室温试验方法: GB/T 228.1—2010 [S]. 北
        京：中国标准出版社.

中华人民共和国住房和城乡建设部，2015. 建筑抗震试验方法规程：JGJ/T 101—2015[S]. 北京：中国建筑工业出版社.

中华人民共和国建设部，2003. 冷弯薄壁型钢结构技术规范：GB50018—2002[S]. 北京：中国计划出版社.

中华人民共和国住房和城乡建设部，2010. 建筑抗震设计规范：GB 50011—2010[S]. 北京：中国建筑工业出版社.

中华人民共和国住房和城乡建设部，2011. 低层冷弯薄壁型钢房屋建筑技术规程: JGJ 227—2011[S]. 北京：中国建筑工业出版社.

周天华，刘向斌，杨立，等，2013. LQ550 高强冷弯薄壁型钢组合墙体受剪性能试验研究[J]. 建筑结构学报，34(12)：62-68.

周天华，石宇，何保康，等，2006. 冷弯型钢组合墙体抗剪承载力试验研究[J]. 西安建筑科技大学学报(自然科学版)，38(01)：
        83-88.

周绪红，石宇，周天华，等，2006. 冷弯薄壁型钢结构住宅组合墙体受剪性能研究[J]. 建筑结构学报，27(3)：42-47.

周绪红，石宇，周天华，等，2010. 冷弯薄壁型钢组合墙体抗剪性能试验研究[J]. 土木工程学报，43(5)：38-44.

日本铁鋼连盟，2002. 薄板軽量形鋼造建築物設計の手册引ま[S]. 東京：技報堂出版株式会社.

Tian Y S，Wang J，Lu T J，2004. Racking strength and stiffness of cold-formed steel wall frames[J]. Journal of Constructional Steel
        Research，60(7)：1069-1093.

第4章 双层组合墙体抗剪性能试验

4.1 引 言

超薄壁冷弯型钢双层组合墙体包含上下两层单片墙体,楼层连接处采用抗拔锚栓连接而成(图 4.1)。此种墙体构造方式使得楼层连接处传力不连续, 从抗力角度考虑需在每层墙段底部设置抗拔锚栓(周绪红等, 2008), 以协调上下层墙体共同工作(图 4.2)。根据构造可知其承受拉压力是通过抗拔件上的自攻螺钉传递给墙架龙骨的, 龙骨壁厚仅有 1mm,属于超薄壁范围,在往复荷载作用下,自攻螺钉与其孔洞间的挤压将更容易使得孔洞变大,螺钉易发生倾斜后拉脱破坏,从而导致锚栓失效,内力重新分配给宽肢薄壁的楼层梁,造成其受压局部失稳,因此很难保证试件加载到大变形阶段楼层连接处的传力可靠(褚云朋等, 2019)。本章考虑含楼层连接处的双层墙体在往复荷载作用下的抗震性能,获得双层墙体抗震性能及抗震机理。

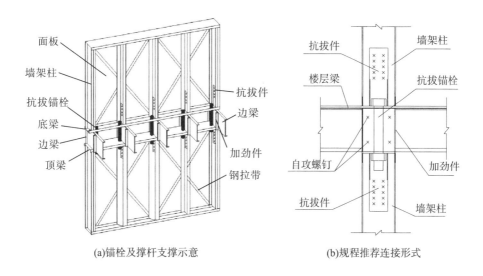

(a)锚栓及撑杆支撑示意   (b)规程推荐连接形式

图 4.1 组合墙体连接示意

(a)层间传力   (b)墙体连接构成

图4.2 双层墙体传力模式

4.2 试 验 目 的

(1)研究顶梁、底梁、边梁、腹板加劲件及楼盖梁等多因素作用下的上下层墙段间的传力方式，获得加载过程中层间位移角、顶层位移角变化、承载力及刚度退化情况，为结构损伤判据的获得提供参考。

(2)上下层墙体间的楼层连接处是结构的薄弱部位，其抗剪连续性是保证结构整体抗剪性能的关键，需研究不同类型抗拔锚栓及数量、不同墙体龙骨间距、面板类型及厚度、自攻螺钉间距和直径及加否层间钢拉带等因素对双层墙体抗震性能的影响规律，并获得诸因素对墙体恢复力骨架曲线特征值的影响规律。

(3)轴压增大会降低墙体延性，恢复力骨架曲线特征值会发生改变，层间位移角及顶层位移角也会发生改变，因此需获得轴压力增大情况下墙体的恢复力骨架曲线变化规律，以便使楼层数增加的多层房屋抗震性能问题得以解决，并为结构进行基于简化力学模型的抗震设计提供基础数据。

(4)获得大水平位移加载阶段试件的破坏特征、刚度变化、层间位移角等数据，因已有振动台试验仅给出9度罕遇地震作用下结构损伤破坏特征，结构多发生墙板挤压、自攻螺钉滑移，且滑移量小于螺钉直径等轻微破坏，不能为遭受巨震作用时的结构损伤判断提供依据。通过双层墙体试验得到结构在巨震作用下的破坏状态，为结构损伤程度的确定提供依据。

4.3 试 件 设 计

为进一步掌握组合墙体的抗剪性能,制作了 23 片 1:1 双层墙体试件,考虑到双层组合墙体包含薄弱连接的楼层连接处,上下层单片墙体承载能力及刚度均高于形成的双层墙体,因此上下层墙体高度各取单片墙体高度的 1/2,进行低周往复加载的抗剪性能试验研究,探讨不同抗拔锚栓数量、不同抗拔锚栓形式、不同面板类型及厚度、不同龙骨截面高度及轴压比、内墙及外墙不同构造处置方式对组合墙体抗剪性能的影响。试件共分 11 组,主体由上下层各 5 根墙架柱(间距 600mm)、顶梁、中间楼层连接部件(上层底梁、下层顶梁、边梁及抗拔锚栓)构成,见图 4.3(a)。试件墙体部分整体高度 1800mm,宽度 2400mm;楼层梁长 200mm;楼层梁、加劲件、刚性支撑均采用 C205×40×10×1。C 型墙架柱截面分别为 C89×44.5×12×1 和 C160×40×10×1,对应上下导轨采用 U92×40×1 和 U163×40×10×1。楼层梁、支撑加劲件、刚性支撑均采用 C205×40×10×1(C 型加劲件取 195mm 高),楼层边梁采用 U207×40×1,斜向扁钢带采用 40×1 层内对角拉接,构件间采用圆头大华司自钻自攻螺钉 ST4.2×13 连接。

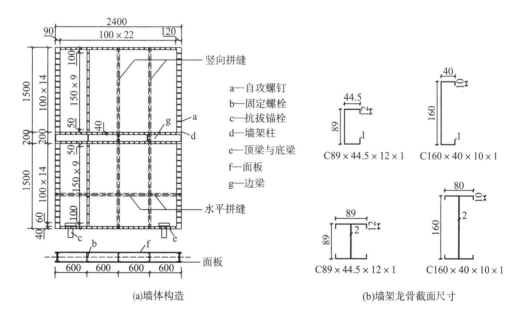

图 4.3 钢构件的截面形式(单位:mm)

试件编号及组成见表 4.1,龙骨截面尺寸见图 4.3(b)。此外依据振动台试验加载到 9 度罕遇地震作用后拆除墙体外覆面板抗拔件的破坏现象可知(黄智光,2010;黄智光等,2011),抗拔锚栓的质量和数量对于保证结构的整体性能非常重要,因此试件设计时考虑抗拔锚栓对其承载性能影响较大,锚栓类别共分三类,连接上下层墙段的 a 类撑杆为直径

40mm 的采用 4.6 级普通粗制螺栓，通过调节上下螺母顶紧顶底梁表面，见图 4.4(a)，其只能承受压力。b 类锚栓为按照《低层冷弯薄壁型钢房屋建筑技术规程》(JGJ 227—2011)(中华人民共和国住房和城乡建设部，2011)设计的直径 16mm 抗拔锚栓见图 4.4(b)，强度为 Q235B，螺栓一端有 1 个螺母及其配套垫片，需依托抗拔键传递楼层间产生的拉压力给墙架柱。c 类锚栓杆直径 12mm，且在抗拔锚栓每端有 2 副螺母及垫片，构成双螺帽形式[图 4.4(c)]，抗拔件见图 4.4(d)，其由底板、背板和侧板构成，钢板厚度 5mm。底板上开有 18mm 螺栓孔，背板上开有 12 个 5mm 自攻螺钉孔，便于抗拔件背板与上下墙架柱连接。底板放在两个螺帽间，通过顶底梁一起变形协同受力，应用于整体结构中的安装示意如图 4.5(a)(b)所示，抗拔锚栓与《低层冷弯薄壁型钢房屋建筑技术规程》(JGJ 227—2011)(中华人民共和国住房和城乡建设部，2011)给定的安装位置相同，因 b，c 类锚栓在楼层连接处有很强的支撑作用。墙架龙骨如图 4.5(c)所示，超薄壁镀锌杆件采用自攻螺钉连接，a 类撑杆应用见图 4.5(d)，其主要用于抵抗墙顶向下的轴向压力作用。

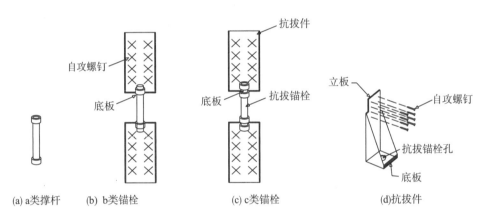

(a) a类撑杆　(b) b类锚栓　　　　　(c) c类锚栓　　　　(d)抗拔件

图 4.4　撑杆与锚栓连接示意

(a)整体试件　　　　　　　　　　　(b)楼层连接处构造

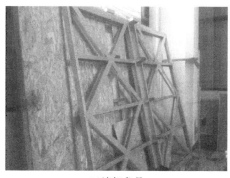

(c)墙架龙骨　　　　　　　　　　　(d)a类撑杆应用

图 4.5　墙体内部龙骨及细部构造

表 4.1　试件编号及组成

序号	组别	试件编号	墙体类型	墙架柱截面	竖向力 /kN	层间锚栓方式	板类型
1	一	WT-1-160		C160×40×10×1	30.2	规范规定 2 个(b)	
2		WT-2-160	边墙	C160×40×10×1	40.3	2 个(b)+3 个(a)	
3		WT-3-160		C160×40×10×1	30.2	2 个(b)+3 个(a)	
4	二	WT-4-89	边墙	C89×44.5×12×1	40.3	2 个(b)+3 个(a)	9mm 厚 OSB 板
5		WT-5-89	边墙	C89×44.5×12×1	30.2	2 个(b)+1 个(a)	
6		WT-10-89	边墙	C89×44.5×12×1	40.3	2 个(b)+3 个(a)	
7		WT-13-89	边墙	C160×40×10×1	30.2	2 个(b)+3 个(a)	
8	三	WT-6-89	边墙	C89×44.5×12×1	40.3	规范规定 2 个(b)	
9		WT-7-89	边墙	C89×44.5×12×1	30.2	规范规定 2 个(b)	
10	四	WT-8-89	边墙	C89×44.5×12×1	30.2	2 个(b)+3 个(c)	8mm 厚石膏板
11		WT-9-89	边墙	C89×44.5×12×1	40.3		
12	五	WT-11-89	边墙	C89×44.5×12×1	30.2	2 个(b)+3 个(c)	8mm 厚硅酸钙板
13		WT-12-89	边墙	C89×44.5×12×1	40.3		
14	六	WT-16-89	边墙	C89×44.5×12×1	30.2	规范规定 2 个(b)	8mm 厚石膏板
15	七	WT-14-160	中间墙体	C160×40×10×1	30.2	5 个(b)	15mmOSB 板
16		WT-15-160		C160×40×10×1	40.3	2 个(b)+3 个(c)	
17	八	WT-17-89	中间墙体	C89×44.5×12×1	40.3	5 个(b)	15mmOSB 板
18		WT-18-89		C89×44.5×12×1	30.2	5 个(b)	15mmOSB 板
19		WT-19-89		C89×44.5×12×1	30.2	2 个(b)+3 个(c)	9mmOSB 板
20	九	WT-20-89	中间墙体	C89×44.5×12×1	40.3	5 个(b)+钢筋桁架撑	9mmOSB 板
21		WT-21-89		C89×44.5×12×1	30.2	5 个(b)+钢筋桁架撑	9mmOSB 板
22	十	WT-22-89	中间墙体	C89×44.5×12×1	30.2	规范规定 2 个(b)	8 mm 硅酸钙板
23		WT-23-89			40.3	规范规定 2 个(b)	

　　注：试件编号"WT-a-89"表示"墙体-序号-墙架截面高度"，墙架柱截面"C160×40×10×1"表示"截面高度 160mm-翼缘尺寸 40-卷边尺寸 10-龙骨厚度 1mm"。

4.4 试验装置及加载制度

试验以某 4 层超薄壁冷弯型钢结构房屋为设计对象，结构有限元分析模型见图 4.6，房屋长为 12.8m，宽 10.8m，层高 3m，总高 12m，结构有限元分析模型如图 4.7 所示。楼面恒荷载为 1.42kN/m²，活荷载取 2.0kN/m²，外墙自重取 1.0kN/m²，内墙自重 0.4kN/m²，该自重已考虑了墙上洞口处的门窗重量，屋面均布活荷载取 0.5kN/m²。经计算房屋总质量为 144739.83kg，底层墙体单位长度承担的质量为 1680kg/m，试验时考虑房屋层数为 3 层及 4 层的工况，加载试验时墙顶施加轴压力为 30.2kN 及 40.3kN。

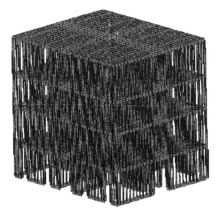
(a)骨架有限元模型

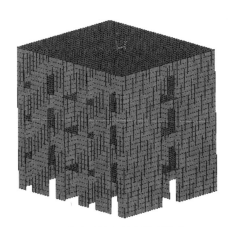
(b)含墙（楼）板有限元模型

图 4.6 房屋有限元模型

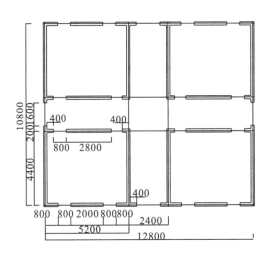

图 4.7 规则体型多层冷弯薄壁型钢结构平面(单位：mm)

　　试验装置主要由 MTS 电液伺服程控试验机、反力架、反力墙、分配梁和地梁组成，如图 4.8 所示。其中分配梁为 20a 工字钢，试验时墙架柱上端通过与顶部作动器固定，工字钢与顶梁间放置可随试件水平移动的滚轴；反力地坪上的反力架固定，下端则通过 20a 槽钢连接到地梁上，对墙体施加固定的轴向压力值，水平推拉力施加采用 MTS 电液伺服加载系统完成，数据采集采用 DH3815N 系统。

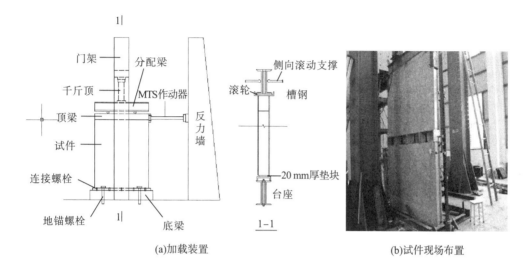

(a)加载装置　　　　　　　　　　　　　　(b)试件现场布置

图 4.8　试验装置示意及现场布置

　　(1)组合墙体竖向轴力。试验时先把墙体轴力一次施加到位，并保持不变，记录此时位移计 D9、D10 的初始读数，加载数值见表 4.1 所加的竖向轴压力值。
　　(2)水平荷载。水平方向采用位移控制方式施加低周往复荷载，位移级差为 5mm，且每级加载位移循环 3 周，直至试件破坏，加载制度如表 4.2 所示。

表 4.2　试验加载制度

加载级别	位移幅值/mm	循环次数	加载级别	位移幅值/mm	循环次数
1	±5	3	7	±35	3
2	±10	3	8	±50	3
3	±15	3	9	±55	3
4	±20	3	10	±60	3
5	±25	3	11	±65	3
6	±30	3	12	±70	3

4.5　测点布置及试件破坏认定

应变数据通过 DH3815N 系统进行数据采集，每个试件上粘贴 10 个应变片，应变片布置如图 4.9 所示。1~5 号应变片用于测试螺栓上的应力，6 号、8 号、10 号应变片用于测试墙架柱上的应力，7 号及 9 号应变片用于测试斜向撑杆上的应力。位移计为 YHD100 型位移传感器，试验共布置 15 个位移计，D_1 用于测试底梁的水平位移，D_2~D_8、D_{11} 分别用于测试墙体平面内不同高度处的水平向位移，D_9、D_{10} 用于测试墙体平面外位移，D_{12}、D_{13} 用于测试墙体两端底部竖向位移，D_{14}、D_{15} 用于测试底梁左右两端竖向位移。反力墙上端固定的作动器位移传感器和力传感器记录加载时墙体顶部加载点处的位移值及所加荷载数值。

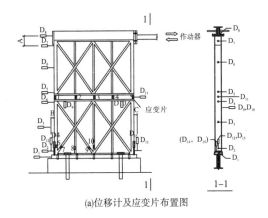 

(a)位移计及应变片布置图　(b)应变片布置照片

图 4.9　位移计及应变片布置

出现下列四个现象中的任意一个，即停止加载。

(1)加载过程中墙体发生平面外过大变形，发生整体失稳破坏，无法继续加载。

(2)楼层连接处部件(边梁、楼层梁及配套加劲件)发生过大压屈变形，无法继续加载。

(3)楼层连接处抗拔锚栓或抗拔件连接失效(墙架柱与抗拔件连接的自攻螺钉拉脱)，荷载无法继续增加，导致楼层梁及配套加劲件压屈破坏。

(4)墙面板发生大面积开裂，开裂长度达到 300mm 以上，试件无法继续承载。

4.6　边墙体欧松板系列试件

边墙体位于房屋四周，即为建筑外墙，楼层连接处含有边梁，边梁和顶梁、底梁间采用自攻螺钉连接，边梁和面板在楼层连接处贴合在一起，共同抵抗外载作用。设计三组共 9 片双层墙体试件，探讨不同抗拔锚栓数量及形式、不同墙架柱截面高度及不同轴压对墙体抗剪性能的影响规律，试件如表 4.3 所示。

表 4.3 边墙体试件编号及组成

序号	组别	试件编号	墙架柱截面	竖向力/kN	层间锚栓方式	外覆板类型
1	一	WT-1-160	C160×40×10×1	30.2	规范规定 2 个(b)	9mm 厚欧松板
2		WT-2-160	C160×40×10×1	40.3	2 个(b)+3 个(a)	
3		WT-3-160	C160×40×10×1	30.2	2 个(b)+3 个(a)	
4	二	WT-4-89	C89×44.5×12×1	40.3	2 个(b)+3 个(a)	
5		WT-5-89	C89×44.5×12×1	30.2	2 个(b)+1 个(a)	
6		WT-10-89	C89×44.5×12×1	40.3	2 个(b)+3 个(c)	
7		WT-13-89	C89×44.5×12×1	30.2	2 个(b)+3 个(c)	
8	三	WT-6-89	C89×44.5×12×1	40.3	规范规定 2 个(b)	
9		WT-7-89	C89×40×10×1	30.2		

4.6.1 试验现象及破坏特征

从试验开始至最终破坏分为以下几个阶段：①轴压施加结束后，墙体发生平面外很小位移。②由于楼层连接处不连续，竖向荷载传递给楼层梁及配套加劲件、边梁等造成局部压屈。③构件间的自攻螺钉易发生拉脱，应改用具有防拉脱的螺钉。

1. WT-160 系列试件

①WT-1-160 为按照规范设计的对比试件，竖向荷载施加到 30.2kN 结束后，楼层连接处会发生较小的平面外位移，增加 3 个 a 类撑杆同组另两个试件，抗压能力明显提高。②加载到极限状态时，由于在往复荷载作用下撑杆与顶底梁间缺少约束，易造成撑杆失效后压力再分配给楼层梁，造成其发生明显压屈变形[图 4.10(a)]，楼层梁发生明显压屈变形[图 4.10(b)]，墙体角部自攻螺钉拉脱后墙与龙骨分离[图 4.10(c)]。破坏后拆开龙骨外覆的欧松板，除楼层连接处边梁、楼层梁塑性变形明显外，上下层墙段龙骨完好[图 4.10(d)(e)]，表明上下层墙段龙骨处于弹性工作阶段。作为承力较为集中的抗拔锚栓连接处，底梁未发生局部屈曲，但利用自攻螺钉连接的拼接工型截面的腹板间出现拉开的竖向缝隙[图 4.10(f)]，应加密两肢间连接的自攻螺钉。

(a)上下墙段挤压楼层梁　　　(b)楼层梁压屈　　　(c)角部欧松板与龙骨　　　(d)抗拔件上自攻螺钉
　　　　　　　　　　　　　　　　　　　　　　　　　　　分离　　　　　　　　　剪断

(e)拆除面板后墙体龙骨侧面　　　(f)拆除面板后墙体正面　　　(g)角部连接处龙骨变形

图 4.10　W-160 系列试件破坏图片

2. WT-89 系列试件

①WT-4、WT-5 两试件发生了相类似的试验现象,在墙顶施加轴压结束后,仅增加 1 个 a 类撑杆的 WT-5,平面外位移较大达到 3.2mm;增加 3 个 a 类撑杆的 WT-4,平面外位移为 2.1mm。②水平位移加载至±35mm 时楼层梁受压发生局部压屈[图 4.11(a)],因墙体结构本身不对称,加载时在截面上形成加载偏心,破坏阶段墙体发生较大平面外变形[图 4.11(b)],与地锚锚栓连接的底梁发生局部屈曲,试件角部面板与龙骨连接的自攻螺钉失效[图 4.11(c)],墙架柱底部局部屈曲[图 4.11(d)]。③WT-10、WT-13 改用 5 个 c 类锚栓后,抗压能力明显提高,在墙顶施加轴压结束后,平面外变形达到 2.2mm,说明采用 c 类锚栓后,对于抑制楼层连接处的平面外位移作用明显。④水平加载至±55mm 时,边梁向外鼓曲明显,楼层连接处墙板与龙骨连接的自攻螺钉对板孔壁产生反复挤压,从而使得面板上的螺钉孔径变大,造成自攻螺钉与龙骨间滑移,当加载位移更大时螺钉拉脱;底端连接抗拔件与柱的自攻螺钉部分被剪断。

(a)楼层梁压屈变形　　(b)整体平面外位移　　(c)柱底墙板与龙骨分离　　(d)底梁局部屈曲

图 4.11　W-89 系列试件破坏图片

3. 规程推荐腹板高 89mm 试件

墙体按照《低层冷弯薄壁型钢房屋建筑技术规程》(JGJ 227—2011)(中华人民共和国住房和城乡建设部，2011)推荐的楼层连接处做法，轴压施加结束后位移计 D10 平面外位移较第二类采用 c 类撑杆的试件稍大。水平荷载加至±45mm 时，楼层梁端部受压局部屈曲明显[图 4.12(a)]，继续加载过程中边梁向外鼓曲，楼层连接处向平面外变形明显外[图 4.12(b)]，柱底部龙骨与墙板由于自攻螺钉拉脱而分离[图 4.12(c)]，应提高该区域自攻螺钉的数量，受拉力作用时底梁发生局部屈曲[图 4.12(d)]，较之其他试件其破坏特征出现较早且明显。

   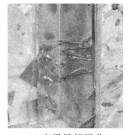

(a)整体平面外位移　　(b)连接自攻螺钉失效　　(c)楼层梁压屈变形　　(d)底梁局部屈曲

图 4.12　规程推荐试件破坏图片

4.6.2　滞回曲线

由 MTS 作动器中力传感器采集的数值得到荷载 P，位移 Δ 的计算见式(4.1)，墙体变形各部分值及位移计到试件相应部位的尺寸如图 4.13 所示。

$$\Delta=\Delta_1-\Delta_2-\Delta_3 \tag{4.1}$$

式中各部分的计算值可采用布置在试件上的相应位移计测得：Δ 为墙体顶部(上导轨处)的实际位移，Δ_1 为墙体顶部(上导轨处)的实际侧移，其中：

$$\Delta_1 = \frac{\dfrac{H}{H-A}\times D_7 + D_8}{2} \qquad (4.2)$$

式中，H 表示墙高；A 表示位移计 D_7 与 D_8 间的距离；Δ_2 表示墙体相对地面的水平位移，即位移计 D_1 和 D_2 实测值间的差值，$\Delta_2=D_2-D_1$；Δ_3 表示墙体转动时引起的顶部位移，计算见式(4.3)。

$$\Delta_3 = \frac{H}{L+B+C}h \qquad (4.3)$$

式中，$h=(D_{13}-D_{15})-(D_{12}-D_{14})$；$L$ 为墙体宽度；B、C 分别为位移计 D_{12}、D_{13} 距离墙体端部的距离。

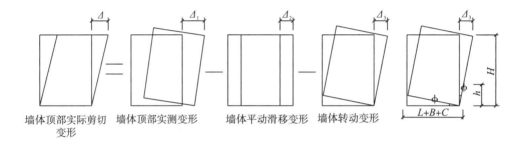

图 4.13　墙体变形图

各试件荷载-位移(P-Δ)曲线如图 4.14 所示，可看出：①轴压对试件耗能能力影响很大，轴压 40.3kN 的 WT-2、WT-4、WT-6、WT-10 的承载力及滞回环饱满程度明显低于轴压 30.2kN 的试件。②WT-4 加载过程中滞回环面积增加很小，出现了空载滑移现象，原因是往复荷载作用下由于 a 类杆端缺少约束易发生倾斜失效。后边梁及楼层梁在撑杆失效后易发生局部压屈破坏。③WT-3 加载到-70mm 循环、WT-5 加载到±40mm 时、WT-13 加载到-45mm 时承载力突然降低，主要原因是楼层连接处突然发生平面外位移，虽仍可继续承载，但加载后墙体平面外位移增加明显。④WT-6 及 WT-7 为按照规程设计的试件，WT-6 耗能能力好于 WT-7，说明轴压对此类试件耗能能力影响较大，随加载到破坏状态，每个循环的耗能能力几乎无变化，主要原因是上下层墙段几乎沿楼层连接处做刚体平动，仅有楼层连接处边梁的剪切变形及抗拔锚栓的往复倾斜。⑤除 WT-3、WT-5 外其他试件没有明显的荷载下降段。对于边墙由于结构杆件布置不对称(墙体单侧有边梁)，加载到破坏阶段时试件会发生平面外失稳，因此试件多没有明显承载力下降段，楼层梁受压局部屈曲会导致试件承载力逐渐降低，可继续承载但连接处外覆面板自攻螺钉多发生松动，因此结构设计时应提高楼层连接处抗压构造，仅通过增加其配套加劲件很难满足承载要求。

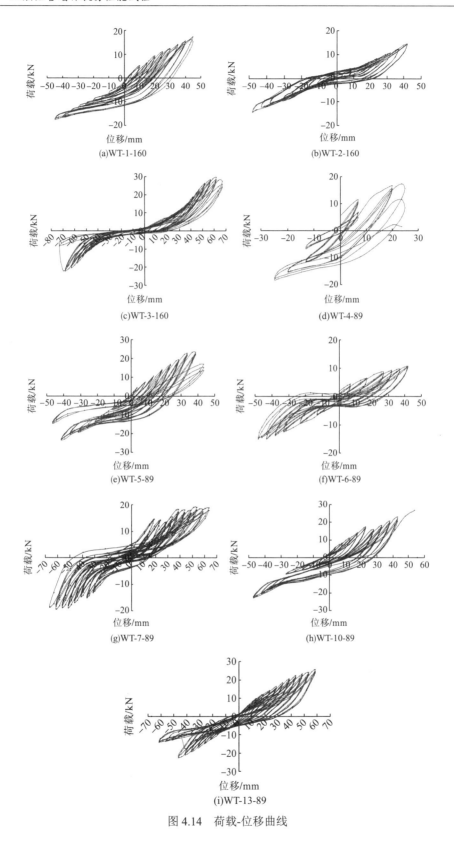

图 4.14　荷载-位移曲线

4.6.3 骨架曲线

骨架曲线为滞回曲线的各加载级第一循环峰值点所连成的包络线,得到试件骨架曲线如图 4.15 所示,可看到除 WT-3、WT-5 外其他试件加载时均没有明显的荷载下降段。加载位移不超过 15mm 时试件处于弹性阶段;继续加载试件处于弹塑性变形阶段、强化阶段,由于加载到破坏状态时试件会突然发生平面外失稳破坏,因此试件多没有明显承载力下降段,楼层梁受压局部屈曲后,试件承载力会突然降低,虽仍可继续承载但连接处外覆面板自攻螺钉多发生松动,承载力降低较多,因此结构设计时应提高楼层梁抗局部屈曲的能力,但仅通过增加楼层梁加劲肋,很难满足承载要求,且要加强墙体平面外支撑,避免墙体发生较大平面外位移而带来的刚度陡降。

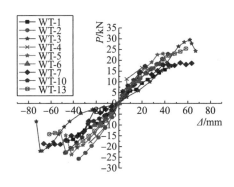

图 4.15　骨架曲线

4.6.4 试件屈服荷载、破坏荷载的确定

试件在加载时楼层梁变形明显,且在楼层连接处角部自攻螺钉有明显松动,据此依据欧洲规范,取 $0.4P_{max}$ 为组合墙体的抗剪强度弹性极限,作为试件的屈服荷载;且试件加载到极限荷载 P_{max} 后,试件多发生平面外的突然失稳,无法承载,因此破坏荷载 P_u 取与 P_{max} 相同值。各试件计算出的 P_y、Δ_y、P_{max}、Δ_{max}、P_u、Δ_u 结果汇总于表 4.4。

表 4.4　试件荷载、位移特征值汇总

试件编号	方向	屈服荷载		极限荷载		破坏荷载		μ	累积耗能能力
		P_y/kN	Δ_y/mm	P_{max}/kN	Δ_{max}/mm	P_u/kN	Δ_u/mm		
WT-1	正	6.98	40.15	17.44	45.02	17.44	45.02	1.12	20952
	反	-6.98	-38.08	-17.44	-45.02	-17.44	-45.02	1.18	
WT-2	正	5.75	17.31	14.37	41.40	14.37	41.40	2.39	10502
	反	-5.75	-20.40	-14.37	-48.63	-14.37	-48.63	2.38	

试件编号	方向	屈服荷载		极限荷载		破坏荷载		μ	累积耗能能力
		P_y/kN	$\varDelta_y$/mm	P_{max}/kN	$\varDelta_{max}$/mm	P_u/kN	$\varDelta_u$/mm		
WT-3	正	11.91	34.71	29.77	66.93	25.30	66.27	1.91	30768
	反	-8.85	-44.02	-22.12	-68.12	-18.81	-70.50	1.60	
WT-4	正	6.64	15.96	16.59	20.01	16.59	20.01	1.25	6263
	反	-7.08	-25.75	-17.71	-26.21	-17.71	-26.21	1.02	
WT-5	正	9.25	31.45	23.12	38.48	19.65	41.20	1.31	23929
	反	-9.51	-38.88	-23.77	-41.54	-20.20	-43.52	1.12	
WT-6	正	4.26	30.03	10.65	41.91	10.65	41.91	1.40	8752
	反	-5.82	-36.70	-14.55	-48.10	-14.55	-48.10	1.31	
WT-7	正	7.53	34.47	18.83	53.47	18.83	53.47	1.55	27080
	反	-7.76	-56.94	-19.41	-61.57	-19.41	-61.57	1.08	
WT-10	正	9.17	33.16	22.93	42.81	22.93	42.81	1.29	20758
	反	-9.17	-26.20	-22.93	-47.23	-22.93	-47.23	1.80	
WT-13	正	10.16	45.43	25.41	58.46	25.41	58.46	1.29	34566
	反	-9.10	-39.34	-22.75	-46.55	-19.33	-48.31	1.23	

由表 4.4 可知:①第一组试件承载力受轴压力、撑杆形式影响较大,相同撑杆的 WT-2 比 WT-3 轴压大,其极限承载力降低最大达到 51.8%;WT-1 比 WT-3 增加 3 个 a 类撑杆后其极限承载力最低提高 26.8%;WT-1 与 WT-2 对比发现仅通过增加 a 类撑杆对墙体承载力提高效果不明显。②第二组试件,轴压增大后 WT-6 比 WT-7 承载力最大降低 56.5%,轴压对增加撑杆的试件影响也很大,WT-10 比 WT-13 极限承载力最少提高 25.04%。③第三组试件考查不同轴压下承载力降低情况,轴压增大后 WT-6 比 WT-7 承载力最大下降达 56.5%。④在第三组试件基础上,对比第二组为分别考虑增加不同个数 a 类撑杆后承载力提高情况,WT-5 比 WT-7 承载力提高 0.22 倍,WT-4 比 WT-6 承载力最低提高 0.22 倍;对于相同数量不同锚栓类型的工况,WT-10 比 WT-4 极限承载力提高 0.29 倍,增强作用十分明显。⑤增加 c 类锚栓后墙体抗剪承载能力提高明显,但由于边梁及蒙皮墙板造成的结构不对称,依然会引发试件发生平面外的突然失稳,使墙体承载力突然降低,因此应加强墙体平面外支撑。

4.6.5　耗能及延性性能

累积耗能为所有滞回环面积之和,延性系数为构件的破坏位移与屈服位移之比,即 $\mu=\varDelta_u/\varDelta_y$。由表 4.4 可知:①相同构造不同轴压的试件比较,耗能能力 WT-2 比 WT-3 降低 65.9%,WT-6 比 WT-7 降低 67.7%,WT-10 比 WT-13 降低 39.9%。随轴压增加,累积耗能能力降低明显,增加 3 个 c 类锚栓后受轴压影响降低,原因是双螺母中间为顶底梁约束增强,撑杆能够更有效协调上下墙段变形,抗破坏能力提高。②WT-10 比 WT-4 耗能能力提高 2.33 倍，原因是 WT-4 在反复作用下 a 类撑杆缺少杆端约束，失效后内力分配给边梁及楼层梁，易加剧试件的平面外失稳。③将楼层连接部位考虑进去后，所有试件延性与单片墙体比均降低，原因是楼层连接处为上下层墙体抗剪传力的薄弱且关键部位，因此延性降低；正反向加载后试件延性不同，主要原因是若正向加载失稳，则反向无法继续加载。④加 c 类锚栓后墙体平面内抵抗楼层梁抗压屈能力提高，虽变形小导致墙体耗能能力及延性降低，但承载能力提高明显。

4.6.6 刚度退化

试件在循环荷载作用下，刚度会随循环次数和荷载的增加而降低，称为刚度退化。试件刚度可用环线刚度 K_i 表示，计算可参照《低层冷弯薄壁型钢房屋建筑技术规程》(JGJ 227—2011)(中华人民共和国住房和城乡建设部，2011)中的方法进行，因加载时正反向荷载位移曲线相似，故刚度退化曲线仅做出正向的，如图 4.16 所示，可看出：①位移加载至 $\pm10\sim\pm30$mm 刚度退化迅速，原因是此阶段自攻螺钉脱落及楼层梁受压发生局部屈曲，各种损伤累积会造成试件刚度降低，在位移加载到 ±60mm 后试件会发生平面外较大位移而失稳，使得刚度退化到最低而无法继续承载。②WT-10 退化较其他试件缓慢，原因是 c 类撑杆螺母约束了顶底梁，往复荷载作用下能更好协调上下墙段工作，直到墙架龙骨与顶底梁间自攻螺钉拉脱才退出工作，因此刚度退化稍缓。③WT-4 因竖向增加 3 个 a 类撑杆，初始刚度较大，但退化速度较快，原因是往复荷载作用下大位移加载阶段，撑杆易发生失效。

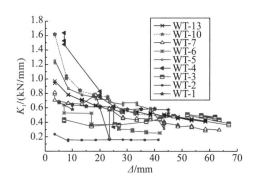

图 4.16 刚度退化曲线

4.6.7 承载力退化曲线

在位移幅值不变的条件下，试件承载能力随反复加载次数的增加而降低的特性叫承载力退化。可用承载力降低系数 λ_i 表示，按式(4.4)计算，本书采用同级荷载第 3 次与第 1 次循环加载的比值表示，主要反映试件同一级加载各次循环的承载力降低情况。退化曲线如图 4.17 所示，可看到除 WT-5 在 25mm 加载时、WT-10 在 45mm 加载时由于墙体突然发生面外失稳造成承载力陡降外，其他墙体承载力退化缓慢。且仅通过增加楼层竖向抗压能力的 a 类撑杆，往复荷载作用因缺少约束而失效，因此将其应用于跨度较大房间时，应采用 c 类锚栓，能明显提高墙体承载能力，但需加强墙体面外支撑。

$$\lambda_i = \frac{Q_i^3}{Q_i^1} \tag{4.4}$$

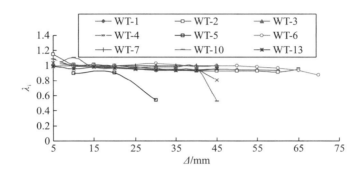

图 4.17　承载力退化曲线

4.6.8　加载位移-应变曲线

振动台试验表明（黄智光，2010；黄智光等，2011；李元齐等，2012）：在罕遇烈度下拉条有明显的应变反应，其中层间拉条应变反应最大，墙面拉条次之，屋架拉条最小，表明当墙板的蒙皮效应减弱时，拉条对结构保留整体刚度发挥了作用，因此墙体实验时需重点关注斜向拉条应力的变化。

加载位移-应变曲线如图 4.18 所示，可看到：①所有试件上的龙骨应变均未达到屈服应变，WT-10 加载到破坏状态时，中间竖向龙骨最大应变 1826με，斜拉条最大应变 121με，材料利用率低，证明其作用不明显。②相同荷载下第一组试件龙骨应变低于其他各组的，加载时龙骨上最大应变 152με，应力未达到屈服强度值的 10%，而墙体却已发生自攻螺钉拉

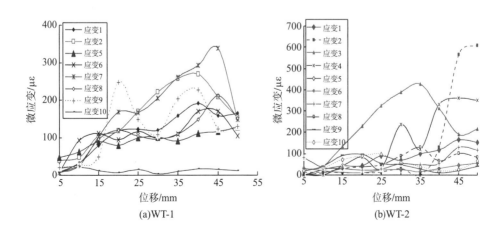

(a)WT-1　　　　　　　　　　　　　　　(b)WT-2

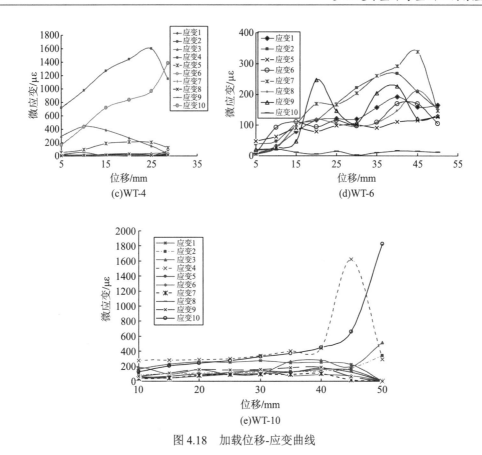

图 4.18   加载位移-应变曲线

出或整体平面外的失稳，说明截面增大后材料利用率低，工程应用中可考虑减小龙骨截面尺寸，同时与"单层外覆墙板的试验结论蒙皮后作用明显"相一致。③楼层连接处的撑杆及锚栓的作用明显，WT-4 中撑杆极限状态时最大微应变达到 1148με，而 WT-10 在破坏时撑杆的最大微应变达到 1623με，因此工程应用中应尽可能增设提高楼层连接处抗压且往复荷载作用不易失效的 c 类锚栓。

4.6.9   试验小结

通过对墙顶施加不同轴压、不同类型抗拔锚栓的墙体抗剪性能试验研究，结合试验得到该类墙体薄弱部位为楼层连接处，通过所测层内斜拉带应变值知提高单片墙体的抗剪能力对提高双层墙体抗剪能力帮助不大，应对楼层连接处进行构造加强以提高上下层墙段协同工作能力，进而提高整体房屋抗水平作用能力。

(1)楼层连接处的角部及墙体底部，龙骨间及龙骨与墙板间自攻螺钉易发生松动，应改用具有防拉脱的螺钉，且需增加该部分自攻螺钉数量；楼层连接处为承力的薄弱部位，当采用 a 类撑杆后，受压性能有所改善，但往复作用由于缺少杆端约束，易造成撑杆失效，压力重新分配给楼层梁造成试件快速失效。

（2）轴压对墙体承载力及耗能能力影响均较大，主要是轴压增大后，楼层梁易发生局部压屈及楼层连接处发生平面外位移使得试件快速失稳破坏。

（3）通过刚度退化曲线和承载力退化曲线可知，试件均经历了多个循环加载才破坏，是由于自攻螺钉失效，锚栓倾斜等带来刚度及承载力退化，破坏累积损伤的结果。且只要锚栓不失效，楼层连接处对上下层墙段就有约束存在，试件就仍可继续承载，因此锚栓是双层墙体承载的关键。

（4）通过应力分析发现改用 1 个双螺帽抗拔锚栓后承载力提高 0.22 倍，改用 3 个双螺帽锚栓后承载力提高 0.29 倍，耗能能力提高 2.33 倍，墙体抗剪性能明显提高。基于此建议多层房屋楼层连接处采用双螺帽锚栓，可明显提高试件承载能力及耗能能力。

4.7　边墙其他类面板试件

4.7.1　试件设计

依据不同板材类型、抗拔锚栓类型及轴压力设计了三组共 5 个试件。三组腹板截面高均为 89mm，试件考察不同抗拔锚栓形式、不同轴压力及不同板材类型对墙体抗剪性能的影响规律，试件汇总如表 4.5 所示。

表 4.5　边墙体其他面板类型试件编号及组成

序号	组别	试件编号	墙架柱截面	竖向力/kN	层间锚栓方式	外覆板类型
1	一	WT-8-160	C89×44.5×12×1	30.2	2 个(b)+3 个(c)	8mm 石膏板
2		WT-9-160	C89×44.5×12×1	30.2	2 个(b)+3 个(c)	
3	二	WT-11-89	C89×44.5×12×1	30.2	2 个(b)+3 个(c)	8mm 硅酸钙板
4		WT-12-89	C89×44.5×12×1	40.3	2 个(b)+3 个(c)	
5	三	WT-16-89	C89×44.5×12×1	30.2	规范规定 2 个(b)	8mm 石膏板

4.7.2　试验现象及破坏特征

从试验开始至最终破坏分为以下几个阶段：①由于楼层连接处不连续，竖向荷载传递给楼层梁，梁受压易产生较大塑性变形。②边梁易发生平面外的压屈变形，边梁与顶底梁间、龙骨与顶底梁间的自攻螺钉易发生拉脱。③石膏板与硅酸钙板韧性差，反复荷载作用下，墙体角部及接缝处陆续出现大量裂缝，且裂缝逐渐贯通，由于墙面板材料裂缝的开展，自攻螺钉连接孔壁因反复挤压、损伤而很快扩张，墙板上自攻螺钉与螺钉孔间有空隙，会产生较大的"旷动量"，加载到极限状态时，裂缝会连通，螺钉会脱落。④墙体角部石膏板及硅酸钙局部开裂，继续加载裂纹扩展迅速发展成较长的裂纹，且宽度变大。

1. WT-8、WT-9 系列试件

①面板材料均为石膏板，发生了相类似的试验现象，在墙顶施加轴压过程中，能够听到试件发出"吱吱"响声，是楼层连接处压紧发出的声音。②WT-8 水平位移加载至±15mm 时楼层梁受压发生局部压屈[图 4.19(a)]，加载到±25mm 时楼层连接处墙板与龙骨连接处破坏，加载到破坏状态时 U 型底梁发生局部屈曲[图 4.19(b)]，试件角部面板与龙骨连接的螺钉失效[图 4.19(c)]，楼层梁加劲件局部屈曲[图 4.20(d)]。③WT-9 试件轴压数值增大后，竖向轴压施加过程中发出响声较大，楼层连接处螺钉与板件间挤压明显，孔洞周边有挤压破坏迹象[图 4.20(a)]，当加载到±20mm 时螺钉与孔壁间挤压作用明显，后螺钉脱落[图 4.20(b)]。④板边开始出现裂缝，加载到破坏状态时楼层连接处的竖向板间裂缝增多，边梁板件破坏严重[图 4.20(c)]。

(a)楼层梁压屈　　　(b)墙板与龙骨连接处破坏　(c)墙底U型底梁变形明显　　(d)加劲件屈曲

图 4.19　WT-8 试件破坏图片

 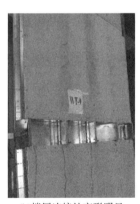 

(a)加紧肋塑性变形严重　　　　(b)楼层连接处变形明显　　　　　(c)板边挤压破坏

图 4.20　WT-9 试件破坏图片

2. WT-11、WT-12 系列试件

①面板材料为硅酸钙板，在墙顶施加轴压过程中能够听到试件发出"吱吱"响声，是楼层连接处压紧发出的声音。②WT-11 水平位移加载至±15mm 时楼层梁受压发生局部压屈

[图 4.21(a)]，加劲件发生平面外变形[图 4.21(b)]，加载到±20mm 时楼层连接处的墙板出现竖向裂缝[图 4.21(c)]，加载到±25mm 时楼层连接处的裂缝沿向内倾斜方向扩展[图 4.21(d)]，加载到±40mm 时裂缝变宽[图 4.21(e)]，加载到±45mm 时裂缝向板边缘倾斜方向扩展[图 4.21(f)]，同时板底螺钉脱落[图 4.21(g)]，加载到±50mm 时裂缝扩展到板边缘形成通缝，试件无法继续承载，破坏模式为墙面板的失效。③WT-12 试件面板材料为硅酸钙板，当轴压数值增大后轴压施加过程中发出响声较大。加载到±15mm 时楼层梁发生压屈[图 4.22(a)]，加载到±20mm 时墙板从拼接处开裂[图 4.22(b)]。加载到±45mm 时螺钉与孔壁间挤压作用明显，后螺钉脱落[图 4.22(c)]。④加载到±55mm 时裂缝扩展明显，且向外鼓起[图 4.22(d)]，加载到破坏状态后拆除面板看到龙骨损伤很小[图 4.22(e)]。

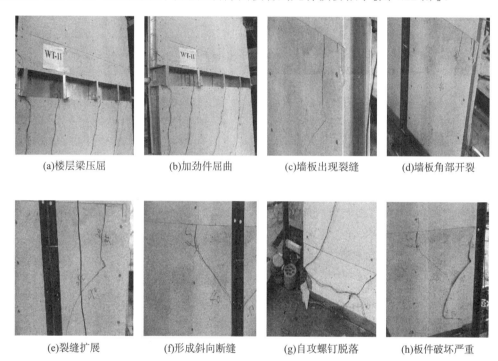

(a)楼层梁压屈　　(b)加劲件屈曲　　(c)墙板出现裂缝　　(d)墙板角部开裂

(e)裂缝扩展　　(f)形成斜向断缝　　(g)自攻螺钉脱落　　(h)板件破坏严重

图 4.21　WT-11 试件破坏图片

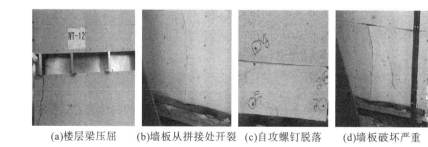

(a)楼层梁压屈　(b)墙板从拼接处开裂　(c)自攻螺钉脱落　(d)墙板破坏严重　(e)拆除墙板后龙骨

图 4.22　WT-12 试件破坏图片

3. WT-16 试件

WT-16 试件面板材料为石膏板,轴压施加过程中发出响声较大。加载到±20mm 时由于螺钉失效,造成角部墙板与龙骨分离[图 4.23(a)];加载到±25mm 时墙板从楼层连接处先开裂[图 4.23(b)],该部位墙体为单层墙面板,墙板所受的水平剪力为最大板带区域,且裂缝发展速度很快,石膏板为脆性材料,抗剪能力较差,应加强该区域的抗剪能力;加载到±60mm 时裂缝扩展明显,且向外鼓起[图 4.23(c)];加载到破坏阶段后拆除面板看到龙骨损伤很小[图 4.23(d)]。

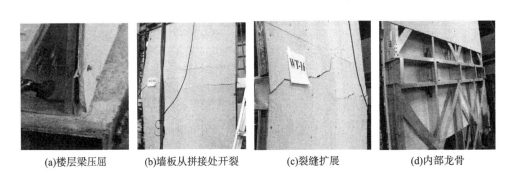

(a)楼层梁压屈   (b)墙板从拼接处开裂   (c)裂缝扩展   (d)内部龙骨

图 4.23　WT-16 试件破坏图片

4.7.3　滞回曲线

经计算各试件 P-Δ 曲线见图 4.24 所示,可看出:①轴压对试件耗能能力影响很大,轴压力为 40.3kN 的 WT-9、WT-12 的曲线饱满程度明显低于轴压力为 30.2kN 的 WT-8、WT-11 对应试件。②相同轴压下面板为硅酸钙板的 WT-11、WT-12 耗能能力明显好于对应采用石膏板的 WT-8、WT-9。③采用规程推荐制作的 WT-16,耗能能力均比增加 b 类撑杆的耗能能力低,原因是加载时墙段间楼层梁及配套加劲件很容易压屈,造成试件过早破坏,从而降低耗能能力。

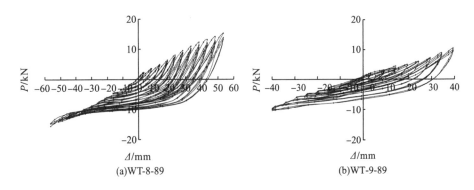

(a)WT-8-89   (b)WT-9-89

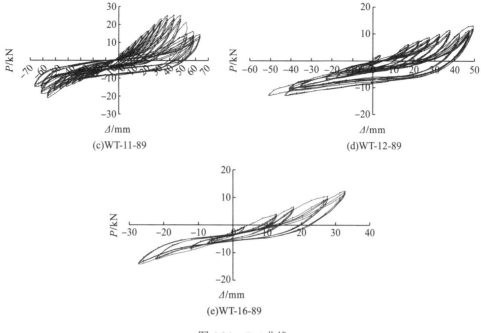

图 4.24　P-Δ 曲线

4.7.4　骨架曲线

该系列试件骨架曲线如图 4.25 所示，可看到除 WT-11 外其他试件加载时均没有明显的荷载下降段。楼层梁受压局部屈曲后承载力会突然降低，虽仍可继续承载但楼层连接处的边梁外覆面板的螺钉多发生松动，承载力降低较多，且板面破裂严重，因此应用于多层房屋中时仅通过增设加劲件很难满足承载要求，需对楼层连接处进行构造加强。

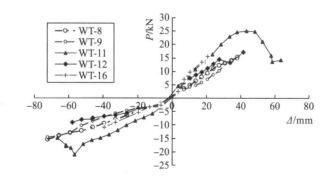

图 4.25　骨架曲线

4.7.5 试件屈服及破坏荷载确定

试件屈服荷载及破坏荷载的确定与 4.6.4 节相同，各试件计算出的 P_y、Δ_y、P_{max}、Δ_{max}、P_u、Δ_u 结果汇总于表 4.6。由表 4.6 可知：①墙体承载力受轴压力影响较大，WT-9 比 WT-8 极限承载力降低最低达 14.11%；WT-12 比 WT-11 最低降低达 37.76%，设计时应严格限定轴压力。②相同轴压及支撑条件，不同面板材料对极限承载力的影响，WT-11 比 WT-8 提高 43.56%，WT-12 比 WT-9 提高 21.26%，说明面板采用硅酸钙板极限承载力比石膏板明显提高。③相同轴压力但增加 3 个 b 类锚栓的工况下，WT-16 比 WT-8 极限承载力降低了 14.65%。

表 4.6 试件荷载、位移特征值汇总

试件编号	方向	屈服荷载		极限荷载		破坏荷载		μ	累积耗能能力
		P_y/kN	Δ_y/mm	P_{max}/kN	Δ_{max}/mm	P_u/kN	Δ_u/mm		
WT-8	正	5.90	12.82	14.74	37.98	14.74	37.98	2.96	27060
	反	-5.90	-24.33	-14.74	-72.05	14.74	-72.05	2.96	
WT-9	正	4.72	17.48	12.66	37.98	12.66	35.98	2.06	23268
	反	-4.72	-33.13	-12.66	-72.05	-12.66	-72.05	2.17	
WT-11	正	10.03	12.38	25.08	43.46	25.08	43.46	3.51	40541
	反	-8.46	-21.97	-21.16	-56.56	-21.16	-56.56	2.57	
WT-12	正	6.86	8.90	17.14	41.55	17.14	41.55	4.67	12063
	反	-3.59	-15.26	-8.98	-54.84	-8.98	-54.84	3.59	
WT-16	正	6.23	6.24	15.58	20.72	12.58	20.72	3.32	3713
	反	-4.38	-16.50	-10.94	-39.30	-10.94	-39.30	2.38	

4.7.6 耗能及延性

由表 4.6 可知：①相同构造不同轴压的试件比较，耗能能力 WT-9 比 WT-8 降低 14.0%，WT-12 比 WT-11 降低 70.24%，说明轴压对耗能能力影响较大。②所有试件比 WT-16 耗能能力最低提高 2.25 倍，原因是按照规范设计的 a 类锚栓在往复荷载作用下杆端约束程度不够，不能很好协调上下层墙段变形，易发生试件快速破坏。③试件延性均较好，但轴压力小的延性好于轴压力大的。

4.7.7 刚度退化

试件在往复荷载作用下刚度会发生退化，可用环线刚度 k_i 的变化来表示，计算参照文献(王秀丽等，2015；褚云朋和姚勇，2016)中的方法进行，退化曲线如图 4.26 所示，可看到：①加载至±10～±20mm 时退化迅速，是因为自攻螺钉与孔壁间发生挤压造成螺钉脱落，楼层梁及配套加劲件受压发生局部压屈，刚度降低较快。②WT-11 初始刚度大，说明硅酸钙板对墙架龙骨及处于薄弱位置的边梁均有更强的蒙皮作用，又在薄弱部位的楼层连接处采用 b 类锚栓进行构造加强，提高了双层墙体在竖向荷载作用下的抗压能力。③WT-16 初始刚度小，且退化缓慢，原因是楼层连接处抗拔锚栓约束较弱，通过位移计 4 和位移计 5 读数变化可判断楼层连接处剪切变形大，边梁外覆的石膏板由于剪切作用板面破裂后，往复荷载作用下上层墙段绕楼层连接处做平动，抗拔锚栓绕其竖直中线往复倾斜，刚度变化很小，但楼层梁因压屈而使得面板裂缝扩展较快，易发生平面外失稳，加载经过的循环次数也较少。

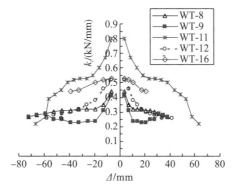

图 4.26　刚度退化曲线

4.7.8　承载力退化

在加载位移幅值不变的情况下试件承载力随加载次数的增加而降低的特性可用退化系数 λ_i 表示，按式(4.4)计算，曲线如图 4.27 所示，可看到除 WT-16 在初始阶段承载力退化较快外，其他墙体承载力退化均较为缓慢。原因是楼层连接处采用了 b 类锚栓，开始加

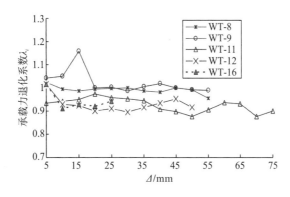

图 4.27　承载力退化曲线

载时会相继发生自攻螺钉松动、楼层梁压屈、边梁外覆面墙板破裂等现象造成承载力降低外，后因有锚栓的双螺帽及加劲件底板的约束作用，作为薄弱部位的楼层连接处破坏不会再继续增加，因此承载力后期降低均缓慢。

4.7.9 试验小结

通过对面板为石膏板、硅酸钙板等脆性材料的双层边组合墙体抗剪性能试验，得到墙体多发生上下层墙段连接处外覆面板的断裂、楼层梁及配套加劲件的压屈，应对楼层连接处进行构造加强。

(1) 相同加载工况下硅酸钙面板试件耗能能力明显高于石膏板，极限承载力也提高明显，轴压力为 40.3kN 时提高 43.56%，轴压力为 30.2kN 时提高 21.26%。

(2) 轴压力对墙体承载力及耗能能力影响较大，相同构造不同轴压力时 WT-9 比 WT-8 极限承载力降低最低达 14.11%，WT-12 比 WT-11 最低达 37.76%；耗能能力 WT-9 比 WT-8 降低 14.0%，WT-12 比 WT-11 降低 70.24%；所有试件比 WT-16 耗能能力最低提高 2.25 倍，原因是按照规程设计的锚栓约束程度不够，易发生墙体破坏。

(3) 按规程设计的试件初始刚度小，且刚度退化较为缓慢，楼层连接处变形较大；边梁外覆石膏板由于剪切作用使得板面破裂后迅速扩展，上层墙段绕楼层连接处做平动，刚度降到最低且保持不变，直到楼层梁压屈明显而无法继续承载。

(4) 双螺帽试件加载至±10～±20mm 时刚度退化迅速，龙骨间与龙骨与面板间螺钉与孔壁间反复挤压造成拉脱失效，楼层梁及配套加劲件受压发生局部屈曲；作为薄弱部位的楼层连接处边梁外覆墙板失效后有双螺帽约束作用，损伤不再继续增加，因此承载力降低较少。

4.8 中间墙体试件

中间墙体为位于房屋内部的承重墙体，其在楼层连接处无边梁及外覆墙板的蒙皮作用，楼层连接处承受由恒载及活载产生的竖向压力作用时，压力通过楼层梁、配套加劲件及抗拔锚栓传到下层。又因楼层梁及加劲件均为超薄壁型钢构件，截面高且板边仅有顶底梁自攻螺钉对其有约束，因此承受荷载作用时板件平面外稳定性极差，故主要传递上部荷载作用的应为抗拔锚栓，其通过螺钉与墙架柱连接，螺钉与孔洞间的挤压作用将使洞孔变大，造成螺钉拉脱，从而降低锚栓对上下层的协调作用，因此难保证在墙体进入大变形阶段时楼层连接处的传力可靠。且根据已有的房屋振动台试验表明(黄智光，2010；黄智光等，2011；李元齐等，2012)，层间钢拉带上的应变数值增加明显，而层内钢拉带应变数值增加较少，说明上下层墙体间为抗力薄弱部位，需考虑上下层墙体不连续对抗剪性能的不利影响。

4.8.1 试件设计

考虑墙架柱截面，竖向轴压力、锚栓方式及外覆面板类型共设计了四组 9 片墙体试件（表 4.7）。第一组为墙体截面高 160mm 的试件，第二组为墙体截面高 89mm 的试件，两组试件均考查不同抗拔锚栓形式及不同轴压力对墙体抗剪性能的影响；第三组为墙体截面高 89mm 的按《冷弯薄壁型钢结构技术规范》（GB 50018—2002）（中华人民共和国建设部，2003）设计的试件，主要考查不同抗拔锚栓、钢筋桁架及不同轴压力对墙体抗剪性能的影响。为提高试件抗压能力，此组试件中增设了部件加强试件，将钢筋桁架加工好后，安装抗拔锚栓时穿过部件上下螺母，装配到上下楼层间，以提高楼层连接处的抗力性能。

表 4.7 中间墙体试件编号及组成

序号	组别	试件编号	墙架柱截面	竖向力 / kN	锚栓方式	外覆面板类型
1	一	WT-14-160	C160×40×10×1	30.2	5 个(b)	15mm 厚欧松板
2		WT-15-160		40.3	2 个(b)+3 个(c)	
3	二	WT-17-89	C89×44.5×12×1	40.3	5 个(b)	15mm 厚欧松板
4		WT-18-89		30.2	5 个(b)	
5	三	WT-19-89	C89×44.5×12×1	30.2	2 个(b)+3 个(c)	9mm 厚欧松板
6		WT-20-89		40.3	5 个(b)+钢筋桁架	
7		WT-21-89		30.2	5 个(b)+钢筋桁架	
8	四	WT-22-89	C89×44.5×12×1	30.2	2 个(b)	8mm 硅酸钙板
9		WT-23-89		40.3	2 个(b)	

4.8.2 试验现象及破坏特征

轴压施加结束后，由于楼层连接处不连续，竖向荷载传递给楼层梁，受压易产生较大平面外塑性变形；水平荷载作用下楼层梁与顶底梁间、墙体龙骨与顶底梁间的自攻螺钉易发生拉脱；欧松板角部与墙体龙骨易发生相对位移，部分螺钉倾斜，墙板上螺钉孔与龙骨的钉孔间易由于挤压产生空隙造成螺钉脱落。

1. WT-14、WT-15 试件

通过试验发现：①两试件发生了类似的试验现象，在墙顶施加轴压过程中，能听到试件发出"吱吱"的响声，是楼层梁及加劲件压紧发出的声音，两试件轴压施加结束，楼层梁没有发生压屈变形。②WT-14 水平位移加载至±25mm 时楼层梁受压发生局部压屈[图 4.28(a)]，后随加载进行屈曲逐渐增大，且发生沿加载方向的倾斜[图 4.28(b)(c)(d)]，直到楼层梁及加劲件压曲严重，模型无法继续承载而破坏。③WT-15 水平位移加载至±15mm 时楼层梁受压发生局部压屈[图 4.29(a)]，后随加载进行楼层梁及配套加劲件屈曲逐渐增大而直到无法承载[图 4.29(b)(c)(d)]，并且 WT-14 较 WT-15 更为明显，继续加载直到楼层梁及配套加劲件压曲严重，模型无法继续承载而宣告破坏。④试件破坏均只发生在楼层连接处的楼层梁及加劲件，上下层墙体上自攻螺钉与龙骨间未发生明显滑移现象，其他部位未发现明显破坏。

(a)楼层梁压屈　　　　　(b)楼层梁压屈增加　　　　(c)加劲件压屈　　　　(d)楼层梁倾斜

图 4.28　WT-14 试件破坏图片

(a)楼层梁压屈　　　　　(b)楼层梁压屈增加　　　　(c)加劲件压屈　　　　(d)楼层梁倾斜

图 4.29　WT-15 试件破坏图片

2. WT-17、WT-18 试件

①试件面板材料均为欧松板，在墙顶施加轴压过程中，能听到试件发出"吱吱"的响声，是楼层连接处压紧发出的声音。②WT-17 水平位移加载至±15mm 时楼层梁受压发生局部压屈[图 4.30(a)]，后压屈现象逐渐明显，楼层梁压屈变形过大，无法继续承载连接失效。③WT-18 水平位移加载至±20mm 时楼层梁受压发生局部压屈[图 4.30(b)]，后压屈现象逐渐明显，直到楼层梁及加劲件压曲严重，试件无法继续承载而破坏[图 4.30(c)]。④该系列试件主要发生楼层连接处梁及配套加劲件的压屈破坏，连接面板与龙骨间的螺钉未发生明显滑移现象，需对其进行构造加强。

(a)楼层梁压屈　　　　　　　(b)楼层梁及加劲件压屈　　　　　　　(c)加劲件破坏严重

图 4.30　WT-17、WT-18 试件破坏图片

3. WT-19~WT-21 试件

①三个试件面板材料均为欧松板，在墙顶施加轴压过程中 WT-19 能听到试件发出"吱吱"的响声，为楼层梁及加劲件压紧发出的声音。②WT-19 水平位移加载至±15mm 时楼层梁受压发生局部压屈[图 4.31(a)]，后压屈现象逐渐明显[图 4.31(b)]，直到楼层梁及加劲件压曲严重，模型无法继续承载而破坏[图 4.31(c)]。③WT-20 试件竖向轴压施加过程中，未见楼层梁变形，加载过程中加劲件在加载到±25mm 时发生局部压屈，但楼层梁未发生压屈[图 4.32(a)]，继续加载到破坏阶段，加劲件屈曲变形严重而停止加载[图 4.32(b)]。④WT-21 试件竖向轴压施加过程中未见楼层梁压屈变形，加载过程中加劲件在加载到±30mm 时发生局部压屈，但楼层梁未发生压屈[图 4.32(c)]，继续加载到极限状态，加劲件屈曲变形严重而停止加载[图 4.32(d)]，说明加强部件能够很好地提高楼层连接处抗外载破坏的作用。

(a)楼层梁压屈　　　　　　　(b)楼层梁及加劲件压屈　　　　　　　(c)加劲件破坏严重

图 4.31　WT-19 试件破坏图片

(a)楼层梁压屈　　　　(b)楼层梁压屈　　　　(c)楼层梁及加劲件压屈　　　　(d)加劲件破坏严重

图 4.32　WT-20 及 WT-21 试件破坏图片

4. WT-22、WT-23 试件

①两试件面板材料均为硅酸钙板，发生了相类似的试验现象，在墙顶施加轴压过程中，能够听到试件发出"吱吱"的响声，是楼层连接处压紧发出的声音。②WT-22 水平位移加载至±15mm 时楼层梁受压发生局部压屈[图 4.33(a)]，加载到±20mm 时楼层梁及加劲件压屈严重[图 4.33(b)]，加载至±40mm 时螺钉与孔壁间挤压作用明显，螺钉孔矿洞量变大，且板面出现裂缝[图 4.33(c)]。③加载至±50mm 时，裂缝扩展变大，且自攻螺钉脱落[图 4.33(d)]。④WT-23 水平位移加载至±30mm 时楼层梁及加劲件局部压屈严重，且楼层连接处板边缘螺钉脱落造成板与龙骨分离[图 4.34(a)]，同时上下层段间的抗拔锚栓倾斜，锚栓与墙体龙骨连接的螺钉发生倾斜[图 4.34(b)]，加载到±35mm 时加劲件压屈严重，且板沿楼层连接处开裂[图 4.34(c)]，继续加载楼层梁及加劲件变形严重而无法继续加载；抗拔锚栓初始状态可承担一部分竖向荷载，其发生倾斜后会导致内力重分配给楼层梁，导致楼层梁快速压屈破坏。

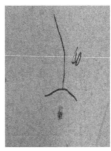

(a)楼层梁压屈　　　　(b)楼层梁及加劲件压屈　　　　(c)自攻螺钉孔变大　　　　(d)自攻螺钉脱落

图 4.33　WT-22 试件破坏图片

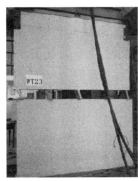

(a)楼层梁及加劲件压屈　　　　(b)板角自攻螺钉脱落　　　　(c)楼层连接处板边缘出现裂缝

图 4.34　WT-23 试件破坏图片

4.8.3 滞回曲线

经计算各试件荷载-位移$(P\text{-}\varDelta)$曲线如图 4.35 所示，可看出：①曲线多呈明显的捏拢现象，耗能能力较低，楼层连接处为薄弱部位，抗拔锚栓与墙体连接的螺钉倾斜会使得楼层梁快速压屈破坏，造成墙体快速失效，塑性变形不能充分发挥。②锚栓类型及数量对试件耗能能力影响较大，可看到 WT-14 饱满程度明显好于 WT-15。③墙体截面高度对试件耗能能力影响均较大，可看到相同轴压下 WT-14 耗能能力明显好于 WT-18。④楼层连接处增加钢筋桁架后耗能能力明显增强,WT-20 比墙板厚 15mm 的 WT-18 耗能能力提高28.4%。⑤WT-22、WT-23 两曲线呈捏拢状，耗能能力均很低，没有明显进入塑性阶段就破坏，WT-22 比 WT-23 耗能能力高 26.03%，轴压力对耗能能力影响极大。

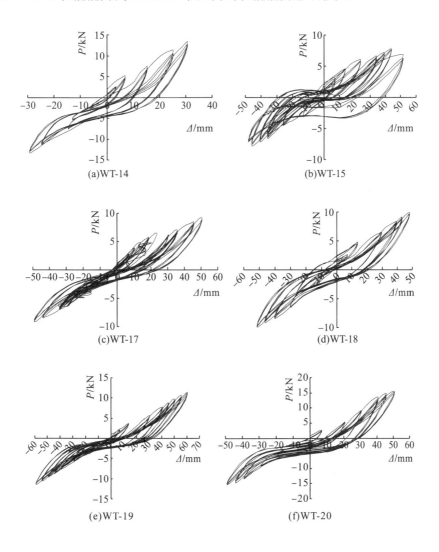

(a)WT-14 (b)WT-15

(c)WT-17 (d)WT-18

(e)WT-19 (f)WT-20

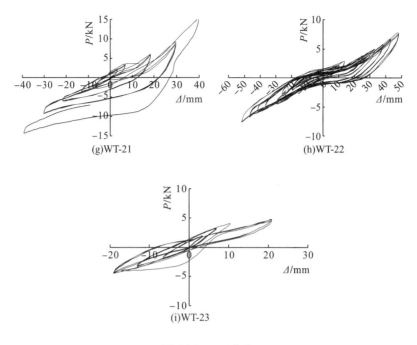

图 4.35 P-Δ 曲线

4.8.4   骨架曲线

由试件滞回曲线得到骨架曲线如图 4.36 所示，除 WT-3、WT-5 外其他试件加载时均没有明显荷载下降段。加载位移不超过 15mm 时试件处于弹性阶段；继续加载进入弹塑性变形阶段、强化阶段，再后来多发生楼层梁压屈破坏，上下层墙段绕楼层连接处平动，抗拔锚栓发生绕垂直方向的往复倾斜，试件没有明显承载力下降段，楼层梁受压局部屈曲后试件承载力会突然降低，虽仍可继续承载但连接处外覆面板自攻螺钉多发生松动，蒙皮作用降低，承载力降低较多，因此结构设计时应提高楼层梁抗局部屈曲的能力，仅通过增加楼层梁加劲件很难满足承载要求，需对楼层连接处进行构造加强。

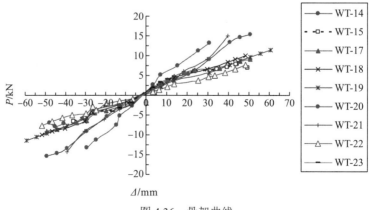

图 4.36   骨架曲线

4.8.5　试件屈服、极限、破坏荷载

试件屈服荷载及破坏荷载的确定与 4.6.4 节相同，各试件计算出的 P_y、Δ_y、P_{max}、Δ_{max}、P_u、Δ_u 结果汇总于表 4.8，可得：①第一组试件 WT-14 与 WT-15，承载力受轴压力不同，虽然 WT-15 锚栓约束变强，但 WT-15 的极限承载力还是降低了 4.36%；第二组 WT-17 与 WT-18 两试件，楼层连接处支撑条件完全相同，轴压力小的 WT-18 比 WT-17 的极限承载力反而增加 58.95%，说明轴压力对墙体抗剪承载力影响较大。②相同轴压比不同墙体厚度、设置不同支撑的 WT-17 比 WT-15 降低 46.3%，说明墙体厚度对双层组合墙体的抗剪承载力影响较大。③第三组试件，考查不同楼层处加强方式、不同轴压比下墙体承载力对比情况，WT-20 与 WT-21 相比在轴压力增大后承载力降低 41.12%；对比 WT-19 与 WT-20 虽加设钢筋桁架后能够明显提高楼层连接处的抗压能力，但不能提高其抗拉能力，WT-20 比 WT-19 极限承载力降低 20.96%，因此应同时提高楼层连接处的抗压及抗拉能力，才能提高墙体的抗剪性能。④对比楼层连接处相同支撑条件而不同轴压力情况，WT-19 极限承载力比 WT-15 提高 53.69%，说明轴压力对双层墙体承载力影响很大，设计时应严格限定墙体轴压力。⑤第四组试件为按照相关规程推荐方法楼层连接处做法设计的试件，WT-23 比 WT-22 耗能能力降低 19.21%，说明轴压力对按规程设计的墙体承载力有一定影响。

表 4.8　试件荷载、位移特征值汇总

试件编号	方向	屈服荷载		极限荷载		破坏荷载		μ	累积耗能能力
		P_y/kN	Δ_y/mm	P_{max}/kN	Δ_{max}/mm	P_u/kN	Δ_u/mm		
WT-14	正	5.30	14.63	13.26	30.72	13.26	30.72	2.10	2694
	反	-5.30	-8.47	-13.26	-29.30	-13.26	-29.30	3.46	
WT-15	正	3.10	7.10	7.75	44.17	7.75	44.17	6.22	1658
	反	-3.12	-13.64	-7.79	-45.84	-7.79	-45.84	3.36	
WT-17	正	3.65	14.05	9.12	50.82	9.12	50.82	3.62	153
	反	-3.65	-18.91	-9.12	-49.21	-9.12	-49.21	2.60	
WT-18	正	3.98	12.15	9.94	48.39	9.94	34.53	2.84	2342
	反	-3.98	-23.04	-9.94	-51.65	-9.94	-65.50	2.84	
WT-19	正	4.58	16.93	11.45	60.73	11.45	41.44	2.45	3237
	反	-4.58	-32.07	-11.45	-59.31	-11.45	-78.60	2.45	
WT-20	正	6.15	15.29	15.37	50.82	15.37	34.53	2.26	3008
	反	-6.15	-28.98	-15.37	-49.21	-15.37	-65.51	2.26	
WT-21	正	5.99	18.46	14.98	39.72	9.05	20.72	1.12	991
	反	5.68	-17.74	-14.21	-39.30	-9.05	-39.30	2.22	
WT-22	正	3.06	9.62	7.65	48.21	7.65	48.21	5.01	1990
	反	-3.06	-19.57	-7.65	-51.83	-7.65	-51.83	2.65	

续表

试件编号	方向	屈服荷载		极限荷载		破坏荷载		μ	累积耗能能力
		P_y/kN	Δ_y/mm	P_{max}/kN	Δ_{max}/mm	P_u/kN	Δ_u/mm		
WT-23	正	1.90	3.4	4.76	20.81	4.76	20.81	6.12	1472
	反	-1.79	-6.01	-4.48	-19.20	-4.48	-19.20	3.19	

4.8.6 刚度退化

试件刚度用环线刚度 k_i 表示，计算参照规程中的方法进行，刚度退化曲线见图 4.37，可看出：①WT-14、WT-15、WT-17 及 WT-18 四个试件初始刚度均较小，刚度退化先急后缓慢，原因是初始加载阶段顶底梁与楼层梁连接处自攻螺钉拉脱失效后后期刚度降低缓慢。②增设钢筋桁架的 WT-20 与 WT-21 明显提高楼层连接处抗压能力，初始刚度很大，但由于未能提高楼层连接处的抗拉能力，往复荷载作用下，后期刚度退化较快。③WT-22 与 WT-23 按照规程推荐设计，加载过程中顶底梁与楼层梁连接处自攻螺钉拉脱失效及墙面板开裂鼓起会造成刚度退化，且降低速度很快；后继续加载，通过位移计 4、位移计 5 读数可看到加载到-65.5mm 后，位移计 4 读数变化很小，而位移计 5 读数变化较大，说明上层墙段在水平荷载作用下做刚体平动，刚度变化很小。

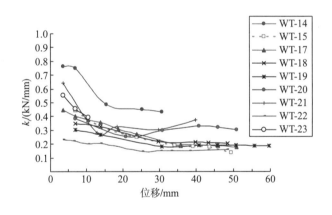

图 4.37 刚度退化曲线

4.8.7 承载力退化

承载力降低系数曲线如图 4.38 所示，可看出：①除初始阶段所有墙体承载力退化较快外，后所有承载力退化均较为缓慢，试件无法承载是累积损伤的结果，原因是加载过程中顶底梁与楼层梁连接处自攻螺钉拉脱失效后会造成承载力降低，不会立刻造成处于楼层连接处的楼层梁及配套加劲件的进一步更大的损伤，因此承载力逐步退化。②WT-22 与 WT-23 的墙板开裂扩展会导致承载力急剧降低，但抗拔锚栓不会立即失效，因此不足以造成墙体完全丧失承载力。③上下层墙段在水平荷载作用下做刚体平动，位移加载到大变形阶段抗拔锚栓不会与上下层墙架柱完全脱离造成组合墙体破坏，所以后期承载力不会再降低。④上层墙段平动会造成房屋整体结构层间位移超限，尤其是建筑底部几层房屋，出现明显的二阶效应，因此应采用增设钢筋桁架的方式加强楼层连接处，或增设跨层钢拉带提高房屋抗往复荷载破坏的能力。

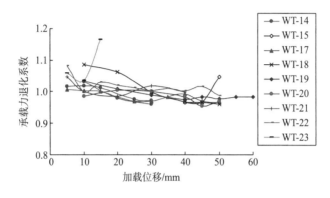

图 4.38　承载力退化曲线

4.8.8　试验小结

研究中间墙体在不同轴压力、不同类型抗拔锚栓、不同墙面板类型及厚度，有否加设钢筋桁架加强等因素对墙体抗震性能的影响规律，并获得相关量化数据。

(1) 相同支撑条件及不同轴压力下不同墙厚的 WT-19 比 WT-15 极限承载力提高53.69%；轴压力大的 WT-15 锚栓约束增强，但极限承载力还是比 WT-14 降低了 4.36%；说明轴压力对墙体承载力影响较大，设计时应严格限定墙体轴压力；墙体承载力试验极限值低于单层墙体规程计算设计值，因此应用于多层房屋中时应对楼层连接处进行构造加强，提高整片墙体承载力。

(2) 加载过程中顶底梁与楼层梁连接处自攻螺钉拉脱后不再增加处于薄弱部位的楼层连接处的进一步损伤，因此墙体承载力及后期刚度退化均较缓慢，破坏是累积损伤的结果。

(3) 加载到大位移阶段上层墙段沿楼层连接处做刚体平动，但抗拔锚栓未与上下层墙架柱脱离，故承载力及后期刚度均不再降低，但很容易造成房屋层间位移超限，尤其是对下部墙体会产生明显的二阶效应，因此应采用层间加强部件等措施加强底部楼层连接处，提高房屋抗往复荷载破坏的能力。

4.9 本 章 小 结

（1）共进行了 23 片包含楼层连接处的 1∶1 双层墙体在低周往复荷载作用下的抗剪性能试验，得到墙体破坏特征及相关抗震性能指标，为结构基于损伤的抗震设计方法获得提供判据。

（2）墙体破坏位于楼层连接处，楼层梁配套加劲件对提高楼层梁局部抗压能力作用不明显，需对楼层连接处进行构造加强，提高楼层连接处的抗破坏能力，满足"强连接弱墙体"的抗震设计原则，进而提高整片墙体抗剪能力。

（3）抗拔锚栓上的配套抗拔件对楼层连接处承载性能影响较大，其与墙架柱连接的自攻螺钉在锚栓不倾斜时仅承受剪力，倾斜后则承受拉剪作用，受力状态的改变加速了连接的失效；因此加设层间加强部件，使得楼层连接处抗拔件仅传递竖向剪力，能够提高楼层连接处的抗破坏能力，将破坏位置由层间部位转移到墙体上，达到强连接的目的。

（4）抗拔锚栓类型对双层墙体承载性能影响较大，采用双螺帽构造，能使抗拔件底板与下层顶梁保持垂直且呈现贴紧状态，抗拔件与墙架柱连接的自攻螺钉承受剪力作用，承载性能有所改善。而 a 类撑杆仅能提高竖向抗压能力，往复荷载作用下容易造成杆端失效，往复荷载作用下对楼层连接处所起的加强作用不明显。

参 考 文 献

褚云朋，王秀丽，姚勇，2019. 冷弯薄壁型钢双层组合墙体抗剪性能试验研究[J]. 工程科学与技术，51(2)：45-52.

褚云朋，姚勇，2016.超薄壁冷弯型钢矩形截面墙架柱-楼层梁连接抗震性能试验研究[J].建筑结构学报，37(7)：46-53.

黄智光，2010. 低层冷弯薄壁型钢房屋抗震性能研究[D]. 西安：西安建筑科技大学.

黄智光，苏明周，何保康，等，2011. 冷弯薄壁型钢三层房屋振动台试验研究[J]. 土木工程学报，44(2)：72-81.

李元齐，刘飞，沈祖炎，等，2012.S350 冷弯薄壁型钢住宅足尺模型振动台试验研究[J]. 土木工程学报，45(10)：135-144.

李元齐，刘飞，沈祖炎，等，2013. 高强超薄壁冷弯型钢低层住宅足尺模型振动台试验[J]. 建筑结构学报，34(1)：36-43.

童悦仲，娄乃琳，2004. 美国的多层轻钢结构住宅[J]. 住宅产业，58(11)：36-39.

王秀丽，褚云朋，姚勇，等，2015. 超薄壁冷弯型钢 C 型墙架柱-楼层连接抗震性能试验研究[J]. 土木工程学报，48(7)：51-59.

中华人民共和国建设部，2003.冷弯薄壁型钢结构技术规范：GB 50018—2002[S]. 北京：中国计划出版社.

中华人民共和国住房和城乡建设部，2011.低层冷弯薄壁型钢房屋建筑技术规程:JGJ 227—2011[S]. 北京：中国建筑工业出版社.

周绪红，石宇，王瑞成，等，2008. 汶川地震建筑震害调查与灾后重建分析报告-适合地震灾区快速重建的冷弯薄壁型钢结构住宅体系[R]. 北京：中国建筑工业出版社：442-447.

第5章　双层组合墙体抗剪性能理论

5.1　承载力计算及分析

双层墙体受力计算简图如图 5.1 所示，破坏阶段自攻螺钉多承受拉剪作用，剪力由竖直方向的外力 N 和 P_S 共同产生，拉力由水平方向的外力 P_S 产生，每层墙高为 h，墙宽为 b，墙体沿长度方向长度为 L，Δh 为楼层连接处高度，q 为墙顶承受的竖向均布线荷载，由上部墙体产生（Chu et al.，2020a；2020b），据此依据图 5.1(b)，列力矩平衡方程可得式(5.1)。

$$P_{S2}h - \frac{1}{2}qL^2 = N_\perp L \Rightarrow N_\perp = \frac{P_{S2}h - \frac{1}{2}qL^2}{L} = P_{S2}\frac{h}{L} - \frac{1}{2}qL \tag{5.1}$$

式中，P_{S2} 为二层顶施加水平荷载。

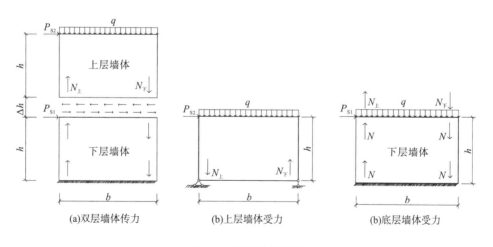

图 5.1　墙体受力简图

5.1.1　自攻螺钉承载力计算

相关学者发现在螺钉和薄壁板件间采用多颗自攻螺钉连接时，螺钉连接的平均承载力与单颗螺钉比会降低，并给出了考虑"群效应"的螺钉的抗剪承载力计算方法（李元齐等，2014；李元齐等，2015；闫维明等，2018），如式(5.2)和式(5.3)。

$$R = \left(0.535 + \frac{0.467}{\sqrt{n}}\right) \leqslant 1.0 \tag{5.2}$$

$$N_{\mathrm{v}} = nN_{\mathrm{v1}}R \tag{5.3}$$

式中，R 为群效应折减系数；n 为螺钉数目；N_{v1} 为单颗螺钉连接的抗剪承载力；N_{v} 为考虑"群效应"的螺钉连接抗剪承载力。其中群效应折减系数 R 是根据螺钉间距为 3 倍钉距试件的试验结果得到，且该公式只适用于斜拔和承压破坏。试验中每个抗拔件连有 12 个自攻螺钉，因此折减系数 R 中 $n=12$，经计算可得 $R=0.67$。

依据《冷弯薄壁型钢结构技术规范》(GB 50018—2002)(中华人民共和国建设部，2003)及《低层冷弯薄壁型钢房屋建筑技术规程》(JGJ 227—2011)(中华人民共和国住房和城乡建设部，2011)的相关规定，进行抗拔件与墙架柱间自攻螺钉的受力性能计算。依据该规程的 6.1.7 条：用于压型钢板之间和压型钢板与冷弯型钢构件之间紧密连接的自攻螺钉连接的强度可按下列规定计算。

(1) 在压型钢板与冷弯型钢等构件间的沿杆轴方向受拉的连接中，每个自攻螺钉所受的拉力应不大于按式(5.4)和式(5.5)计算的抗拉承载力设计值。当只受静荷载作用时：

$$N_{\mathrm{t}}^{\mathrm{f}} = 17tf \tag{5.4}$$

式中，$N_{\mathrm{t}}^{\mathrm{f}}$ 为自攻螺钉或射钉的抗拉承载力设计值(N)；t 为紧挨钉头侧的压型钢板厚度(mm)，应满足 $0.5 \leqslant t \leqslant 1.5$；$f$ 为钢板的抗拉强度设计值(N/mm²)。

墙架柱壁厚 $t=1$mm，钢材为 Q235 钢，强度设计值 $f=205$MPa，代入数值得 $N_{\mathrm{t}}^{\mathrm{f}} = 17 \times 1 \times 205 = 3485\mathrm{N} = 3.485\mathrm{kN}$。

当自攻螺钉在基材中钻入深度 t_{c} 大于 0.9mm，其所受的拉力应不大于按式(5.5)计算的抗拉承载力设计值。

$$N_{\mathrm{t}}^{\mathrm{f}} = 0.75t_{\mathrm{c}}df \tag{5.5}$$

式中，d 为自攻螺钉的直径(mm)；t_{c} 为钉杆的圆柱状螺纹部分钻入基材中的深度(mm)；f 为钢板的抗拉强度设计值(N/mm²)。

代入数值可得 $N_{\mathrm{t}}^{\mathrm{f}} = 0.75 \times 1 \times 4.2 \times 205 = 645\mathrm{N} = 0.645\mathrm{kN}$，综合式(5.4)及式(5.5)，抗拔件上自攻螺钉与墙架柱间连接，可承受的拉力为 0.64kN。

(2) 当螺钉受剪时，其所承受的剪力不应大于按式(5.6)～式(5.8)计算的抗剪承载力设计值。

A. 当 $T_{\mathrm{g}} = 0.4$ 时，

$$N_{\mathrm{v}}^{\mathrm{f}} = 3.7\sqrt{t^3 df} \tag{5.6}$$

$$N_{\mathrm{v}}^{\mathrm{f}} \leqslant 2.4tdf \tag{5.7}$$

B. 当 $\dfrac{t_1}{t} \geqslant 2.5$ 时，

$$N_{\mathrm{v}}^{\mathrm{f}} = 2.4tdf \tag{5.8}$$

式中，$N_{\mathrm{v}}^{\mathrm{f}}$ 为一个连接件的抗剪承载力设计值(N)；d 为螺钉直径(mm)；t 为较薄板(钉头接触侧的钢板)的厚度(mm)；t_1 为较厚板(在现场形成钉头一侧的板或钉尖侧的板)的厚度(mm)；f 为钢板的抗拉强度设计值(N/mm²)。

因试验时破坏发生在楼层连接处的自攻螺钉拉剪失效，连接的墙架柱板件厚度 1mm，抗拔件侧板 5mm，因此抗剪承载力满足式(5.8)，代入数值，计算可得

$$N_v^f = 2.4 \times 1 \times 4.2 \times 205 = 2066.4N = 2.07kN$$

C. 当 $1 < \dfrac{t_1}{t} < 2.5$ 时，N_v^f 可由式(5.6)和式(5.8)的差值求得。

(3)同时承受剪力和拉力作用的自攻螺钉，应符合式(5.9)要求：

$$\sqrt{\left(\frac{N_v}{N_v^f}\right)^2 + \left(\frac{N_t}{N_t^f}\right)^2} \leqslant 1 \tag{5.9}$$

式中，N_v、N_t 分别为一个连接件所承受的剪力和拉力；N_v^f、N_t^f 分别为一个连接件的抗剪和抗拉承载力设计值。

5.1.2 抗剪承载力计算及分析

1. 中间墙体试件抗剪承载力计算

根据 4.8 节中间墙体试验破坏现象，破坏只有两种方式，均为楼层连接处的抗拔锚栓倾斜，楼层梁受压屈曲，层间变形较大而破坏。且依据楼层连接处构造可知对于中间承重墙体，抗拔锚栓所起的作用占主要地位，而楼层梁和配套加劲件均为宽肢超薄壁构件，抗竖向及水平荷载作用能力极差；因此楼层连接处水平抗侧刚度小，会发生较大层间侧移。破坏方式为自攻螺钉的剪切破坏、拉剪破坏后，锚栓作用完全消失，内力全部重分配到楼层梁及配套加劲件上，造成楼层梁发生压屈破坏。

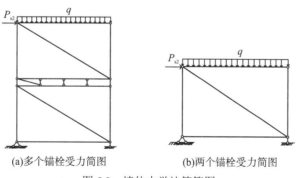

(a)多个锚栓受力简图　　(b)两个锚栓受力简图

图 5.2 墙体力学计算简图

(1)当在楼层连接处左右边跨处设置 2 个抗拔锚栓时，依据结构力学计算简图[图 5.2(b)]，考虑到楼层连接处仅有 2 个抗拔锚栓，因此抗剪件上的自攻螺钉数量为 12 个，锚栓与墙架柱间约束较强，可认为锚栓的抗拔件与墙架柱间为铰接。通过列力法方程可得，当水平方向外荷载为 $P_s = 1$ 时，可求得最大杆轴内力为 0.625。

$$\delta_{11}x_1 + \Delta_p = 0 \tag{5.10}$$

支座处的螺钉承受拉剪作用：外部荷载作用为水平外荷载引起的支座处的反力为

$-0.625P_s$ 及 $0.625P_s$，则受力最不利的抗拔锚栓承受的反力为，水平方向的 $0.5P_s$，竖直方向的 $0.625P_s+ql/2$，代入式(5.9)，则可求得当顶部荷载为 30.2kN 时，水平方向极限承载力 10.94kN；当顶部荷载为 40.3kN 时，水平方向极限承载力 6.19kN。水平荷载超过此值后，继续加载，自攻螺钉和钉孔间会发生相对滑移，抗拔锚栓倾斜，楼层梁及配套加劲件很快进入压屈状态，楼层连接处失效，造成试件破坏。

当墙体顶部荷载为 30.2kN 时，代入式(5.9)，得

$$\sqrt{\frac{\left(\dfrac{0.625P_s}{12}+\dfrac{30.2}{12\times2}\right)^2}{(2.06\times0.67)^2}+\frac{\left(\dfrac{P_s}{12\times2}\right)^2}{0.64^2}}\leqslant 1 \tag{5.11}$$

求解可得 P_s =10.94kN。

当墙体顶部荷载为 40.3kN 时，代入式(5.9)，得

$$\sqrt{\frac{\left(\dfrac{0.625P_s}{12}+\dfrac{40.3}{12\times2}\right)^2}{(2.06\times0.67)^2}+\frac{\left(\dfrac{P_s}{12\times2}\right)^2}{0.64^2}}\leqslant 1 \tag{5.12}$$

求解可得 P_s =6.19kN。

(2) 当在楼层连接处左右边跨处增设钢筋桁架后，楼层连接处的抗压和抗水平外力作用明显增强，依据前文计算内容及试验现象，楼层梁压屈变形很小，上下墙段及楼层连接处同步变形，抗拔锚栓与上下层墙段的顶底梁保持垂直，因此连接墙架柱与抗拔件的自攻螺钉仅承受剪力作用，采用式(5.11)进行计算。

最大锚栓所承受的荷载为 $(0.79P_s+N/5)/n\leqslant N_v^f$，分别将 N=30.2、n=12、N_v^f=2.06 代入，考虑螺钉群效应，应用式(5.2)计算的折减系数，代入式(5.9)得 $2.06\times0.67\geqslant\dfrac{12.08+0.79x}{24}$，可求得 P_s =26.79kN。

同理：N=40.3，n=12，N_v^f=2.06，考虑群效应，应用式(5.2)计算的折减系数，代入式(5.9)得 $2.06\times0.67\geqslant\dfrac{16.12+0.79x}{24}$，可求得 P_s =21.68kN。

增设加强桁架后，承载能力明显增强，螺钉发生剪切破坏，也有可能发生抗拔件背板的挤压破坏，因此可采用式(5.13)计算背板挤压破坏的承载力，代入相关值，可求得 $4.2\times5\times205=4305$N=4.3kN，因此对比可知，发生的应为螺钉的剪切破坏。

$$P_{r2}=d\sum tf_c^b \tag{5.13}$$

(3) 当采用 5 个螺杆支撑，抗拔件与墙架柱连接可靠，水平方向可提供一个约束，因此结构为 4 次超静定，采用力法进行计算，所列方程如式(5.14)，其中 X 为楼层连接处锚栓的反力，沿着杆轴方向。

$$\begin{cases}\delta_{11}X_1+\delta_{12}X_2+\delta_{13}X_3+\delta_{14}X_4+\Delta_P=0\\\delta_{21}X_1+\delta_{22}X_2+\delta_{23}X_3+\delta_{24}X_4+\Delta_{2P}=0\\\delta_{31}X_1+\delta_{32}X_2+\delta_{33}X_3+\delta_{34}X_4+\Delta_{3P}=0\\\delta_{41}X_1+\delta_{42}X_2+\delta_{43}X_3+\delta_{44}X_4+\Delta_{4P}=0\end{cases} \tag{5.14}$$

在水平荷载作用下，各杆内力采用力法方法进行求解，当水平方向外荷载为 $P_s=1$ 时，可求得最大杆轴内力为 0.74。同时考虑上部所加荷载 30.2 的工况，代入式(5.9)，得

$$\sqrt{\frac{\left(\dfrac{0.74P_s}{12}+\dfrac{30.2}{12\times5}\right)^2}{(2.06\times0.67)^2}+\frac{\left(\dfrac{P_s}{12\times5}\right)^2}{0.64^2}}\leq1 \tag{5.15}$$

求得 $P_s=12.98$kN。

当上部所加荷载 40.3kN 的工况，代入式(5.9)，得

$$\sqrt{\frac{\left(\dfrac{0.74P_s}{12}+\dfrac{40.3}{12\times5}\right)^2}{(2.06\times0.67)^2}+\frac{\left(\dfrac{P_s}{12\times5}\right)^2}{0.64^2}}\leq1 \tag{5.16}$$

求得 $P_s=10.68$kN。

加载过程中，楼层连接处抗拔锚栓会发生倾斜，抗拔件上的自攻螺钉承受拉剪作用。当采用 5 个 c 类锚栓时，因有双螺帽在上下楼层连接处有顶底梁及抗拔件底板对锚栓的约束作用，会延缓抗拔件的失效，但加载到大位移阶段，由于抗拔件底板较小，锚栓发生倾斜，依然很容易造成自攻螺钉在拉剪作用下发生拉脱破坏，楼层连接处承载力会降低，水平方向所能够施加的荷载值也就减小。

2. 边部墙体承载力计算假定

根据试验现象可知，抗拔锚栓不会发生弯剪破坏，破坏主要表现为锚栓倾斜，导致抗拔件上的自攻螺钉承受拉剪作用而快速失效，锚栓倾斜使得墙板受剪。同中间墙体相比，边部墙体在楼层连接处承载力多了一项外敷面板。在加载初期，包括锚栓抗剪件上的自攻螺钉及外敷面板两部分均可承载；在加载到大水平位移阶段，抗拔件上的自攻螺钉失效后，仅有墙板在抵抗水平外力作用。根据楼层连接处构造，在水平力作用下楼层连接处的墙板承受平面内的剪力作用。依据《低层冷弯薄壁型钢房屋建筑技术规程》(JGJ 227—2011)(中华人民共和国住房和城乡建设部，2011)给出的墙板抗剪承载力设计值进行分析。

表 5.1　抗剪墙体单位长度的受剪承载力设计值 S_h　　　　　　　　　　　　（单位：kN/m）

立柱材料	面板材料（厚度）	S_h
Q235 和 Q345	欧松板（9.0mm）	7.20
	纸面石膏板（12.0mm）	2.50

注：(1)墙体立柱卷边槽形截面高度，对 Q235 和 Q345 级钢不应小于 89mm，对 LQ550 级钢不应小于 75mm，立柱间距不应大于 600mm；(2)表中所列均为单面板组合墙体的受剪承载力设计值；两面设置面板时，受剪承载力设计值为相应面板材料的两值之和；(3)单面抗剪墙体的最大计算长度不宜超过 6m。

根据文献(Bai and Ou, 2011)，墙面板的抗压强度 f_c 为：欧松板取用 25.83N/mm²，石膏板取用 8.04N/mm²，硅酸钙板取用 15.01N/mm²。

(1)欧松板面厚度 9mm，则楼层连接处竖直方向抗压承载力为 $N=f_cA=25.83\times2400\times8$ $=495936$N$=495.936$kN

(2)石膏板板面厚度 9mm，则楼层连接处竖直方向抗压承载力为 $N = f_c A = 8.04 \times 2400$ $\times 8 = 154368\text{N} = 154.368\text{kN}$

对于边墙体试件，即便是对承压能力差的石膏板，试验中楼层连接处竖直方向抗压承载力也是足够的。但试验中墙体顶部采用分配梁施加有竖直向下的均匀轴压力，因此假定在楼层连接处墙板不发生破坏的情况下，墙板和抗拔锚栓各承受一半的竖直方向的墙顶轴压力。

3. 边部墙体承载力计算

对于 9mm 厚欧松板，依据墙体试验，开始阶段：

(1)计算多遇地震作用下墙体水平侧移时，取低周往复加载下墙体荷载-位移骨架曲线上水平侧移为 1/300 墙高时(本书取墙体试验顶部所加位移)的割线斜率作为墙体的弹性抗侧移刚度，相应的承载力计为 P_{s300}：

$$P_{s300} = P_L + P_b \qquad (5.17)$$

式中，P_L 为锚栓承载力(包括自攻螺钉)；P_b 为墙板抗剪承载力。

当仅有 2 个锚栓，墙顶轴压为 30.2kN 时，假定墙体和抗拔锚栓各承受一半压力，即 $2.06 \times 0.6724 \geqslant \dfrac{7.55 + 0.625 P_L}{12}$，可求得 $P_L \leqslant 14.51\text{kN}$。

当墙顶轴压为 40.3kN 时，假定墙体和抗拔锚栓各承受一半压力，即 $2.06 \times 0.6724 \geqslant \dfrac{10.07 + 0.625 P_L}{12}$，可求得 $P_L \leqslant 10.48\text{kN}$。

墙面板水平方向抗剪承载力 $P_b = S_b L = 7.2 \times 2.4 = 17.28\text{kN}$。

所以，当墙顶轴压为 30.2kN 时，墙体和抗拔锚栓各承受一半荷载，计算式见式(5.18)，

$$\begin{aligned} P_{s300} &= P_L + P_b \\ &= 14.51 + 17.28 \\ &= 31.79 \end{aligned} \qquad (5.18)$$

可求得 $P_{s300} = 31.79\text{kN}$。

当墙顶轴压为 40.3kN 时，计算式为

$$\begin{aligned} P_{s300} &= P_L + P_b \\ &= 10.48 + 17.28 \\ &= 27.76 \end{aligned} \qquad (5.19)$$

可求得 $P_{s300} = 27.76\text{kN}$。

在墙体侧移小于 1/300 墙高时，楼层连接处承载力均大于上下层墙段抗剪承载力设计值 14.4kN，因此双层墙体水平方向抗剪承载力设计值为 14.4kN。

(2)当加载到后期，取低周反复循环加载墙体试件荷载-位移骨架曲线上水平侧移为 1/100 墙高时的割线斜率作为墙体的弹塑性抗侧移刚度，此时抗拔锚栓已失效，仅有面板的承载力，记为 P_{s100}。

$$P_{s100} = P_b \qquad (5.20)$$

可求得 $P_{s100} = 7.2\text{kN}$。

加载到后期抗拔锚栓倾斜角度变大,导致抗拔件上螺钉拉脱失效后,楼层梁截面较高,很容易发生压屈破坏,承载力减小很快,且面板受到竖向轴压力作用,偏心作用明显。板面受到水平力、竖直轴压、偏心弯矩作用,面板处于复杂受力状态,容易发生破坏,尤其对于石膏板或硅酸钙板等脆性材料。

同理,对于 5 个锚栓的亦是如此,仅仅是可延缓抗拔锚栓上自攻螺钉的失效,螺钉一经失效楼层连接处墙体的破坏仍会很快,因此最有效的方法是在楼层连接处增设第 2 章所述的加强部件。

5.2　墙体抗侧移刚度理论计算

墙体抗侧移刚度计算包括两个部分,即单片墙体抗侧移刚度和楼层连接处刚度。单层墙体抗侧移刚度计算公式推导采用郭鹏等(2010)建立的简化力学分析模型,并基于以下基本假定。①墙体骨架两边立柱上端与上导轨,下端与下导轨均有自攻螺钉连接,楼层连接处及地坪处的抗拔锚栓在小荷载下可限制其上的抗拔件的转动,且假定边立柱上端与上导轨铰接,下端固接。②中立柱骨架墙体的上下端均与导轨采用自攻螺钉连接,模拟上下铰接。③墙面板等效为斜向拉压杆,拉压杆刚度设为 E_{AS}。④骨架中的构件轴向变形与墙体顶部侧向位移相比很小,分析中可忽略不计。基于此文献推导获得实用计算公式,并与试验所得值进行比较,往复加载下差值在 10%以内,具有较高实用性。

5.2.1　抗侧移刚度确定方法

在地震作用下骨架墙体抗侧移刚度可分为两种情况,郭鹏等(2010)已进行了推导:

(1)计算多遇地震作用下墙体水平变形时,取低周往复加载下墙体荷载-位移骨架曲线上水平侧移为 1/300 墙高时的割线斜率作为墙体的弹性抗侧移刚度,记为 K_{300};

(2)验算罕遇水平地震作用下墙体变形时,取低周反复循环加载墙体试件荷载-位移骨架曲线上水平侧移为 1/100 墙高时的割线斜率作为墙体的弹塑性抗侧移刚度,抗侧移刚度记为 K_{100}。

$$K = \frac{6i_1}{H^2} + \frac{0.27\sqrt{HL}}{\dfrac{HL}{Gt_{sh}} + \dfrac{2S_0}{f_s n_s}(H^2 + HL)} \tag{5.21}$$

式中,i_1 为墙体边立柱在墙体平面内线刚度(N/mm)。H 为冷弯型钢骨架墙体高度(mm)。L 为冷弯型钢骨架墙体宽度(mm)。t_{sh} 为墙面板厚度(mm)。G 为墙面板的剪切模量(N/mm²),石膏板 G 取 1167.95N/mm²,欧松板 G 取 1348.72N/mm²,硅酸钙板 G 取 1227.61N/mm²。n_s 为利用墙体各面板的平均螺距推算的墙体高度 H 边的自攻螺钉个数。S_0 为自攻螺钉连接达到最大抗剪承载力时的等效平均滑移量,欧松板在多遇地震水平作用下取 0.35mm，罕遇地震作用下取 1.25mm；石膏板在多遇地震水平作用下取 0.55mm，罕遇地震作用下取 1.5mm；硅酸钙板在多遇地震水平作用下取 0.40mm，罕遇地震作用下取 1.37mm。f_s 为钢板与面板自攻螺钉连接最大承载力，$f_s = \alpha f_c d t_{sh}$（适用于钢板与欧松板、石膏板、硅酸钙板自攻螺钉连接），其中 f_c 为墙面板的抗压强度（欧松板取 25.83N/mm^2，石膏板取 8.04N/mm^2，硅酸钙板取 15.01N/mm^2），d 为自攻螺钉直径(mm)，螺钉从墙面板侧与钢板连接时 α =1.0。

在进行墙体抗侧移刚度计算时，双层墙体的侧移分为三个部分，即为上下层墙体位移加楼层连接处位移，具体见式(5.22)：

$$\Delta = \Delta_1 + \Delta_2 + \Delta_L \tag{5.22}$$

式中，Δ_1 为上层墙体位移；Δ_2 为下层墙体位移；Δ_L 为上下层墙体连接处部件的水平位移。

5.2.2 中间墙体抗侧移刚度计算

1. 楼层连接处无侧移

结合 4.8 节墙体相关试验所得承载力结论，结合图 5.3，楼层连接处增设钢筋桁架后，楼层连接处形成刚域，且此时抗拔件上的螺钉仅受到竖直方向剪力作用，不受水平方向拉力作用，螺钉变形很小，故而此时 Δ_L 为 0，只需要计算 Δ_1 和 Δ_2，又因上下层墙体构造完全相同，因此侧移也相同，故有 $\Delta_1 = \Delta_2$。则墙体总的抗侧刚度计算表达式为式(5.23)，式中 K 为单片墙体抗侧刚度。

$$K_p = \frac{1}{2}K = \frac{1}{2}\left(\frac{6i_1}{H^2} + \frac{0.27L\sqrt{HL}}{\dfrac{HL}{Gt_{sh}} + \dfrac{2S_0}{f_s n_s}(H^2 + HL)} \right) \tag{5.23}$$

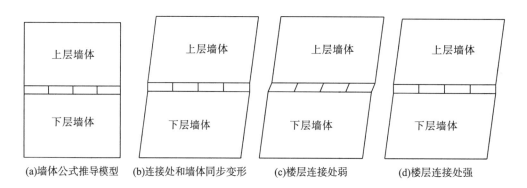

(a)墙体公式推导模型 (b)连接处和墙体同步变形 (c)楼层连接处弱   (d)楼层连接处强

图 5.3 墙体水平变形图

将墙体相关参数代入式(5.21)和式(5.22)，H=1500mm。L=2400mm。t_{sh} 有三种规格材料，即欧松板为 15mm 和 9mm；硅酸钙板为 8mm。石膏板 G=1167.95N/mm^2，欧松板

G=1348.72N/mm^2，硅酸钙板 G=1227.61N/mm^2；欧松板在多遇水平地震作用下 S_0 取 0.35mm，罕遇地震作用下 S_0 取 1.25mm；石膏板在多遇地震水平作用下 S_0 取 0.55mm，罕遇地震作用下 S_0 取 1.5mm；硅酸钙板在多遇地震水平作用下 S_0 取 0.40mm，罕遇地震作用下 S_0 取 1.37mm。n_s=10。$f_s = \alpha f_c d t_{sh}$，其中欧松板 f_c 取 25.83N/mm^2，石膏板 f_c 取 8.04N/mm^2，硅酸钙板 f_c 取 15.01N/mm^2，d=4.2mm，α=1.0。

经计算：(1)对于硅酸钙板，t_{sh}=8mm 时，K_{300}=988.69N/mm，K_{100}=385.76N/mm。

(2)对于欧松板，t_{sh}=9mm 时，K_{300}=1756.11N/mm，K_{100}=724.08N/mm。

(3)对于欧松板，t_{sh}=15mm 时，K_{300}=2900.87N/mm，K_{100}=1180.85N/mm。

采用双面覆板，刚度是单面覆板的 2 倍，由于试验时上下两层组合墙体时，刚度会降为原来的 0.5 倍，所以试验墙体刚度即为所计算值，位移即为按照式(5.23)计算出来的值。因楼层连接处不发生侧移，因此本书 K_{300} 为 1500/300=5mm，K_{100} 为 1500/100=15mm，计算出的墙体总侧移值按照式(5.24)进行计算：

$$\Delta = \frac{P}{K_p} \tag{5.24}$$

对于 9mm 厚欧松板，加载到墙板顶端变形值为 15mm 时，反算得到荷载 P 为 10.87kN，墙体进入到弹塑形变形阶段，继续加载墙体易发生破坏，刚度降低很快。

2. 楼层连接处侧移

采用楼层连接处抗拔锚栓上的抗剪件和上下层墙体采用自攻螺钉相连的锚栓，锚栓与墙架柱可认为固接，水平外载作用下仅发生侧移 Δ_L，则楼层连接处可提供的刚度仅为锚栓的抗侧刚度，故可推导出楼层连接处刚度。锚栓截面及约束状态均相同，锚栓为直径 16mm 的光圆钢筋，故可推导出锚栓底部的剪力，每根锚栓底部的剪力为

$$Q_{EF} = -\frac{12i_c}{H_c^2} \tag{5.25}$$

(1)当有 5 根锚栓时：假定上下端均为刚接，依据结构力学知识，所列出的总的剪力平衡方程为

$$P - 5 \times \frac{12i_c \Delta_L}{H_c^2} = 0 \tag{5.26}$$

由式(5.26)，可推得楼层连接处水平位移：

$$\Delta_L = \frac{PH_c^2}{60i_c} \tag{5.27}$$

抗侧刚度

$$K_L = \frac{60i_c}{H_c^2} \tag{5.28}$$

式中，i_c 为楼层锚栓线刚度，$i_c = \frac{EI_c}{H_c} = \frac{E\frac{\pi d^4}{64}}{H_c} = \frac{E\pi d^4}{64H_c}$；$H_c$ 为楼层锚栓长度，取 200mm。

经计算可见楼层连接处发生的剪切变形，即为抗拔锚栓产生的横向剪切变形，其值很

小。根据图 4.4 构造对于 c 类锚栓因为采用双螺帽,上下层螺杆受顶底梁的约束限制作用,锚栓上主要产生变形为抗拔件上的自攻螺钉受到拉剪作用,螺钉一经失效,抗拔锚栓即刻倾斜,刚度就会降低很快,根据式(5.9)可知,竖直方向的墙体轴压加速了自攻螺钉的失效,因此墙顶轴压越大,水平力作用下抗拔锚栓发生倾斜越快。墙体总的侧移值 $\Delta=\Delta_1+\Delta_2+\Delta_L$,则其计算公式为式(5.29),式中 k 为单片墙体抗侧刚度。

$$\Delta = \frac{PH_c^2}{60i_c} + \frac{2P}{k} \qquad (5.29)$$

通过式(5.29)可看到,开始加载阶段楼层连接处侧移仅为上下层墙段的位移值,但当加载到后期,锚栓倾斜,抗拔件上的自攻螺钉发生拉剪破坏,即螺钉与孔壁间发生相对滑移,螺钉未被拉脱情形下,反复加载抗拔锚栓往复倾斜,楼层连接处破坏加剧,墙体侧移变大。

(2)同理,当按照规范规定,设有 2 根锚栓时所列出的总的剪力平衡方程见式(5.26),则水平侧移计算为

$$\Delta = \frac{PH_c^2}{24i_c} + \frac{2P}{k} \qquad (5.30)$$

对于 b 类锚栓因采用单螺帽,抗拔件上的自攻螺钉受到拉剪作用,因缺少楼层连接处的约束限制,水平荷载作用下抗拔锚栓会马上发生倾斜,根据式(5.21)可知,竖直方向的墙体轴压越大,自攻螺钉越容易失效。且墙顶轴压越大,水平力作用下抗拔锚栓发生倾斜越快,刚度也会降低很快。

可见对于中间墙体,在楼层连接处不增设加强部件的情况下,采用双螺帽的 c 类抗拔锚栓,有抗拔件底板及顶底梁约束,开始阶段抗拔件上的自攻螺钉承受剪力作用,抗推刚度损失很小,随加载进行楼层连接处水平位移增加,锚栓会发生倾斜,抗拔件上的螺钉承受拉剪力作用,螺钉快速失效,刚度降低很快,且竖向轴压的存在加速了楼层连接处抗拔锚栓的失效。对于按照规范设置的两个 b 类锚栓的墙体,由于缺少楼层连接处顶底梁的约束,锚栓发生倾斜,抗拔件上的自攻螺钉承受拉剪作用,很容易使得螺钉快速失效,造成层间位移超过规范规定限值,且随房屋总高度增加,底层水平剪力增大,易造成楼层连接处部件在剪力作用下的失效。

5.2.3　边墙体抗侧移刚度理论计算

根据构造,双层墙体的抗侧移公式可按照式(5.30)计算。同中间墙体相比,边部墙体楼层连接处抗侧刚度应包括锚栓抗侧刚度及外敷面板抗剪刚度,根据楼层连接处构造,楼层连接处的抗剪刚度计算应包括两个部分,即边梁和边梁外敷的面板。在加载初期,抗拔锚栓抗剪刚度较大,因此其作用明显,楼层连接处水平侧移很小,墙体总侧移主要由上下层墙体侧移产生;但加载到后期锚栓倾斜,抗剪件上的自攻螺钉发生倾斜后,抗侧移刚度仅由边梁及外敷面板提供。

1. 墙面板自身剪切变形计算

图 5.4 为楼层连接处边梁及外覆面板剪力变形示意图，$\tau = G\gamma$，即

$$\frac{P}{Lt} = G\frac{\Delta_p}{H} \tag{5.31}$$

由式(5.31)可知，由于墙体楼层边梁和外敷面板均可承担剪切力，则有

$$\Delta_p = \frac{PH}{Lt_1 G_B} + \frac{PH}{Lt_2 G_S} \tag{5.32}$$

式中，Δ_p 为墙面板自身剪切变形；P 为墙体顶部所受的水平剪力；H 为墙体高度；L 为墙体宽度；t_1 为墙外覆面板厚度；t_2 为边梁厚度；G_B 为墙外敷面板的剪切弹性模量；G_S 为边梁的剪切弹性模量。

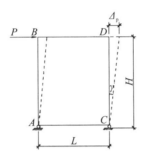

图 5.4　墙面板剪切变形示意图

2. 墙面板上自攻螺钉滑移引起的剪切变形

依据郭鹏等(2010)研究所得，在型钢骨架墙体中，墙面板上自攻螺钉滑移引起的剪切变形 Δ_s 由螺钉的滑移量来计算。往往因为面板尺寸的限值，实际的墙体构造一面墙体由很多块墙面板构成，墙面板与墙面板之间设有拼缝，且每块墙面板周边与内部自攻螺钉间距通常各不相同。为方便公式推导，现将实际墙体等效为只有一块墙面板，螺钉只分布在墙面板的周边，墙面板的长边、短边方向螺钉间距相同，且等于实际情况中所有墙面板的平均螺距，同时假定每个螺钉所受剪力相等且螺钉滑移量相同(图 5.5)。根据以上假定，墙体 H 与 L 之比与相应边螺钉数目之比近似相等。单个螺钉所受剪力为

$$q_s = \frac{P}{n_s} \times \frac{H}{L} \tag{5.33}$$

式中，P 为墙体顶部所受的水平剪力；n_s 为利用墙体各面板的平均螺距推算的沿墙体高度 H 边自攻螺钉个数。

假定在水平力 P 作用下，单个自攻螺钉的滑移量为 S_s，根据外力功与内力功相等的原理，可知 $P\Delta_s = 2q_s S_s n_s + 2q_s S_s \cdot \frac{Ln_s}{H} = 2PS_s\left(\frac{H}{L} + 1\right)$，即

$$\Delta_s = 2S_s\left(\frac{H}{L} + 1\right) \tag{5.34}$$

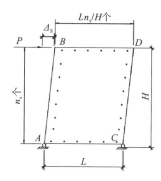

图 5.5　墙面板螺钉滑移引起的剪切变形示意

假定自攻螺钉所受剪力达到连接的最大抗剪承载力 f_s 时，其滑移量为 S_0，则未达到最大受剪承载力时，螺钉滑移量为 S_s，并且假定

$$\frac{S_0}{S_s}=\frac{f_s}{q_s} \tag{5.35}$$

即

$$S_s=\frac{q_sS_0}{f_s}=\frac{PHS_0}{f_sn_sL} \tag{5.36}$$

把式(5.33)及式(5.35)代入式(5.34)得

$$\Delta_s=\frac{2PHS_0}{f_sn_sL}\left(\frac{H}{L}+1\right) \tag{5.37}$$

3. 楼层连接处水平剪切变形计算

楼层连接处抵抗水平抗剪能力包括边梁及面板，其抗剪刚度 K 可以表示为

$$K=\frac{P}{\Delta}=\frac{Lt_1G_B}{H}+\frac{Lt_2G_S}{H}+\frac{f_sn_sL}{2HS_{01}\left(\frac{H}{L}+1\right)}+\frac{f_Bn_sL}{2HS_{02}\left(\frac{H}{L}+1\right)} \tag{5.38}$$

则有

$$\Delta=\frac{P}{K} \tag{5.39}$$

代入相关参量：H=2400mm，L=200mm，t_1=15mm，G_B=1348.72N/mm²，t_2=1mm，G_s=79230.77N/mm²，S_{01}=0.35mm，S_{02}=3.5mm，$f_b=\beta f_c dt_2$=1×205×4.2×1=861 N/mm²，n_s=17个，$f_s=f_B=\beta f_c dt$，石膏板 f_c=8.04N/mm²，欧松板 f_c=25.83N/mm²，钢板 f_c=205N/mm²。

1)多遇地震作用下

(1)欧松板：S_{01}=0.35mm，t_1=15mm，S_{02}=1.5mm，t_2=1mm，代入式(5.39)计算得到 $\Delta=1.17\times10^{-4}P$ mm。

(2)同理当欧松板参数为 t_1=9mm，t_2=1mm，代入式(5.39)得到 $\Delta=1.28\times10^{-4}P$ mm。

(3)石膏板：S_{01}=0.55mm，t_1=8mm，带肋钢板：S_{02}=1.5mm，t_2=1mm，代入式(5.39)，

计算得到 $\Delta = 1.34 \times 10^{-5} P$ mm。

2) 罕遇地震作用下

(1) 欧松板：$S_{01}=1.25$mm，$t_1=15$mm，$S_{02}=3.5$mm，$t_2=1$mm，代入式 (5.39) 计算得到 $\Delta = 1.19 \times 10^{-4} P$ mm。

(2) $t_1=9$mm，$t_2=1$mm，代入式 (5.39) 计算得到 $\Delta = 1.30 \times 10^{-4} P$ mm。

(3) 石膏板：$S_{01}=1.5$mm，$S_{02}=3.5$mm，$t_1=8$mm，$t_2=1$mm，代入式 (5.39) 计算得到 $\Delta = 1.35 \times 10^{-5} P$ mm。

试验中墙体承载力均在 10kN 以上，计算得到墙体位移。根据试验可知，虽然石膏板计算出来的水平侧移值较小，但因其脆性较强，所以加载到罕遇地震作用下的弹塑性变形阶段，楼层连接处石膏板会因剪切作用而破碎，因此建议楼层连接处增设加强部件，减小楼层连接处侧移，避免锚栓发生倾斜后外覆面板失效。

5.3 有限元分析

由于墙架龙骨采用冷弯薄壁型钢材料，而外墙面包括贴面面板(多为欧松板)、硅酸钙板、石膏板，与龙骨间采用自攻螺钉连接。

5.3.1 有限元分析说明

本节所采用的建模方法及材料性能参数同第 3 章，欧松板、硅酸钙板(CSB 板)、石膏板材料属性参考文献(郭鹏等，2010；黄智光，2010)，假定各种墙面板为各向同性材料，具体材料性能参数如表 5.2 所示。

表 5.2 墙面板材料特性

墙面板	弹性模量/(N/mm²)	抗拉强度/(N/mm²)	剪切模量/(N/mm²)	泊松比
欧松板	3500	7.86	1348.72	0.3
硅酸钙板	4313	—	1227.61	0.3
石膏板	1124.70	0.66	1167.95	0.23
钢材	2.06×10^5	235	0.79×10^5	0.3

5.3.2 建模方式及网格划分

墙体的结构构造和连接均比较复杂，为了使各构件间和自攻螺钉与各构件间的节点对应，精确定位各构件和自攻螺钉的节点位置和数量，建模过程采用直接生成法，所建有限元模型见图 5.6。

(a)墙体骨架

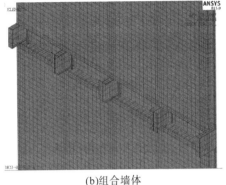
(b)组合墙体

图 5.6   有限元模型

为保证螺钉简化的合理性及网格划分的合理性,墙架柱、顶底梁与面板及组合墙体与楼层梁连接区域的网格划分如图 5.7 所示。

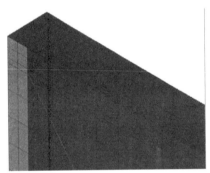
(a)墙架柱、顶底梁与面板连接处理

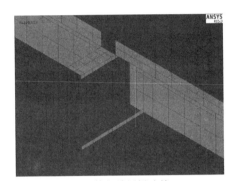
(b)墙体与楼层梁连接

图 5.7   细部网格划分

5.3.3   自攻螺钉简化及耦合处理

双层组合墙体受自攻螺钉的连接成败影响较大,因此螺钉的有限元模拟是墙体模拟成败的关键。结合第 3 章所用简化方法,模型螺钉简化见图 5.8(a),水平外载作用下上下导轨水平同步变形,与试验加载工况一致,见图 5.8(b)(c)。

(a)自攻螺钉耦合

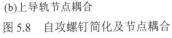
(b)上导轨节点耦合

(c)下导轨节点耦合

图 5.8   自攻螺钉简化及节点耦合

5.3.4　接触处理及边界条件

　　组合墙体中存在大量接触问题，包括构件间、构件与墙体面板间，为了使接触计算易于收敛，不考虑初始几何穿透和偏移的影响，因楼层梁与顶底梁间有大量自攻螺钉存在，且存在大面积接触，试验时作为楼层连接处，该部位产生明显的局部变形，尤其是楼层梁与顶底梁间的接触，因此设置接触对来模拟顶底梁与楼层梁连接处的接触。

　　结合试验加载实际，对上层墙体底梁上节点 x 方向(低周往复加载方向)平动自由度耦合 [图 5.8(b)]，以模拟试验加载时施加于墙顶的顶梁带动墙体一起平动，墙架柱底采用抗拔锚栓固定约束较强 [图 5.8(c)]，因此锚栓底部设置成固接。

5.3.5　破坏模式对比

　　通过应力云图与试件破坏模式对比，试验中板件角部受到的挤压力较大，自攻螺钉有拉开现象，见图 5.9(a)，有限元分析中角部的等效应力最大，见图 5.9(b)；墙体加载到破坏状态，顶底梁左侧和右下角墙体向平面外发生变形，见图 5.9(c)；有限元分析中表现为：导轨右侧和左下角墙体向 z 轴负方向发生位移，由于楼层连接处部件布置不对称，加载时楼层连接处角部墙体发生平面外变形，如图 5.9(d)所示。

(a)试件角部外敷板张开

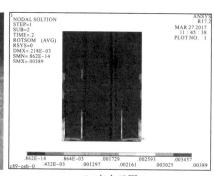

(b)应力云图

(c)墙体外倾

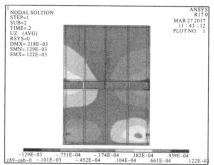

(d)z 轴（平面外）方向位移云图

图 5.9　试件破坏情况对比

5.3.6　承载力特征值对比

表 5.3 为试件试验结果与模拟结果的承载力特征值对比,可看出由于有限元模型中所采用面板材料为参考文献所测数值,计算中有限元计算值比试验值偏小,但偏差小于 10%。通过这些破坏特征和承载力特征值的对比,采用此种处置方法能够模拟双层墙体在往复荷载作用下的抗剪性能,能采用此法开展后续试件的参数化建模分析。

表 5.3　试验值与有限元分析值对比

试件	屈服荷载		极限荷载	
	P_y/kN	Δ_y/mm	P_{max}/kN	Δ_{max}/mm
试验	14.64	18.68	15.58	38.45
有限元	13.73	18.72	15.01	40.00
误差	6.62%	0.23%	3.80%	3.88%

5.4　有限元参数化分析

对影响双层墙体在往复荷载作用下的抗剪性能的影响因素进行参数化分析,根据双层墙体试验结论,结合国内已开展的单层墙体抗剪试验结论,本书通过改变轴压力、面板材料、面板厚度、楼层梁间距等参数,获得影响双层组合墙体抗剪性能的相关量化数据,为墙体抗剪设计提供参考。

5.4.1　轴压力影响分析

墙体轴压力对墙体在往复荷载作用下的抗剪性能影响较大,随房屋总层数增多,墙体轴向压力值将增大,以 W89-OSB-(轴压力)开展试件在不同轴压力作用下的抗剪性能分析,得到在轴压力分别在 0kN、30.2kN、40.3kN、50.4kN 墙体的承载力特征值如表 5.4 所示。可看出,在不同轴压下,承受竖向荷载 30.2kN(3 层)、40.3kN(4 层)、50.4kN(5 层)的极限荷载值比无轴压墙体分别下降 2.94%、4.69% 和 7.51%,说明墙体轴压增大,墙体抗剪承载力将降低,这与试验结论相一致。是因为竖向荷载增加,将使得水平方向外载作用下产生的剪力增大,超过楼层墙体抗剪强度设计值,墙体将会失效破坏,因此应严格限定墙顶轴压力。

表 5.4　不同轴压下荷载、位移特征值对比

试件编号	屈服荷载		极限荷载	
	P_y/kN	Δ_y/mm	P_{max}/kN	Δ_{max}/mm
W89-OSB-0	13.73	18.72	15.01	40.00
W89-OSB-30.2	13.21	19.27	14.57	40.00
W89-OSB-40.3	13.05	17.24	14.30	35.00
W89-OSB-50.4	12.79	17.22	13.88	35.00

5.4.2　面板材料影响分析

墙体在往复荷载作用下，面板材料承受剪切力的作用，因此其脆性性能对墙体抗破坏的能力影响较大，面板材料性能如表 5.5 所示。以墙架柱 W89-面板-30.2 为例，得到面板材料分别为欧松板、石膏板和硅酸钙板时墙体的承载力特征值，可知有面板时明显比龙骨组成的墙架承载力高，说明面板的蒙皮作用明显，这与国内外相关研究结论一致。欧松板、硅酸钙板与石膏板的极限荷载值相比，分别提高 5.16% 和 8.87%，在所考察的面板范围内，外覆面板强度越高，组合墙体抗剪承载力也越高。

表 5.5　不同材料墙面板下荷载、位移特征值对比

试件编号	屈服荷载		极限荷载	
	P_y/kN	Δ_y/mm	P_{max}/kN	Δ_{max}/mm
W89-WU-30.2	2.06	21.90	2.40	45.00
W89-OSB-30.2	13.73	18.72	15.01	40.00
W89-CSB-30.2	14.07	18.20	15.37	35.00
W89-石膏板-30.2	13.51	19.33	14.83	40.00

5.4.3　面板厚度影响分析

组合墙体具有明显的蒙皮效应，因此面板厚度是影响墙体承载力的重要因素，以欧松板为例，面板厚度见表 5.6。以墙架柱 W89-面板厚度-30.2 为例，得到面板厚度分别为 10mm、16mm、20mm 时墙体的承载力特征值见表 5.6。16mm 板、20mm 板与 10mm 板屈服荷载值相比上升 12.25% 和 23.23%，极限荷载值相比上升 13.12% 和 20.85%，面板厚度越大，墙体承载力提高越明显。

表 5.6　不同面板厚度墙体承载力特征值对比

试件编号	屈服荷载		极限荷载	
	P_y/kN	Δ_y/mm	P_{max}/kN	Δ_{max}/mm
W89-10-30.2	13.73	18.72	15.01	40.00
W89-16-30.2	15.44	17.20	16.98	35.00
W89-20-30.2	16.92	15.32	18.14	35.00

5.4.4　楼层梁间距影响分析

楼层梁数量对双层墙体承载性能影响较大，梁数量的增多，能够提高楼层连接处梁的抗压能力，进而提高墙体在往复荷载作用下的抗剪承载力。以 W89-0.8-30.2 为基础，改变楼层梁间距为 800mm、1000mm、1200mm，楼层梁、加劲件、刚性支撑均采用 C205×40×10×1。计算所得主要承载力特征值如表 5.7 所示，可知增加了楼层梁数量的组合墙体与楼层梁 1200mm 墙体比，屈服荷载值相比分别上升 9.28%、14.41%，极限荷载值上升 3.92%、5.82%，因为增加楼层梁数量也即增加了楼层梁的抗压面积，在往复荷载下楼层梁变形减小，墙体抗剪承载力略有提高。

表 5.7　不同楼层梁数量下荷载、位移特征值对比

试件编号	屈服荷载		极限荷载	
	P_y/kN	Δ_y/mm	P_{max}/kN	Δ_{max}/mm
W89-1.2-30.2	13.04	13.18	15.29	40.00
W89-1.0-30.2	14.25	13.75	15.89	40.00
W89-0.8-30.2	14.92	14.01	16.18	40.00

5.5　本　章　小　结

(1) 对于中间墙体承载力，加载过程中楼层连接处抗拔锚栓会发生倾斜，抗拔件上的自攻螺钉承受拉剪作用。当采用 5 个 c 类锚栓时，双螺帽在上下楼层连接处的顶底梁及抗拔件底板对锚栓的约束作用，会使得螺钉仅承受剪力作用，延缓了抗拔件上螺钉的失效。加载到大位移阶段由于抗拔件会同锚栓一起发生倾斜，很容易造成螺钉在拉剪作用下发生拉脱破坏，楼层连接处承载力会快速降低。

(2) 边墙体加载到后期抗拔锚栓倾斜角度增大，导致螺钉拉脱失效后，楼层梁截面较高，易发生压屈破坏，承载力会降低很快，且面板受到竖向轴压力作用，偏心作用明显。面板处于复杂应力状态，容易发生开裂破坏，尤其对于石膏板或硅酸钙板等脆性材料。

(3) 对设有 5 个双螺帽锚栓的墙体，在加载初期螺钉仅承受剪力作用，加载到大位移

阶段，螺钉承受拉剪作用，连接件承载力降低极快，仅可延缓抗拔锚栓上自攻螺钉的失效。螺钉一经失效楼层连接处墙体的破坏会很快，因此最有效的方法是在楼层连接处增设加强部件，且计算表明竖向轴压的存在会加速楼层连接处抗拔锚栓的失效。

(4)按照规范设置2个锚栓的墙体，由于缺少楼层连接处顶底梁的约束，锚栓会发生倾斜，抗拔件上的自攻螺钉承受拉剪作用，很容易导致螺钉快速失效，造成层间位移超过规范规定限值，且随房屋总高度增加，底层水平剪力增大，容易造成底部楼层连接处抗拔锚栓完全破坏。

(5)采用脆性较强的石膏板或者硅酸钙板作为面板，由于结构布置不对称及加载偏心影响，楼层连接处容易发生面板开裂，加速墙体的破坏。面板材料及面板厚度对墙体抗剪承载力及刚度影响明显，而龙骨截面高度及强度对承载力及刚度影响不明显，原因是破坏时发生在楼层连接处，墙段自身性能未能得到充分发挥，因此设计应用时应采取加设层间加强部件的方式，加强楼层连接处的抗破坏能力，使得结构设计以单层墙体的破坏作为结构设计的破坏准则，和规范中规定的墙体抗剪承载力相一致。

(6)采用ANSYS分析软件对墙体进行模拟分析，分析结果与试验结果吻合较好，能用此方法开展墙体的参数化建模分析。对影响双层组合墙体抗剪性能的影响因素进行参数化建模分析，包括轴压力、墙架柱截面高度、面板材料及厚度、楼层梁间距等多个因素，获得影响组合墙体抗剪性能的量化数据；在计算范围内轴压力、墙架柱截面高度、面板材料、面板厚度对承载力影响较大，而楼层梁间距对承载力影响较小。

参 考 文 献

郭鹏，何保康，周天华，等，2010.冷弯型钢骨架墙体抗侧移刚度计算方法研究[J].建筑结构学报，31(1)：1-8.

黄智光，2010.低层冷弯薄壁型钢房屋抗震性能研究[D].西安：西安建筑科技大学.

李元齐，马荣奎，何慧文，2014.冷弯薄壁型钢与结构用OSB板自攻螺钉连接性能试验研究[J].建筑结构学报，35(5)：48-56.

李元齐，帅逸群，沈祖炎，等，2015.冷弯薄壁型钢自攻螺钉连接抗拉性能试验研究[J].建筑结构学报，36(12)：143-151.

秦雅菲，张其林，秦中慧，等，2006.冷弯薄壁型钢墙柱骨架的轴压性能试验研究和设计建议[J].建筑结构学报，27(3)：34-41.

闫维明，慕婷婷，谢志强，等，2018.装配式冷弯薄壁型钢结构中4种连接的抗剪性能试验研究[J].北京工业大学学报，44(8)：1101-1108.

中华人民共和国建设部，2003.冷弯薄壁型钢结构技术规范:GB 50018—2002[S].北京：中国计划出版社.

中华人民共和国住房和城乡建设部，2011.低层冷弯薄壁型钢房屋建筑技术规程:JGJ 227—2011[S].北京：中国建筑工业出版社.

Bai J L，Ou J P，2011. Seismic failure mode improvement of RC frame structure based on multiple lateral load patterns of pushover analyses [J]. Science China Technological Sciences，54(11)：2825-2833.

Chu Y P，He X R，Yao Y，2020a. Experimental research on the shear performance of the two-storey composite cold-formed thin-walled steel wall[J]. KSCE Journal of Civil Engineering，24(2)：537-550.

Chu Y P, Hou H J, Yao Y, 2020b. Experimental study on shear performance of composite cold-formed ultra-thin-walled steel shear wall [J]. Journal of Constructional Steel Research, 172:1-11.

第6章 地震作用下多层房屋简化设计方法

多层超薄壁冷弯型钢结构房屋的主承力部件为组合墙体,因此对结构抗震性能分析需建立在组合墙体简化分析的基础上。国内学者(Dong et al., 2004;黄智光,2010;沈祖炎等,2013;吴函恒等,2013;马荣奎和李元齐,2014;周绪红等,2017)通过采用 SAP2000 建立整体结构简化分析模型,每片墙体采用 Pivot 连接单元来模拟,通过模拟结果与试验结果对比,获得在多遇水平地震作用下可采用底部剪力法进行结构分析,罕遇地震作用下由加速度时程曲线对比可看出,分析结果与试验结果的大小和变化规律基本一致,且得到简化分析模型的计算误差在工程允许的范围内,能较好地应用于低层房屋的弹塑性地震反应分析。

6.1 结构地震反应分析及模型简化

6.1.1 地震反应分析方法

在分析结构的弹塑性地震反应时,由黄智光(2010)分析此类低层房屋时所做的假定,根据结构的惯性力、阻尼力和恢复力的平衡关系建立弹塑性地震反应计算分析的动力方程 [式(6.1)],对于多层房屋同样适用。

$$[M]\{\ddot{X}\}_n + [C]\{\dot{X}\}_n + [K]\{X\}_n = -[M]\{\ddot{Z}_0\}_n \tag{6.1}$$

式中,$[M]$ 为质量矩阵;$[C]$ 为阻尼矩阵;$[K]$ 为刚度矩阵;$\ddot{Z}_0$ 为地面运动加速度;$\ddot{X}$、$\dot{X}$、X 分别为结构相对地面的加速度、速度、位移。

由于该方程中地震动加速度不能用数学表达式表达,因此方程式无法用解析方法求解,只能把地震动加速度时程曲线按很小的时段划分,运用数值模拟方法获得各个时刻的地震反应,本章主要采用该方法进行房屋地震反应分析。

6.1.2 等代拉杆刚度计算推导

为获得 SAP2000 中 Pivot 非线性连接单元的参数,要由单层墙体低周往复加载的荷载位移(P-Δ)曲线所得的骨架曲线，转换成斜向 Pivot 单元上的力-位移曲线中的骨架曲线（图 6.1），转化过程如下：组合墙体和等代拉杆模型在顶部水平力 P 作用下的侧移分别为 Δ_Q 和 Δ_B，此时等代拉杆模型的点 C、D 分别移至 C_1、D_1，过点 D_1 做垂线与 AD 的延长线交于 D_2，则 AD 杆伸长量约等于 DD_2，刚度推导见式(6.2)～式(6.4)。

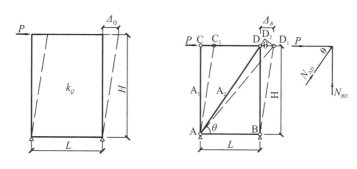

图 6.1　墙体等代拉杆刚度推导

$$N_{AD} = P/\cos\theta \tag{6.2}$$

$$\Delta_{AD} = DD_2 = \Delta_Q \cdot \cos\theta \tag{6.3}$$

$$k_{AD} = \frac{N_{AD}}{\Delta_{AD}} = \frac{P/\cos\theta}{\Delta_Q \cdot \cos\theta} = \frac{k_Q}{\cos^2\theta} \tag{6.4}$$

式中，k_{AD} 为斜拉杆 AD 的刚度，其中 P、Δ_Q 通过组合墙体低周往复加载试验得到，进而获得 AD 杆的轴向拉压特征值，连线即可获得恢复力骨架曲线模型，将其用于简化力学分析模型的 Pivot 连接单元中。

6.1.3　多层房屋简化分析模型的建立

由黄智光(2010)进行的墙体非线性简化分析方法可知，冷弯薄壁型钢墙体可近似等效为等代拉杆模型，其中拉杆用 SAP2000 中的 Pivot 连接单元代替。能够将简化墙体按照振动台模型进行相应组装，得到房屋的简化计算模型，建模方法说明如下。

(1)组合墙体按照黄智光(2010)所述方法进行简化模拟，墙体的抗侧能力和滞回性能完全由 Pivot 单元实现，杆件只承受轴向力作用，通过第 4 章的双层组合墙体试验及已有的研究文献可知，墙体在往复荷载作用下，破坏主要发生在楼层连接处，墙体在往复荷载作用下层内斜向钢拉带应变数值较大，发挥作用明显，因此采用此方法完全可行。

(2)通过第 3 章组合墙体-楼板节点在往复荷载作用下的抗震性能试验，获得节点的刚度及模型破坏情况，楼层连接处顶底梁与墙架柱间连接的自攻螺钉失效后，规程推荐节点的抗拔锚栓依然可承载，节点刚度降到最低，但不会发生完全拉坏。因此依照欧洲规范 EC3 的相关规定，连接属于铰接范畴，因此对于受力全过程，楼层连接处可简化为铰接。通过第 4 章双层组合墙体抗剪试验可知，强震作用下楼层连接处简化为铰接，可通过抗拔锚栓使用双螺帽的方式予以保证。

（3）由第 3 章试验可知，采用 15mm 欧松板覆在龙骨上构成的组合楼板在试验过程中沿楼板面内的变形可忽略不计，具有较大的面内刚度，为简化分析，可将 C 型楼层梁和屋架用两根对角布置的刚性杆代替，仅保留楼板和屋面板。

（4）试验中上下层墙体间设置有层间斜向拉带，面内设置层内钢拉带，由第 4 章双层墙体抗剪试验可知，水平荷载作用下层间钢拉带应变数值增大较快，对保证房屋的整体性能发挥了重要作用，上下层墙体间的楼层连接处为整体房屋的抗剪薄弱层，层间钢拉带能够协调上下层协同受力，因此建模时对钢拉带进行模拟，并作为提高抗震性能的关键部件存在。

（5）由第 4 章双层墙体试验结论中破坏特征可知，墙体在试验拆除面板后发现墙架龙骨损伤很小，可忽略不计，为了保证数值模型中墙架立柱和导轨杆件在分析时具有足够的刚度，将墙体龙骨及导轨梁的弹性模量放大 100 倍。

6.2   有限元模拟验证

黄智光（2010）进行的 1∶1 组合墙体试件，型号为 C9010（C 为截面形式，90 为腹板高度，10 为厚度），导轨型号为 P9016，横撑型号为 P9010。石膏板厚度为 10mm，欧松板厚度为 12mm。采用自攻螺钉连接，钢构件截面见图 6.2 及表 6.1。龙骨分为双柱截面（两根 C 型钢背靠背用自攻螺钉连接）和单柱截面（单根 C 型）两种。墙体又分为带斜支撑、无斜支撑、开洞有斜撑及开洞无斜撑四种。

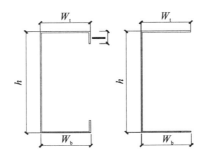

图 6.2   钢构件截面形式

表 6.1   龙骨构件截面尺寸

型号	用途	h/mm	W_t/mm	W_b/mm	t/mm	l/mm
C9010	立柱、斜撑	89.0	35	33	1.00	10.6
P9016	上下导轨	92.2	41.5	41.5	1.00	0
P9010	横撑	90.2	41.3	41.3	1.00	0

由于本章算例中房屋需要用到 4 种墙体方可完成房屋结构设计,因此对其在往复荷载作用下的抗剪性能进行模拟。试件的分类、编号和加载方式见表 6.2,墙体详细细部构造参数见文献(黄智光,2010)。

表 6.2　墙体试件

类别	编号	试件描述	加载方式		试件参数 (长×高)/m
			竖向力/kN	荷载性质	
第一类	WSC-1	单柱、普通、有斜撑	45		2.682×5.1
	WSO-1	单柱、开洞、有斜撑	45		2.682×4.92
第二类	WDC-1	双柱、普通、有斜撑	70	低周往复荷载	2.682×5.1
	WDO-1	双柱、开洞、有斜撑	70		2.682×4.92

注:其中第一个字母 W 表示双面覆板墙体;第二个字母 D 表示墙体立柱为双柱,S 表示墙体立柱为单柱;第三个字母 C 表示普通墙体,O 表示开洞墙体;最后一个数字 1 表示有斜撑墙体,2 表示无斜撑墙体。

利用等代拉杆法对墙体进行简化,并运用 Pivot 非线性连接单元进行墙体恢复力特性的模拟。Pivot 模型由 Robert K. Dowell 等人提出,可考虑构件刚度变化。Pivot 定义的坐标系中, OP_4 和 OP_2 为正向和反向加载时的弹性线, P_1 、 P_2 、 P_3 、 P_4 、 PP_2 、 PP_4 为 Pivot 点,各象限内的加卸载路径由 Pivot 荷载特征点(组合墙体恢复力骨架曲线特征值)控制,如图 6.3 所示。

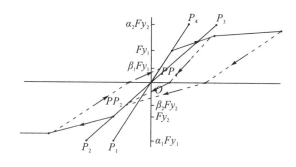

图 6.3　Pivot 滞回模型

α_1 、 β_1 、 α_2 、 β_2 为 Pivot 模型的基本参数(图 6.3)。 α_1 指定荷载从正值卸载到零的控制点位置, α_2 指定荷载从负值卸载到零的控制点位置, β_1 指定荷载从零加载至正值的控制点位置, β_2 指定荷载从零反向加载至负值的控制点位置。双柱墙体 Pivot 参数取 $\alpha_1 = \alpha_2 = 10$ 、 $\beta_1 = \beta_2 = 0.1$;单柱墙体 Pivot 参数取 $\alpha_1 = \alpha_2 = 10$ 、 $\beta_1 = \beta_2 = 0.15$,不考虑模型修正。

在 SAP2000 中定义非线性工况来模拟组合墙体,并采用位移加载,级差为 10mm,每级循环三周,加载制度与试验相同,模拟所得的荷载-位移曲线如图 6.4 所示。可知模拟曲线没有试验曲线平滑,但模拟曲线可以模拟墙体的"捏拢"现象,能够表征出墙体自攻螺钉失效及面板破坏所造成的累计损伤,此点与试验结论相符。采用 Pivot 模型模拟墙体抗剪性能是对墙体的有效简化,可采用此法来模拟房屋整体结构动力性能。

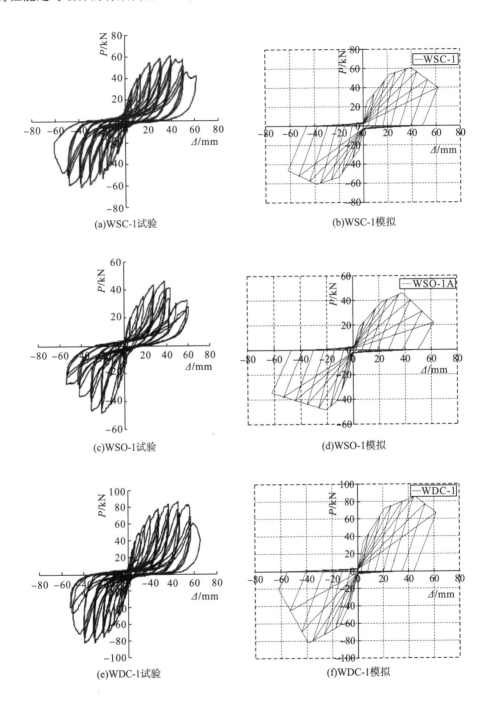

(a)WSC-1试验　　　　　　　　　　　　　(b)WSC-1模拟

(c)WSO-1试验　　　　　　　　　　　　　(d)WSO-1模拟

(e)WDC-1试验　　　　　　　　　　　　　(f)WDC-1模拟

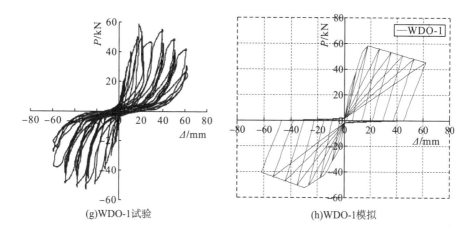

(g)WDO-1试验   (h)WDO-1模拟

图 6.4 模拟与试验 P-Δ 曲线对比

6.3 多层房屋地震反应简化分析

以某多层房屋住宅平面建筑布置见图6.5，建立4～6层层高均为3m的模型，采用墙体简化方法，墙体抗侧力和滞回性能由Pivot单元实现，尺寸采用黄智光(2010)提出的墙体数据进行建模，参看图6.5的特征值。根据工程实际及抗震设计规范相关规定，楼板和屋盖满足平面内刚度无限大要求。模型中荷载取值为：楼面恒载1.42kN/m²，活载2.00kN/m²，屋面恒载0.42kN/m²，屋面活载0.50kN/m²。恒载及活载通过面荷载形式施加在楼(屋)面板上，根据技术规程上的相关规定，组合墙体选用表6.2的墙体，墙体结构布置如图6.6所示。

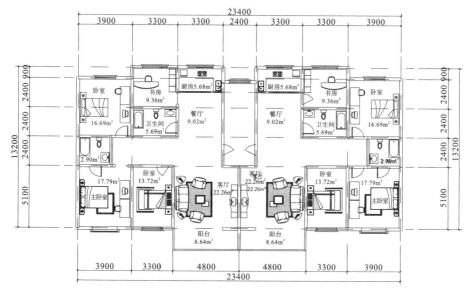

图 6.5 建筑平面布置图

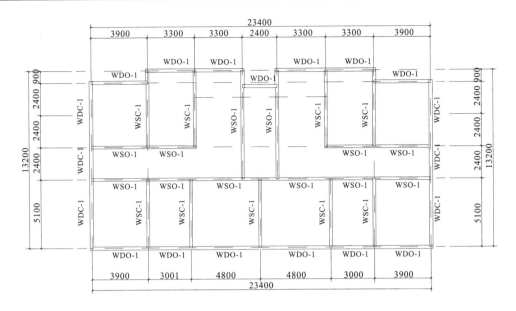

图 6.6　墙体结构平面布置图

6.3.1　地震波的选择

　　不同的地震作用及不同的场地条件所采用的地震波也应不同。本书在选择地震波时综合考虑结构的所在场地，根据我国《建筑抗震设计规范》(GB 50011—2010)(中华人民共和国住房和城乡建设部，2010)中 5.1.2 条有关选地震波原则的规定，选择了适合 II 类场地特征的地震波：在房屋模型中分别输入 7~9 度多遇加载工况时的 ElCentro 波，分析房屋的线性动力反应。

　　对不同烈度地区(7~9 度)罕遇地震进行弹塑性时程分析，所用地震加速度时程曲线的最大值按最不利考虑，分别输入峰值加速度 310cm/s²(7 度 0.15g 地区)、510cm/s²(8 度 0.2g 地区)、620cm/s²(9 度地区)的迁安波、ElCentro 波和 Taft 波进行分析，时间间隔 Δt 为 0.02s，输入地震波持续时间 10s，输入的地震波峰值见表 6.3，如有括号则输入的均为括号内的值。

表 6.3　时程分析所用地震加速度时程最大值　　　　　　　　　(单位：cm/s²)

地震影响	6 度	7 度	8 度	9 度
多遇地震	18	35(55)	70(110)	140
罕遇地震	125	220(310)	400(510)	620

注：括号内数值分别用于设计基本地震加速度为 0.15g 和 0.30g 的地区。

6.3.2 结构自振周期与阵型

1. 结构自振周期

对采用此平面布置的 4~7 层房屋进行模态分析，得到结构的前三阶振型及周期，详见表 6.4。根据式 (6.5) 计算得到 4~6 层结构的特征周期与简化模型得到的第一周期进行比较，差值均在 10% 以内，验证了采用此简化分析的可行性。日本和美国在多次实测基础上得到该类房屋的自振周期计算公式分别为式 (6.5) 及式 (6.6)，(H 为基础顶面到建筑物最高点的高度，单位为 m)。

$$T = 0.03H \tag{6.5}$$
$$T = 0.05H^{\frac{3}{4}} \tag{6.6}$$

表 6.4　结构自振周期　　　　　　　　　　　　　　　(单位：s)

房屋层数	4 层	5 层	6 层
计算周期	0.36	0.45	0.54
一阶振型	0.35 (3.6%)	0.46 (2.2%)	0.58 (7.4%)
二阶振型	0.33	0.36	0.54
三阶振型	0.28	0.36	0.47

注：一阶振型括号内数值代表其和公式计算周期的差值比值。

根据《低层冷弯薄壁型钢房屋建筑技术规程》(JGJ 227—2011) (中华人民共和国住房和城乡建设部，2011)，结构在计算水平地震作用时，阻尼比取 0.03，基本自振周期为

$$T = (0.02 \sim 0.03)H \tag{6.7}$$

2. 结构振型

有限元整体结构平面布置图及简化分析模型如图 6.7 所示，以下分析的 x、y 坐标皆按照图 6.7(a) 进行。分析时柱底简化为固定支座，杆件间简化为铰接，斜杆采用 Pivot 单元模拟。模态分析得到 4~6 层房屋的前三阶振型，所有阵型均为一阶 y 方向平动，二阶 x 方向的平动，三阶结构扭转振动，由振型图可知房屋具有较好的整体性，结构前 3 阶振型如图 6.8 所示。

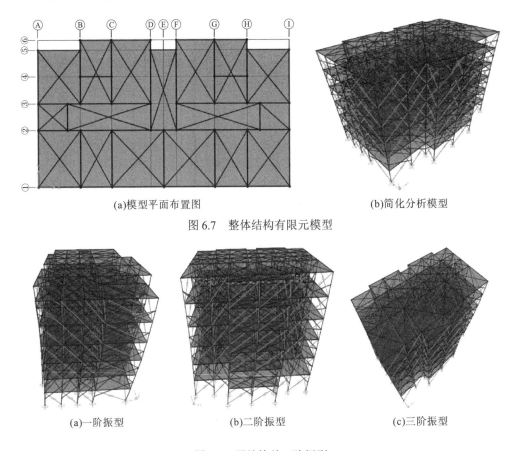

(a)模型平面布置图   (b)简化分析模型

图 6.7　整体结构有限元模型

(a)一阶振型   (b)二阶振型   (c)三阶振型

图 6.8　层结构前三阶振型

6.3.3　加速度时程曲线分析

　　图 6.9～图 6.11 为输入 El-Centro 地震波时，4～6 层结构在 7～9 度多遇地震作用下，结构的加速度反应时程曲线，加速度单位为 cm/s^2。由以上不同加速度峰值地震波作用下的结构加速度时程曲线可以看出：①同一地震波下，结构的加速度随输入波峰值的增大而增加，反应曲线的波形基本保持一致，曲线逐渐由密变疏，表明结构周期略有增加。②随房屋层数增加，输入相同地震波峰值下反应的加速度在增大。

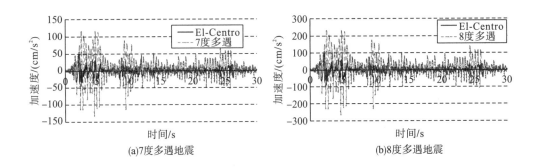

(a)7度多遇地震   (b)8度多遇地震

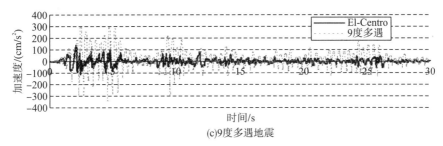

(c)9度多遇地震

图 6.9 4　层房屋多遇地震作用下反应加速度

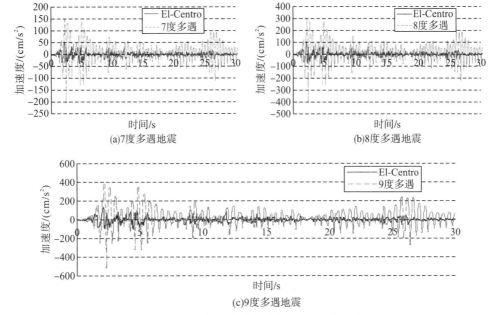

(a)7度多遇地震　　　　　　　　　　　　(b)8度多遇地震

(c)9度多遇地震

图 6.10　5 层房屋多遇地震作用下反应加速度

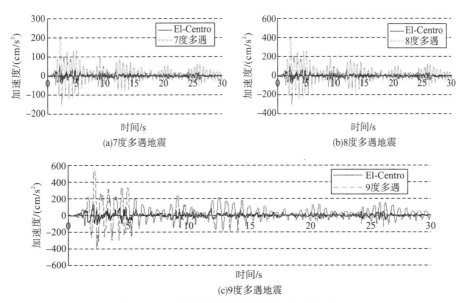

(a)7度多遇地震　　　　　　　　　　　　(b)8度多遇地震

(c)9度多遇地震

图 6.11　6 层房屋多遇地震作用下反应加速度

6.3.4　有限元分析与底部剪力法计算结果对比

提取数值模型中各 Pivot 连接单元和层间钢拉带的轴力，然后根据杆件角度，把轴力进行分解和叠加，得到房屋在不同工况下的层间地震剪力。房屋总高度小于 40m，沿高度方向无刚度突变，平面布置规则，则可采用底部剪力法计算地震作用下产生的水平地震作用力。

Ⅱ类场地，设计地震分组为第二组，T_g=0.40s，阻尼比 ξ=0.04，楼面恒载 1.42kN/m²，活载 2.00kN/m²，屋面恒载 0.42kN/m²，活载 0.5kN/m²。取房屋所在地区的抗震设防烈度为 8 度，设计地震分组为第一组，Ⅱ类场地，查表可知特征周期 T_g=0.35s，水平地震影响系数最大值 $\alpha_{max}=0.16$。根据白噪声扫描结果可知，结构阻尼比 ξ 为 0.023，自振周期最大为 0.198。

阻尼比调整系数 $\eta_2=1+\dfrac{0.05-\xi}{0.06+1.7\xi}=1.272$。

水平地震系数 $\alpha=\eta_2\alpha_{max}=1.272\times0.16=0.20359$。

依据石宇(2008)所述的可采用底部剪力法计算各层剪力，具体计算过程采用《建筑抗震设计规范》(GB 50011—2010)(中华人民共和国住房和城乡建设部，2010)所述计算方法。

$$G_{楼}=(23.4\times12.3+0.9\times6.6\times2+1.8\times9.6)\times1.42+0.5\times(23.4\times12.3+0.9\times6.6\times2$$
$$+1.8\times9.6)\times2=767.0916\text{kN}$$

$$G_{屋}=(23.4\times12.3+0.9\times6.6\times2+1.8\times9.6)\times0.42+0.5\times(23.4\times12.3+0.9\times6.6\times2$$
$$+1.8\times9.6)\times0.5=212.3766\text{kN}$$

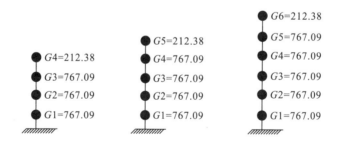

图 6.12　各层房屋重力荷载代表值(kN)

1.　4 层房屋计算

(1) 7 度多遇地震。

T=0.34729，$\alpha_1=\alpha_{max}=0.12$，$\eta_2=1+\dfrac{0.05-0.04}{0.08+1.6\times0.04}=1.069$，

$\alpha_1 = \eta_2 \alpha_{\max} = 1.069 \times 0.12 = 0.128$ ，　　$G_{eq} = 0.85 \times (767.09 \times 3 + 212.38) = 2139.60\text{kN}$ ，

$F_{EK} = \alpha_1 G_{eq} = 0.128 \times 2136.6 = 273.48\text{kN}$ 。

(2) 8 度多遇地震。

$\alpha_{\max} = 0.24$ ，　$\eta_2 = 1.069$ ，　$\alpha_1 = \eta_2 \alpha_{\max} = 1.069 \times 0.24 = 0.256$ ，　$G_{eq} = 2136.60(\text{kN})$ ，

$F_{Ek} = \alpha_1 G_{eq} = 0.256 \times 2136.6 = 546.97\text{kN}$ 。

(3) 9 度多遇地震。

$\alpha_{\max} = 0.32$ ，　$\eta_2 = 1.069$ ，　$\alpha_1 = \eta_2 \alpha_{\max} = 1.069 \times 0.32 = 0.3421$ ，　$G_{eq} = 2136.60(\text{kN})$ ，

$F_{Ek} = \alpha_1 G_{eq} = 0.342 \times 2136.6 = 730.72\text{kN}$ 。

2. 5 层房屋计算

(1) 7 度多遇地震。

$T = 0.53392 > T_g = 0.4$ ，

$$\eta_2 = 1 + \frac{0.05 - \xi}{0.08 + 1.6 \times \xi} = 1 + \frac{0.05 - 0.04}{0.08 + 1.6 \times 0.04} = 1.069$$ ，

$$\gamma = 0.9 + \frac{0.05 - \xi}{0.3 + 6\xi} = 0.9 + \frac{0.05 - 0.04}{0.3 + 6 \times 0.04} = 0.919$$ ，

$$\alpha_1 = \left(\frac{0.4}{0.53392} \right)^{0.919} \times 1.069 \times 0.12 = 0.81982 \times 0.12 = 0.09841$$ ，

$G_{eq} = 0.85 \times (767.09 \times 4 + 212.38) = 2788.629\text{kN}$ ，

$F = \alpha_1 G_{eq} = 0.09838 \times 2788.629 = 274.35\text{kN}$ 。

(2) 8 度多遇地震。

$\eta_2 = 1.069$ ，　$\gamma = 0.919$ 。

$$\alpha_1 = \left(\frac{0.4}{0.53392} \right)^{0.919} \times 1.069 \times 0.24 = 0.1968$$ ，

$G_{eq} = 2788.629(\text{kN})$ ，

$F = \alpha_1 G_{eq} = 0.1968 \times 2788.629 = 548.802\text{kN}$ 。

(3) 9 度多遇地震。

$$\alpha_1 = \left(\frac{0.4}{0.53392} \right)^{0.919} \times 1.069 \times 0.32 = 0.2623$$ ，

$F = \alpha_1 G_{eq} = 0.2623 \times 2788.629 = 731.46\text{kN}$ 。

3. 6 层房屋计算

(1) 7 度多遇地震。

$T = 0.64487 > T_g = 0.4$ ，

$$\alpha_1 = \left(\frac{0.4}{0.64487} \right)^{0.919} \times 1.069 \times 0.12 = 0.0827$$ ，

$G_{eq} = 0.85 \times (767.09 \times 5 + 212.38) = 3440.6555\text{kN}$,

$F = \alpha_1 G_{eq} = 0.0827 \times 3440.6555 = 284.54\text{kN}$ 。

（2）8 度多遇地震。

$\alpha_1 = \left(\dfrac{0.4}{0.64487}\right)^{0.919} \times 1.069 \times 0.24 = 0.1654$, $G_{eq} = 3440.6555\text{kN}$,

$F = \alpha_1 G_{eq} = 0.1654 \times 3440.6555 = 569.08\text{kN}$ 。

（3）9 度多遇地震。

$\alpha_1 = \left(\dfrac{0.4}{0.64487}\right)^{0.919} \times 1.069 \times 0.32 = 0.2206$, $G_{eq} = 3440.6555\text{kN}$,

$F = \alpha_1 G_{eq} = 0.2206 \times 3440.6555 = 759.01\text{kN}$ 。

通过以上计算并结合有限元分析结果，得到 7～9 度多遇地震作用下房屋底层最大剪力与采用底部剪力法计算的对比结果，如表 6.5 所示，可看到 4 层房屋计算值与分析值差值很小，但 5 层、6 层房屋分析值比计算值高 20%左右，这与石宇（2008）的研究结论相似，主要原因是多层房屋高阶振型的影响导致，因此 4 层房屋在多遇地震作用下的抗震性能计算可采用底部剪力法。

表 6.5　剪力分析与计算结果对比

层数	地震波描述	地震影响	分析值	计算值	对比
4	EL 波 x 向主振	7 度多遇	276.37	273.48	1.01
		8 度多遇	552.57	546.97	1.01
		9 度多遇	703.29	730.72	0.96
	EL 波 y 向主振	7 度多遇	265.71	273.48	0.97
		8 度多遇	531.26	546.97	0.97
		9 度多遇	676.17	730.72	0.92
5	EL 波 x 向主振	7 度多遇	331.74	274.35	1.21
		8 度多遇	663.22	548.80	1.21
		9 度多遇	898.66	731.46	1.23
	EL 波 y 向主振	7 度多遇	378.57	274.35	1.38
		8 度多遇	656.85	548.80	1.20
		9 度多遇	817.83	731.46	1.12
6	EL 波 x 向主振	7 度多遇	341.27	284.54	1.20
		8 度多遇	682.2	569.08	1.20
		9 度多遇	877.37	759.01	1.16
	EL 波 y 向主振	7 度多遇	323.99	284.54	1.14
		8 度多遇	647.65	569.08	1.14
		9 度多遇	833.4	759.01	1.10

6.3.5　多遇地震作用下结构响应分析

《装配式钢结构建筑技术标准》(GB 51232—2016)、《建筑抗震设计规范》(GB 50011
—2010)规定在多遇地震标准值作用下，弹性层间位移角不宜大于 1/250 的限值要求。在
房屋模型中分别输入 7～9 度多遇地震加载工况时的 El-Centro 波，分析房屋的线性动力反
应，4～6 层房屋加速度、顶层位移角、层间位移角值如表 6.6～表 6.8 所示，并将计算结
果与相关规范进行对比。可看到：①随地震波输入峰值增大，层间位移角变大，但随层数
增多，层间位移角并未随层数增多而变大，因抗侧刚度未改变，所以层间位移角变化很小；
层间位移角均小于规范规定限值，结构在弹性状态工作。②随地震波输入峰值增大，加速
度随之增大，但随层数增多，加速度并未随之变大。

表 6.6　4 层房屋多遇地震作用计算结果

地震响应	加速度		顶层位移角		层间位移角	
	x 向	y 向	x 向	y 向	x 向	y 向
7 度	155.62	133.23	1/2850	1/3085	1/1546	1/1210
8 度	311.14	266.38	1/1427	1/1540	1/773	1/606
9 度	396.00	339.04	1/1120	1/1211	1/607	1/476

表 6.7　5 层房屋多遇地震作用计算结果

地震响应	加速度		顶层位移角		层间位移角	
	x 向	y 向	x 向	y 向	x 向	y 向
7 度	230.58	215.97	1/1182	1/1105	1/711	1/668
8 度	461.00	431.79	1/591	1/553	1/355	1/334
9 度	586.75	549.56	1/465	1/435	1/279	1/262

表 6.8　6 层房屋多遇地震作用计算结果

地震响应	加速度		顶层位移角		层间位移角	
	x 向	y 向	x 向	y 向	x 向	y 向
7 度	215.22	202.43	1/1047	1/1082	1/794	1/728
8 度	430.31	404.74	1/524	1/541	1/396	1/364
9 度	547.68	515.14	1/411	1/425	1/312	1/286

6.4 罕遇地震作用下结构响应分析

低层超薄壁冷弯型钢结构房屋振动台试验表明,罕遇地震作用下结构的水平刚度有较大削弱,但无倒塌危险,具有很好的抗震能力。

6.4.1 加速度响应及分析

由以上不同加速度峰值地震波作用下的结构加速度时程曲线可以看出同一地震波下,结构的加速度随地震波峰值的增大而增加,反应曲线的波形基本保持一致。根据《建筑抗震设计规范》(GB 50011—2010)(中华人民共和国住房和城乡建设部,2010),地震加速度时程的最大峰值如表 6.3 所示。

不同加速度峰值地震波作用下的结构加速度时程曲线见图 6.13~图 6.15,可看出:同一地震波下,结构的加速度随地震波峰值增大而增加,反应曲线的波形基本保持一致。

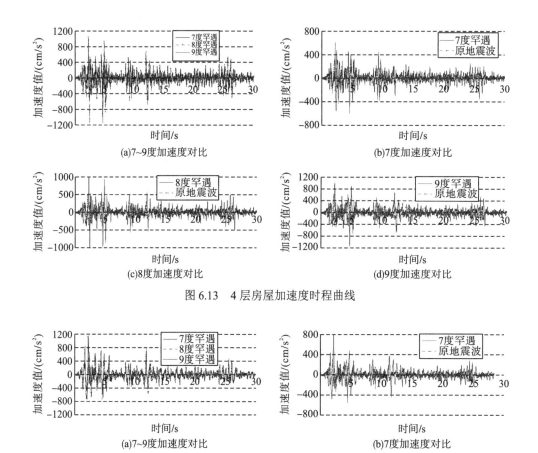

图 6.13 4 层房屋加速度时程曲线

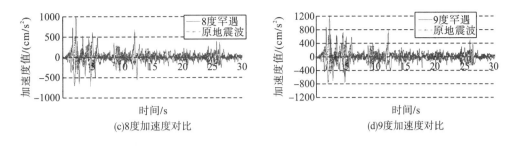

图 6.14　5 层房屋加速度时程曲线

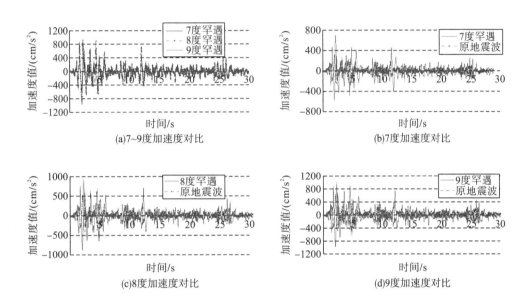

图 6.15　6 层房屋加速度时程曲线

6.4.2　层间位移响应及分析

　　结构在罕遇地震作用下的弹塑性阶段的验算，依据《建筑抗震设计规范》（GB 50011—2010）（中华人民共和国住房和城乡建设部，2010）规定，按照弹塑性层间位移角进行，其给出的多高层钢结构的弹塑性层间位移角限值为 1/50。而《低层冷弯薄壁型钢房屋建筑技术规程》（JGJ 227—2011）（中华人民共和国住房和城乡建设部，2011）规定，罕遇地震作用下为 1/100，因多层房屋层间位移过大将造成较为严重的损伤，因此限值与低层相同。本书模型层高 3m，在罕遇地震下相关规程规定相一致的层间位移限值为 30mm。计算结果如表 6.9～表 6.11 所示，可看到：①层间位移在 9 度罕遇地震作用下均超过规范规定限值，且层数越多，最大层间位移值越大，随房屋层数增多，最大层间位移值越大；②地震响应加速度均放大，且 7 度时放大倍数较大，层数低时放大较大，主要原因是房屋层数多相对较柔，因此放大系数小些。

表 6.9   4 层房屋罕遇地震作用计算结果

地震响应	加速度		顶层位移		层间位移		加速度放大系数	
	x 向	y 向	x 向	y 向	x 向	y 向	x 向	y 向
7 度	639.07	676.84	30.53	39.09	15.54	17.24	2.06	2.18
8 度	1070.54	944.24	68.18	71.01	19.11	20.13	2.10	1.85
9 度	1215.35	1062.33	72.29	75.47	75.00	65.22	1.96	1.71

表 6.10   5 层房屋罕遇地震作用计算结果

地震响应	加速度		顶层位移		层间位移		加速度放大系数	
	x 向	y 向	x 向	y 向	x 向	y 向	x 向	y 向
7 度	751.91	645.27	64.38	64.94	17.24	19.35	2.43	2.08
8 度	1072.35	841.01	83.33	94.94	19.35	26.55	2.10	1.65
9 度	1061.45	776.76	85.71	115.39	96.77	200.00	1.71	1.25

表 6.11   6 层房屋罕遇地震作用计算结果

地震响应	加速度		顶层位移		层间位移		加速度放大系数	
	x 向	y 向	x 向	y 向	x 向	y 向	x 向	y 向
7 度	590.61	495.59	64.52	77.25	19.10	22.06	1.91	1.60
8 度	775.21	762.76	101.12	129.50	25.42	30.61	1.52	1.50
9 度	784.40	849.94	114.00	162.16	200.00	230.77	1.27	1.37

6.5   结构基于损伤的抗震设计方法研究

房屋整体结构振动台试验表明(黄智光，2010；沈祖炎等，2013)，罕遇地震作用下结构水平刚度虽有较大削弱，但无倒塌危险。结合振动台试验得到的震损特征、累计损伤及周期明显变化方面的结论，结构抗震性能可采用地震前后由于刚度退化会引起基本周期发生变化的事实来评价(Park and Ang，1985)，其中结构的损伤指数确定可参照已有钢框架结构损伤等级与允许损伤指数关系的方法来完成(徐龙河等，2011；杨清平等，2011；徐龙河等，2013；郑山锁等，2015a；郑山锁等，2015b；周知等，2016；单旭等，2016)。

通过低层房屋振动台试验结论可知，协调上下层协同工作的层间抗拔锚栓未失效，故可依据罕遇地震作用下低层房屋振动台试验结论，在通过楼层连接处采用增设加强部件或锚栓改用双螺帽等构造处置措施，使多层房屋在罕遇地震作用下破坏依然发生在墙体上，使得多层与低层房屋震损特征相同。但低层房屋振动台试验仅获得了 9 度及以下地震作用下的损伤情况，且在 9 度罕遇地震作用下结构发生轻微破坏，可采用震后频率变化作为结构损伤的判据。但当结构遇到巨震作用时，即地震强度明显高于设防烈度时，如何考虑房屋的抗震可靠度，依据结构的层间位移角是楼层梁、组合墙体、墙体-楼板等部件弹塑性变形的综合结果，此类结构具有明显的空间整体作用，单个部件的极限位移角一般比整体楼层的极限位移角小，故可结合本书第 4 章所做的双层组合墙体的低周反复荷载试验及第 3 章所做的组合墙体-楼板节点试验，以墙体层间位移角限值判定结构损伤具有较高可靠度。故依据双层墙体在低周往复荷载作用下的试验结论来获得震损特征。基于以上两方面可将多层房屋在经受地震作用后的损伤等级划分为五级，建立损伤等级、震损特征与允许损伤指数间的对应关系，形成结构遭受不同地震强度后的损伤判据，并根据简化力学模型计算得到的计算损伤指数、计算层间侧移角及顶层侧移角来评判结构的损伤状态，通过调整 SAP2000 中 Pivot 连接元恢复力骨架曲线特征值完成结构抗震设计。

　　且根据 1.2.2 节的分析可知，房屋层间抗拔锚栓失效与否是保证结构是否发生垮塌的关键，抗拔锚栓倾斜会带来所在楼层的层间位移角及顶层位移角增大，会引发楼层梁压屈，抗拔锚栓失效，失去对上下楼层的协调作用，结构会发生整体垮塌及局部垮塌，因此可根据第 2 章加强部件研究所得力学性能指标完成结构抗震构造设计。

6.5.1　振动台损伤参数

　　根据黄智光(2010)、沈祖炎等(2013)完成的 5 个足尺房屋的振动台试验结论，其中振动台试验 1(石宇，2008)为一栋 3 层房屋试验，振动台试验 2(黄智光等，2011)为二栋 2 层房屋，超薄壁冷弯型钢龙骨强度为 350MPa，振动台试验 3(李元齐等，2012)为二栋 2 层房屋，超薄壁冷弯型钢龙骨强度为 550MPa。因结构整体性很强，多遇地震作用下抗震性能很好，故不再做过多分析。由于结构在罕遇地震作用下的破坏现象、层间位移角、顶层位移角、频率变化及计算所得的允许损伤指数，是足尺房屋模型试验所得，本书将计算损伤指数作为后面结构损伤的判据具有很高的准确性，相关数据汇总如表 6.12 所示。

表 6.12　振动台主要试验结果

振动台试验	烈度	破坏现象	顶点位移角	层间位移角	频率变化	允许损伤指数[DM]
振动台试验 1	7 度	接缝处石膏板挤压严重导致缝隙扩大，墙角处自攻螺钉被拔起，板有松动迹象，外墙 OSB 板局部接缝处挤压开裂	1/849	1/610	5.04/4.96	0.02
	8 度	二层窗角处石膏板出现剪切裂缝，三层墙体石膏板接缝明显变大，螺钉脱落，石膏板外突	1/280	1/178	5.04/4.39	0.13
	9 度	一层外墙门洞处最下一排螺钉全部拔起脱落，门窗洞口及墙角处石膏板被挤碎，大部分石膏板及 OSB 板接缝明显变大	1/113	1/52	5.04/3.42	0.32
振动台试验 2 (350MPa)	7 度	没有明显破坏	—	—	5.27/4.74	0.07
	8 度	门框、窗框角点以及墙面板的接缝位置的螺钉嵌入石膏板内；窗框角点石膏板挤压破坏且从角点向中间区域扩展；在交或拼缝位置，石膏板角部发生挤压破坏	—	—	5.27/4.35	0.18

振动台试验	烈度	破坏现象	顶点位移角	层间位移角	频率变化	允许损伤指数[DM]
振动台试验 2（350MPa）	9度	螺钉脱落，覆面板与龙骨脱离，结构刚度迅速退化	1/27	1/30	5.27/3.22	0.39
振动台试验 3（550MPa）	7度	没有明显破坏	—	—	7.82/7.19	0.08
	8度	门窗洞口角部区域石膏板局部破坏，在水平拼接处有脱离；门框右上角位置石膏板发生局部破裂	—	—	7.82/6.72	0.14
	9度	窗框和门框位置石膏板为局部破坏；墙体开洞角点和石膏板拼接区域，板相互挤压造成局部破坏或拼接错位。试验后石膏板拼接位置的螺钉松动几乎拔出	1/143	1/231	7.82/5.00	0.36

注：表中频率变化第一个值代表自振第一阶频率，后面数值代表震后频率值。

6.5.2 墙体抗剪损伤参数

高宛成和肖岩（2014）总结了国内外单层冷弯薄壁型钢组合墙体破坏现象，并根据《建筑地震破坏等级划分标准》(GB/T 24335—2009)及国内外结构性能水准划分标准，将多层冷弯型钢房屋在地震作用下的破坏程度分为 5 级：基本完好、轻微破坏、中等破坏、严重破坏和基本倒塌。破坏程度主要以墙体的变形程度、面板的破损程度和自攻螺钉是否失效为基准进行判定。

6.5.3 双层墙体损伤参数

因双层组合墙体试验中主要包括楼层连接处部件的损伤(楼层梁、楼层梁配套加劲件及边梁)，抗拔件上自攻螺钉的失效，楼层连接处水平侧移及上下层墙段损伤，面板与龙骨的自攻螺钉的失效。结合第 4 章双层墙体试验的破坏特征及试验测试数据，得到以下结论。

(1)墙体侧移达到层高 5%时，对应双层墙体顶部所加侧移为 15mm，试件处于弹性工作阶段，刚度退化不明显，墙体完整性很好，破坏轻微，无须修复，符合"小震不坏"条件。

(2)墙体侧移达到层高 10%时，对应双层墙体顶部所加侧移为 30mm，抗拔件上的自攻螺钉发生倾斜，但未滑移，面板与龙骨间自攻螺钉发生滑移，但小于螺钉直径；面板仅限于洞口等部位局部挤压破坏，可通过更换相应部件方式来达到修复墙体目的，符合"中震可修"条件。

(3)当墙体达到最大荷载时，虽然楼层梁及配套加劲件压屈，墙体刚度退化严重，抗拔锚栓倾斜，锚栓端部抗拔件上自攻螺钉滑移量小于螺钉直径，但抗拔锚栓未失效，墙面板不发生整体脱落，墙体依然可承载，符合"大震不倒"条件。

(4)对于采用双螺帽，且抗拔锚栓增至 5 个的双层墙体，对比于按照规程设置抗拔锚栓的墙体，墙体承载性能会有所改善，抗破坏能力有一定提高，但也仅仅是延缓墙体在楼层连接处的破坏，实现不了提高楼层连接处抗破坏的目的，最后破坏依然发生在楼层连接处，因此二者损伤参数采用相同标准设置，破坏准则为抗拔件上自攻螺钉的失效，加载到破坏状态，楼层连接处会发生较大层间侧移角。

（5）增设层间加强部件的墙体，依据 2.4 节所得结论，能够很好地限制层间位移的发展，保证抗拔件上的自攻螺钉承受剪力作用。确保双层墙体加载到破坏阶段，发生破坏时楼层连接处产生的层间位移角远小于单层墙体的水平侧移值。破坏转移到上下层墙段，而不发生在楼层连接处，因此设防目标下的破坏特征与单层墙体完全相同，结构抵抗水平地震作用时，抗力可采用相关规程推荐的方法，以墙体抗剪承载力作为房屋结构设计的抗力条件。

6.5.4　组合墙体-楼板节点损伤情况

结构设计要保证强连接弱杆件构造要求，依据 3.5 节和 3.7.2 节试验的破坏现象，以及 3.5 节和 3.7.3 节试验测得数据，可看到对按照规范推荐设计的试件，在楼层连接处楼板连续，在梁端往复荷载作用下，加载到 60mm 时，即楼板与墙体间转角达到 1/20 时，试件几乎仍处于弹性工作阶段；且破坏时只要楼层连接处抗拔锚栓不失效，楼板就不会脱离墙体，就仍然可以继续工作，但要注意墙面板采用横向拼接时，拼接区域要离顶底梁（楼层连接处）至少 500mm，避免自攻螺钉脱落造成面板与龙骨拉离。

据此，组合墙体-楼板节点在往复荷载作用下的损伤，不足以造成结构破坏，因此在整体结构损伤分析中，可不考虑节点损伤给结构带来损伤的直接体现，但其损伤值在允许损伤指数中要有所体现。

6.5.5　多层房屋损伤状态判据确定

依据已完成的国内外低层房屋振动台试验结论，结合双层组合墙体试验，综合形成不同损伤等级下的破坏特征与对应的允许损伤指数表（表 6.13），并得到结构损伤等级与允许损伤指数间的对应关系，为结构基于损伤的抗震设计方法提供判据。分析总结低层房屋振动台破坏现象，为达到"三水准"设防要求，将结构定义成三种基本状态，即基本满足正常使用、震后可修和不倒塌三种。

（1）正常使用（无损和轻微破坏）。螺钉连接处出现螺钉倾斜、螺钉孔处板材受挤压等轻微破坏，但对结构的整体性能影响较小，结构几乎保持原有的强度和刚度，无任何残留变形。

（2）震后可修（中度）。低层房屋 9 度罕遇地震模拟振动台试验中房屋未倒塌，仅发生面板板材局部破裂、拼接处错位；螺钉连接处发生挤压板材造成孔洞变大等破坏，但对于石膏板及欧松板重新成孔更换螺钉后可以继续使用，对于石膏板板面破坏后可采用砂浆抹平继续使用，楼层连接处抗拔锚栓略有倾斜，抗拔件上自攻螺钉沿栓杆轴向发生滑移，但滑移距离小于螺钉直径。

(3) 不倒塌。已有房屋振动台试验中未发生严重破坏及倒塌破坏，根据本书所作墙体试验，结构遭受大于 9 度罕遇地震强度时，临近倒塌破坏特征为底层结构侧向位移角超限，顶层侧移角超限，结构产生明显二阶效应，加速了底层抗拔件上自攻螺钉的失效。面板大多脱落，上下楼层连接处抗拔锚栓倾斜严重，配套抗拔件上自攻螺钉孔洞变大，螺钉拉脱，抗拔锚栓仍能起到连接上下层墙段协同工作的作用，楼层梁及配套加劲件压屈破坏严重，结构竖向承重体系和抗侧力体系发挥作用不明显，结构临近倒塌。

表 6.13　不同震害等级对应的损伤指标

损伤指标	小震不坏		中震可修	大震不倒	
	基本完好	轻微破坏	中等破坏	严重破坏	倒塌
顶点位移角	1/250	1/150	1/125	1/75	1/50
层间位移角	1/250	1/125	1/100	1/50	1/25
允许损伤指数[DM]	0.01	0.2	0.4	0.5	1

6.5.6　多层房屋损伤评定方法

利用结构计算简图，通过 SAP2000 软件计算得到损伤指数 DM 后，根据其值与允许损伤指数[DM]的大小判断结构所处损伤状态，通过改变抗侧组合墙体数量构成及 Pivot 单元中的曲线特征值，进而改变计算损伤指数值，依据抗震设计中"三水准设防"要求完成结构抗震设计。通过对房屋简化力学模型进行抗震计算，按照式(6.8)计算出结构损伤指数 DM，依据表 6.13 中房屋允许损伤指数[DM]，依据式(6.9)评估房屋安全可靠性。

$$DM = 1 - (\frac{f_{intial}}{f_{final}}) \tag{6.8}$$

式中，f_{intial}、f_{final} 为结构遭受地震前、遭受地震作用后结构分析所得的结构频率。

$$DM \leqslant [DM] \tag{6.9}$$

在有限元软件 SAP2000 中进行模态分析时，使用的刚度有两种选择，一种是零初始条件即零预应力状态的刚度，另一种是非线性工况终点刚度(图 6.16)。为获得罕遇地震作用下结构进入非线性状态后结构的损伤情况，针对结构的零应力状态，模态分析结果对应于自振周期，对各级罕遇地震作用后结构所处状态进行模态分析，得到震后结构的周期，即为受损后周期。

地震前结构未受损伤，为结构自振周期，已在 6.3.2 节中给出，震后为结构经历相应罕遇地震作用后结构的周期。提取 4~6 层房屋在 7~9 度罕遇地震作用下震后周期数据，得到结构计算损伤指数[DM]见表 6.14，罕遇地震作用下顶层位移角及层间位移角见表 6.15。相关数据与表 6.13 做对比，可看到：①7 度及 8 度罕遇地震作用下，结构发生中等破坏，顶层位移角满足相应限值要求，满足抗震设防的中震可修要求。②在 8 度罕遇地震作用下，4 层及 5 层房屋层间位移角接近限值，而 6 层房屋略超过"中震可修"的层间位

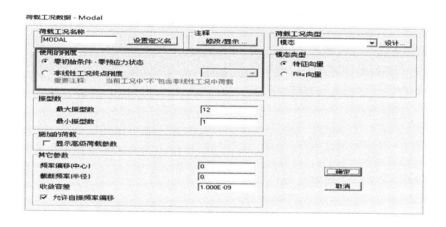

图 6.16　模态分析工况设置

移角限值，房屋发生中等破坏，为降低破坏程度，应在底层加设层间加强部件，以降低层间位移角，更好地满足"中震可修"的设防目标。③在 9 度罕遇地震作用下，层间位移角均超过"严重破坏"限值，因此当用于 9 度抗震设防区时，必须对进行层间加强，以满足"大震不倒"的抗震设防要求。④虽然在 9 度罕遇时仅超过"中等破坏"限值，但顶层位移角过大，会加大底层抗拔件上自攻螺钉的破坏，因此应采用第 4 章所述的双螺帽锚栓。且根据层间位移角值，除应在底层增设第 2 章所述的加强部件外，在不增加抗侧墙体的情况下，应加大底层墙体截面高度及墙板厚度，以提高结构抗侧能力。

表 6.14　不同层数房屋地震前后周期

房屋层数	周期								
	7 度罕遇			8 度罕遇			9 度罕遇		
	震前	震后	[DM]	震前	震后	[DM]	震前	震后	[DM]
4	0.38	0.52	0.27	0.38	0.61	0.37	0.38	0.88	0.57
5	0.48	0.71	0.32	0.48	0.79	0.39	0.48	2.14	0.78
6	0.58	0.89	0.35	0.58	0.99	0.41	0.58	3.78	0.85

表 6.15　罕遇地震作用下顶层位移角及层间位移角

烈度	4 层房屋				5 层房屋				6 层房屋			
	顶层位移角		层间位移角		顶层位移角		层间位移角		顶层位移角		层间位移角	
	x 向	y 向	x 向	y 向	x 向	y 向	x 向	y 向	x 向	y 向	x 向	y 向
7 度	1/393	1/307	1/193	1/174	1/233	1/231	1/174	1/155	1/279	1/233	1/157	1/136
8 度	1/176	1/169	1/157	1/149	1/180	1/158	1/155	1/113	1/178	1/139	1/118	1/98
9 度	1/166	1/159	1/40	1/46	1/175	1/130	1/31	1/15	1/125	1/111	1/15	1/13

表 6.15 所列数据与振动台试验 1 所得的顶层位移角及层间位移角出现的情况相似，说明计算可靠。①y 向为结构的抗震弱向，同层数房屋随层数增多，顶层侧移角及层间位移角均增大。②相同地震烈度下，随房屋层数增多，顶层侧移角及层间位移角均增大，且 5 层及 6 层房屋在地震烈度为 8 度时，层间位移角已超过中等破坏限值，可对位移角较大楼层增设层间加强部件。

当地震烈度增大到 9 度时，房屋会发生中等破坏，甚至是严重破坏，可采用构造加强方法，根据 2.4.3 节部件力学性能研究所得结论，当结构应用于 9 度抗震设防区时，应采用 HJZ 系列加强部件，在轴压力为 60.6kN（6 层房屋），水平方向承载力达到 30kN 时，水平侧移仅为 20mm，对应层间位移角 1/150，每片墙体一般采用 2 个层间加强部件，层间位移角可很好地控制在 1/250 以内。当选用 HJZB2 型加强部件时，竖向轴压可加到 60.6kN（6 层房屋轴压），水平承载力加载到 50kN 时，其层间位移仅为 10mm，能够很好地限制层间位移的发展，确保地震产生的水平剪力作用下，层间位移角小于 1/250，双层墙体楼层连接处在弹性状态工作，将墙体破坏部位转移到单层墙体上，使得楼层连接处抗拔件上的自攻螺钉承受剪力作用，提高墙体抗水平地震作用能力。以 4 层房屋为例，对房屋底层加设层间加强部件后，上下层楼层连接处抗剪性能将连续，可认为加强部件将上下层约束为固定连接。有限元模型处理时，将上下层墙架柱间的层间铰接改为刚接，有限元计算结构见表 6.16，可看到层间最大位移角在第二层出现，各级罕遇地震作用下仅发生"轻微破坏"，抗震能力明显提高。

表 6.16　加设加强部件后层间位移角

烈度	层间位移角			
	1 层	2 层	3 层	4 层
7 度	1/654	1/358	1/811	1/2939
8 度	1/331	1/199	1/360	1/2203
9 度	1/268	1/155	1/265	1/1837

6.6　本　章　小　结

(1) 利用已有超薄壁低层冷弯型钢房屋设计方法中，采用 SAP2000 中 Pivot 连接元模拟组合墙体方法进行墙体简化，建立整体结构简化分析模型，计算结果与规范相关计算公式计算结果基本一致，证明方法可行。获得在多遇水平地震作用下，可采用底部剪力法进行结构分析，罕遇地震作用下采用时程分析法进行计算，能较好地应用于多层房屋结构的弹塑性地震反应分析。

(2) 依据已完成的国内外低层房屋振动台试验结论，结合双层组合墙体试验、组合墙体-楼板节点试验结论，获得 5 类不同损伤等级下的震损特征、损伤等级与允许损伤指数三者间的对应关系，得到不同损伤等级的顶层位移角、层间位移角允许限值，为多层房屋基于损伤的抗震设计方法提供判据。

(3) 7度及8度罕遇地震作用下，计算损伤指数表明结构发生中等破坏，4层及5层房屋层间位移角接近限值，而6层房屋超过"中震可修"的层间位移角限值，因此应在底层加设层间加强部件，以降低层间位移角，更好地满足"中震可修"的设防准则。

(4) 在9度罕遇地震作用下，层间位移角均达到"严重破坏"限值，因此当用于9度抗震设防区时，需对位移角较大的楼层采用加强部件进行加强，以满足"大震不倒"的抗震设防要求；顶层位移角虽在9度时仅超过"中等破坏"限值，但顶层位移过大，会加速底层抗拔件上自攻螺钉的拉剪破坏，因此抗拔锚栓应采用双螺帽锚栓，加强抗拔件底板与底梁协同工作的能力。

(5) 根据层间位移角值超限问题，除应在底层增设第2章所述的加强部件外，在不增加抗侧墙体的情况下，应加大底层墙体截面高度及墙板厚度，以提高整体结构抗侧能力，减小顶层位移角，降低结构"荷载-侧移"对下部楼层产生的二阶效应。

参 考 文 献

高宛成，肖岩，2014. 冷弯薄壁型钢组合墙体受剪性能研究综述[J]. 建筑结构学报，35(4)：30-40.

黄智光，2010. 低层冷弯薄壁型钢房屋抗震性能研究[D]. 西安：西安建筑科技大学.

黄智光，苏明周，何保康，等，2011. 冷弯薄壁型钢三层房屋振动台试验研究[J]. 土木工程学报，44(2)：72-81.

李元齐，刘飞，沈祖炎，等，2012. S350冷弯薄壁型钢住宅足尺模型振动台试验研究[J]. 土木工程学报，45(10)：135-144.

李元齐，刘飞，沈祖炎，等，2013. 高强超薄壁冷弯型钢低层住宅足尺模型振动台试验[J]. 建筑结构学报，34(1)：36-43.

马荣奎，李元齐，2014. 低层冷弯薄壁型钢龙骨体系房屋抗震性能有限元分析[J]. 建筑结构学报，35(5)：40-47.

沈祖炎，刘飞，李元齐，等，2013. 高强超薄壁冷弯型钢低层住宅抗震设计方法[J]. 建筑结构学报，34(1)：44-51.

石宇，2008. 水平地震作用下多层冷弯薄壁型钢结构住宅的抗震性能研究[D]. 西安：长安大学.

吴函恒，周天华，石宇，2013. 地震作用下冷弯薄壁型钢结构房屋弹塑性位移简化计算研究[J]. 工程力学，30(7)：180-186.

徐龙河，单旭，李忠献，2013. 强震下钢框架结构易损性分析及优化设计[J]. 工程力学，30(1)：886-890.

徐龙河，单旭，李忠献，2016. 基于概率的钢框架结构地震失效模式识别方法[J]. 工程力学，33(5)：66-73.

徐龙河，杨冬玲，李忠献，2011. 基于应变和比能双控的钢结构损伤模型[J]. 振动与冲击，30(7)：218-222.

杨清平，袁旭东，孙丽，2011. 基于塑性变形的钢结构地震损伤量化[J]. 沈阳建筑大学学报，27(5)：886-890.

郑山锁，孙乐彬，程洋，等，2015a. 考虑累积耗能损伤的钢框架结构抗震能力分析[J]. 建筑结构，45(10)：32-37.

郑山锁，代旷宇，孙龙飞，等，2015b. 钢框架结构的地震损伤研究[J]. 地震工程学报，37(6)：290-297.

中华人民共和国住房和城乡建设部，2010. 建筑抗震设计规范: GB 50011—2010 [S]. 北京：中国建筑工业出版社.

中华人民共和国住房和城乡建设部，2011. 低层冷弯薄壁型钢房屋建筑技术规程: JGJ 227—2011[S]. 北京：中国建筑工业出版社.

周绪红，管宇，石宇，2017. 多层冷弯薄壁型钢结构住宅抗震性能分析[J]. 建筑钢结构进展，19(6)：11-15.

周知，钱江，黄维，2016. 基于修正的Park-Ang损伤模型在钢构件中的应用[J]. 建筑结构学报，37(5)：448-454.

Dong J, Wang S Q, Zhang X J, 2004. Finite Element Analysis for the Hysteretic Behavior of Cold-formed Thin-wall Steel Members Under Cyclic Uniaxial Loading[C]. Proceedings of the 3rd International Conference on Earthquake Engineering. Nanjing, 10: 397-405.

Park Y J, Ang A S H, 1985. Mechanistic seismic damage model for reinforced concrete[J]. Journal of Structural Engineering, ASCE, 111(4): 722-739.

第7章　多层超薄壁冷弯型钢结构房屋风致响应分析

7.1　引　言

该类结构体系轻柔，因此风荷载是结构设计的重要荷载。国内外已有学者开展了该类多层房屋的抗风性能研究，分析了结构的风压分布和结构风致响应，发现结构易出现加速度超限带来的舒适性问题，并提出构造处置措施(王之宏，1994；项海帆和刘春华，1994；瞿伟廉和项海帆，1999；Cheng and Lo，1999；周晓峰和董石麟，2001；叶丰和顾明，2003；禹慧，2007；沈祖炎等，2013)。

为进一步获得该体系房屋的风致响应，设计并制作了某四层房屋缩尺比例气弹性模型，模型的动力特性参数与原型结构满足相似原则。对模型进行不同基本风压、风向角下的风致响应试验，得到结构加速度及位移，依据相关规范评估房屋在不同风速、风向角下的位移带来的安全性和由加速度带来的舒适性问题，并根据试验结果提出相应的构造处置措施。

7.2　模型设计与制作

7.2.1　原型结构

试验原型［图 7.1(a)］选取某 4 层房屋，长 12.8m，宽 10.8m，层高 3m，总高 12m。在 ANSYS 中建立原型，具体荷载形式如下：楼面恒载 1.42kN/m²，活载 2.0kN/m²，外墙自重 1.0kN/m²，内墙自重 0.4kN/m²，详细模型参看文献(秦雅菲等，2006；何保康等，2008)，通过模态分析获得结构前三阶周期分别为 0.347s、0.343s、0.332s，前三阶阻尼比为 0.04、0.08、0.086，第一、二阶振型为沿 x 向和 y 向的平动，第三阶振型为绕 z 向的转动。并参考日本和美国的冷弯薄壁型钢结构房屋的经验公式(秦雅菲等，2006)得到 4 层房屋的自振周期分别为 0.36s 和 0.32s，原型结构自振周期 0.38s 与经验公式所得值相差 3.6% 和 8.4%，证明有限元建模［图 7.1(b)(c)］分析的可行性，同时能用于缩尺比例模型的设计。

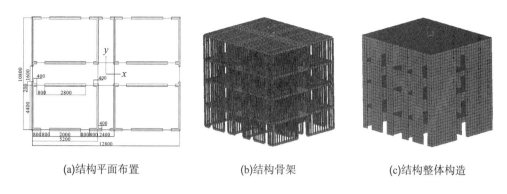

| (a)结构平面布置 | (b)结构骨架 | (c)结构整体构造 |

图 7.1　某 4 层房屋结构

7.2.2　模型设计

日本和美国在多次实测基础上得到该类房屋的自振周期计算公式分别为式(7.1)及式(7.2)，（H 为基础顶面到建筑物最高点的高度，单位：m）

$$T = 0.03H \tag{7.1}$$

$$T = 0.05H^{\frac{3}{4}} \tag{7.2}$$

根据《低层冷弯薄壁型钢房屋建筑技术规程》(JGJ 227—2011)(中华人民共和国住房和城乡建设部，2011)，结构在计算水平地震作用时，阻尼比取 0.03，基本自振周期为

$$T = (0.02 \sim 0.03)H \tag{7.3}$$

分别计算得到 4 层房屋的特征周期为 0.36s 和 0.32s，规程算出的自振周期为 (0.24~0.36)s。通过 ANSYS 软件对结构进行模态分析，得到前三阶周期为 0.35s、0.34s 和 0.33s，均在我国现行规程计算周期内。前三阶阻尼比为 0.04、0.08 和 0.086。前三阶振型分别是沿 x 轴的平动、沿 y 轴的平动、绕 z 轴的扭转(图 7.2)。有限元计算的主振周期 0.35s 与经验公式计算结果 0.36s 和 0.32s，相差 0.01s 和 0.03s，吻合较好，说明有限元分析可行。

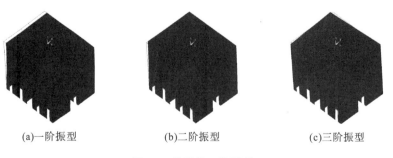

| (a)一阶振型 | (b)二阶振型 | (c)三阶振型 |

图 7.2　模型前三阶振型

依据气弹性模型缩尺相似准则(秦雅菲等，2006；沈祖炎等，2006；何保康等，2008)所要满足的几何、质量、抗弯刚度等三个相似基本条件，得到表 7.1 的气弹性模型相关相

似系数。风洞截面尺寸为 1.8m×1.4m，为满足阻塞比小于 0.05 的要求(李杰，2008)，将几何尺寸缩尺比定为 1∶40，根据缩尺比和相似准则，推出其余相似参数。经计算，原型结构质量为 144739.83kg，一阶频率为 2.88Hz，结构阻尼比为 0.04，由此获得气弹性缩尺模型长 0.32m，宽 0.27m，高 0.3m，质量为 2.26kg，一阶频率为 18.23Hz，阻尼比为 0.04。

表 7.1　气弹模型相似参数

参数	符号	相似关系	相似系数
几何尺寸	C_L	$1:n$	$1:40$
空气密度	C_ρ	$1:1$	$1:1$
密度	$C_{m\rho}$	$1:1$	$1:1$
单位长度质量	C_M	$1:n^2$	$1:1600$
弯曲刚度	C_{EI}	$1:n^5$	$1:(1.024\times10^8)$
频率	C_f	$\sqrt{n}:1$	$6.325:1$
风速	C_V	$1:\sqrt{n}$	$1:6.325$
时间	C_t	$1:\sqrt{n}$	$1:6.325$
阻尼比	C_ζ	$1:1$	$1:1$

7.2.3　气弹性模型制作

模型的主体结构见图 7.3(a)，气弹性模型主体结构由骨架(4 根铝柱和 4 块铝楼板)、基座板(铝板)及外衣板(板厚 2mm 木片)构成，且楼面放置轻质 PVC 块配重。从下至上依次分四段，每段间留有 2mm 缝隙，使各层间能相对运动 [图 7.3(b)]。对其进行动力参数(频率、阻尼比、振型)测试 [图 7.3(c)]，由于振动台仅提供单方向的振动，而有限元分析中结构前两阶模态也分别沿 x 向和 y 向，这两个方向的自振模态即为模型的前两阶模态。

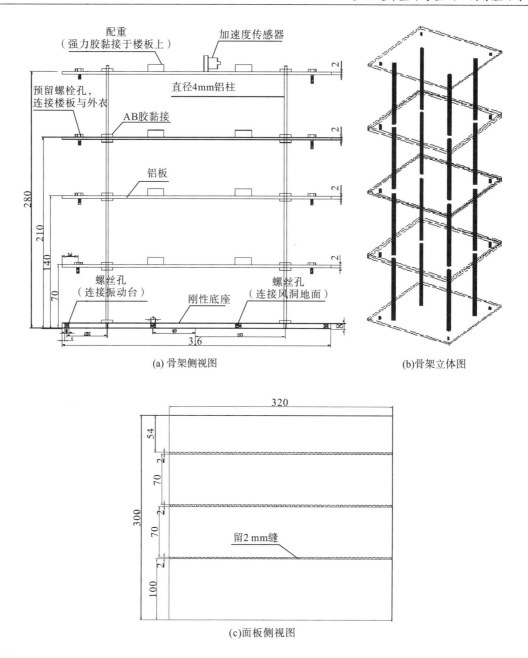

(a) 骨架侧视图

(b) 骨架立体图

(c) 面板侧视图

图 7.3　气弹模型主体结构

　　模型几何外形的检验在标准机械平台上进行。机械平台作为模型的基准面，利用符合计量标准的高度尺、游标卡尺、经纬仪等对模型典型位置坐标、尺寸、角度进行测量，从而控制模型的加工和装配精度。图 7.4 为制作好的模型骨架及外覆木板的整体模型。

(a)模型骨架   (b)结构振动模型

图 7.4   气弹模型振动台试验

7.2.4   气弹模型动力特性测试

对制作好的模型,需要检验其动力特性是否满足相似关系。利用 WS-30 小型振动台测试模型,获得模型的固有频率、阻尼比、振型等。试验中采用共振法对气弹模型的各阶模态进行测试,由于振动台只能提供单一方向的振动,模型为规则的上下刚度无变化的规则模型,因此只进行前两阶模态测试。对模型进行白噪声激振,得到模型各阶频率,再分别按得到的频率进行正弦波激振,利用半功率带宽法可得到各阶阻尼比。测试结果如表 7.2 所示,表明模型前两阶频率及阻尼比与期望值间的误差在 5%以内,故气弹性模型的模态参数与期望值吻合较好,说明模型设计制作合理。模型前两阶振型如图 7.5 所示,一阶振型为沿 x 向的平动,二阶振型为沿 y 向的平动,与原型一致。

表 7.2   实测气弹模型前两阶频率及阻尼比

	测试频率/Hz	期望频率/Hz	差值/%	测试阻尼比	期望阻尼比	差值/%
一阶	17.529	18.227	3.831	0.0411	0.04	2.751
二阶	17.845	18.440	3.227	0.0775	0.08	3.125

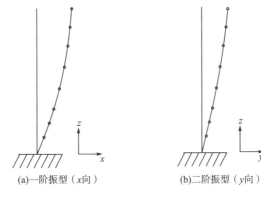

(a)一阶振型（x向）   (b)二阶振型（y向）

图 7.5   气弹模型前两阶振型

7.3 试验设备及测点布置

7.3.1 测量系统

位移的测量采用 Optotrak 系统，该系统由摄像头、控制单元、标记点、标记点接口盒、各类线缆、计算机及数据采集软件包等构成(图 7.6)，如图 7.7 所示，三个 CCD 摄像头的交汇视场为系统的有效测量区域，黏附在模型表面的标记点发出特定频率的近红外光，通过 CCD 摄像头捕捉近红外光，并将数据传送到 S-type 系统控制单元，SCU 单元对原始数据进行计算处理，得出标记点的空间三维坐标。Optotrak 系统可实时精确测量被测模型标记点的三维坐标时间历程数据。该系统采样分辨率为 0.01mm，测量精度为 0.1mm。标记点共 4 个(图 7.8)，布置在每层楼板平面几何中心，用以测量每层的位移。

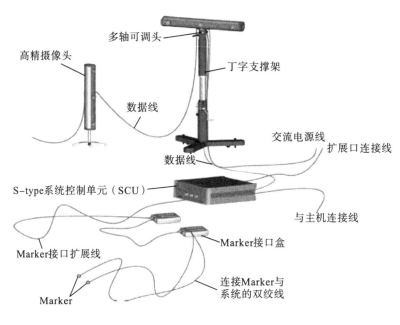

图 7.6 Optotrak 系统组成

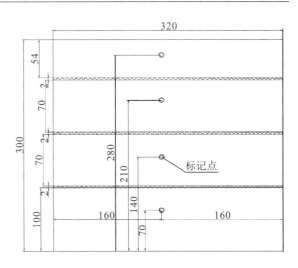

图 7.7　Optotrak 采集系统照片　　　　　　　　　　图 7.8　位移标记点示意图

7.3.2　加速度传感器

加速度传感器主要用于测量模型的加速度，通过加速度可分析结构动力特性。三轴加速度传感器可同时测量模型三个方向加速度，其型号为 B&K4524，标检精度为 3%。结构最大加速度出现在顶层，因此在模型顶层楼板中心布置一个加速度传感器(图 7.8)。在风洞里安装好的 4 层房屋气弹性模型见图 7.9，模型底板通过连接件与风洞底部预留孔槽连接，把模型安装固定在风洞地面上。

图 7.9　模型固定

7.4 试 验 工 况

模型试验在中国空气动力研究与发展中心低速所 1.8m×1.4m 风洞试验室中进行，该风洞是一座连续式单回流风洞，风速调节范围在 5~105m/s。考虑到试验目的是获得房屋的风致响应规律，不一定要按地貌进行场地布置，因此采用风速沿高度不变的均匀流场，湍流度约 1%，既可避免高湍流度不稳定性对漩涡分离和脱落的影响，又能得到来流风与结构的相互作用。

试验中考虑不同基本风压和不同风向角的工况，参考《建筑结构荷载规范》(GB 5009—2012)(中华人民共和国住房和城乡建设部，2012)中沿海地区的基本风压，重现期选 50 年，基本风压范围为 0.5~1.6kN/m²，由于试验风洞能提供的最低风速为 5m/s，即实际高度风速为 31.6m/s，换算成基本风压为 0.60kN/m²，因此试验时选定基本风压为 0.60kN/m²、0.73kN/m²、0.87kN/m²、1.02kN/m²、1.18kN/m²、1.36kN/m²、1.54kN/m² 七个值，即实际高度风速为 31.6m/s、34.8m/s、37.9m/s、41.1m/s、44.3m/s、47.4m/s、50.6 m/s，对应风洞中的试验风速为 5.0m/s、5.5m/s、6m/s、6.5m/s、7m/s、7.5m/s、8.0m/s。

由于模型在平面内关于 x、y 两个正交方向对称，结构响应也对称，因此在考虑风向角时，范围缩小在 0°~90°，将风向角取为 0°、22.5°、45°、67.5°、90° 共 5 个角度(图 7.10)，其中 x、y 坐标系方向始终与模型垂直，自然风的统计以 10min 作为一个计时单位，而时间的缩尺比为 1∶6.33，因此试验中位移和加速度均用 95s 的采集时长记录动态信号，采样频率为 258Hz，确保数据具有高精度(表 7.3)。

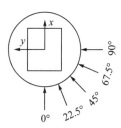

图 7.10 不同风向角

表 7.3 试验工况

工况编号	基本风压/(kN/m²)	风向角	工况编号	基本风压/(kN/m²)	风向角
1		0°	6		0°
2		22.5°	7		22.5°
3	0.625	45°	8	0.756	45°
4		67.5°	9		67.5°
5		90°	10		90°

工况编号	基本风压 /(kN/m²)	风向角	工况编号	基本风压 /(kN/m²)	风向角
11		0°	26		0°
12		22.5°	27		22.5°
13	0.9	45°	28	1.406	45°
14		67.5°	29		67.5°
15		90°	30		90°
16		0°	31		0°
17		22.5°	32		22.5°
18	1.056	45°	33	1.602	45°
19		67.5°	34		67.5°
20		90°	35		90°

7.5　试验结果及分析

7.5.1　模型位移

试验采集到的位移方向沿来流顺向和横向，因针对不同的风向角，需按照局部坐标方向进行分解与合并，并得到最终的结果。先对模型初状态位置进行坐标标记，得到各坐标初始点，位移时程数据依此点进行分析处理。依据《高层民用建筑钢结构技术规程》(JGJ 99—2015)(中华人民共和国住房和城乡建设部，2015)中的规定：风荷载作用下多层钢结构顶部位移峰值不超过 $H/500$，层间位移不超过 $h/400$，H 为结构总高，h 为层高。因试验中原型结构顶部位移峰值限值为 12000/500=24mm，层间位移限值为 3000/400=7.5mm，对应模型顶部位移峰值限值为 24/40=0.6mm，层间位移限值为 7.5/40=0.19mm。

1. 顶层位移反应

顶部位移峰值随不同风压下风向角变化如图 7.11 所示，可看出：①位移峰值大小受表面风压影响较大，随风向角从 0°～90° 不断增加，风压从一个表面变为作用到两个方向的表面上，采用力的正交分解，在 22.5° 和 45° 风向角时来流对 x 向的正压力大于 0°风向角时的正压力，而 67.5° 风向角时 x 向正压力小于 0° 风向角时的正压力，因此出现 x 向位移峰值先增大后减小的情况，且 x 向最大位移出现在 22.5° 风向角。②尽管偏角造成分离后的尾流产生涡激振动，但这种激励对位移峰值的影响不如表面风压的强。③风向角变为 90° 时，x 向位移峰值再次增大，但小于 0° 风向角时的峰值，此时该位移峰值主要由来流横风向振动所致。④y 向位移峰值随风向角增加先增大后减小，在 90° 风向角时又达到最大,其响应规律同样可用上述原理解释。

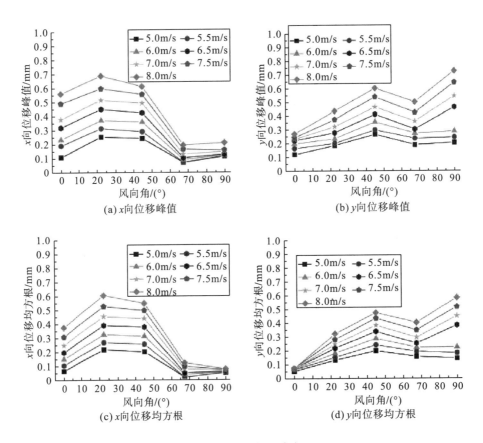

图 7.11   顶部位移响应

模型顶部位移峰值、层间位移峰值分别见表 7.4 和表 7.5:①0°和 67.5°风向角时,顶部位移峰值均未超过规定限值,22.5°、45°、90°三个风向角时,当风速增加到 7.5m/s 后,位移峰值超过限值。②0°和 67.5°风向角时,风速增到 7.5m/s,层间位移峰值超过限值,90°风向角时,风速增到 7.0m/s 时层间位移峰值达到限值,45°风向角时各风速下层间位移均超过了限值,而 67.5°风向角时各风速下层间位移均未达到限值。③结构 x 向位移不利风向角为 22.5°和 45°,y 向位移不利风向角为 45°和 90°。对于位移不利风向角,建议工程应用中考虑当地常见风向角,对建筑方位进行合理布置避开这些不利风向角。④当试验风速超过 7.0m/s 时位移超限,考虑到风洞中 7.0m/s 风速对应实际高度风速近 44m/s,此风速属于 14 级风力,此时基本风压为 1.18kN/m²,对于国内大部分地区,在重现期为 50 年内,出现概率很小,由此在国内大部分地区的基本风压下,多层房屋位移响应较小,位移能满足相关规程限值要求,结构安全性能得到保证。

表 7.4　气弹性模型顶部位移峰值

风向角		风速/(m/s)												
		5.0		5.5		6.0		6.5		7.0		7.5		8.0	
		x	y	x	y	x	y	x	y	x	y	x	y	x	y
位移峰值/mm	0°	0.11	0.12	0.19	0.16	0.23	0.20	0.32	0.22	0.38	0.23	0.49	0.24	0.56	0.27
	22.5°	0.25	0.19	0.31	0.20	0.37	0.23	0.45	0.28	0.51	0.32	0.60	0.37	0.69	0.44
	45°	0.24	0.27	0.29	0.30	0.36	0.36	0.42	0.41	0.49	0.46	0.56	0.54	0.61	0.60
	67.5°	0.07	0.19	0.07	0.24	0.09	0.27	0.10	0.30	0.13	0.36	0.16	0.42	0.19	0.50
	90°	0.11	0.21	0.12	0.24	0.12	0.29	0.13	0.46	0.15	0.54	0.16	0.64	0.21	0.73
位移均方根/mm	0°	0.06	0.06	0.10	0.07	0.15	0.07	0.20	0.08	0.25	0.07	0.31	0.08	0.37	0.08
	22.5°	0.22	0.13	0.27	0.15	0.32	0.18	0.39	0.22	0.45	0.25	0.53	0.28	0.61	0.33
	45°	0.20	0.20	0.25	0.24	0.31	0.29	0.38	0.34	0.44	0.39	0.50	0.44	0.55	0.48
	67.5°	0.02	0.16	0.02	0.20	0.04	0.22	0.05	0.25	0.07	0.30	0.09	0.35	0.12	0.41
	90°	0.05	0.08	0.05	0.15	0.05	0.23	0.06	0.39	0.06	0.45	0.07	0.52	0.07	0.59

表 7.5　气弹性模型层间位移峰值

风向角	风速/(m/s)													
	5		5.5		6		6.5		7		7.5		8	
	x	y	x	y	x	y	x	y	x	y	x	y	x	y
0°	0.04	0.10	0.07	0.14	0.08	0.15	0.11	0.17	0.13	0.18	0.16	0.20	0.19	0.22
22.5°	0.09	0.10	0.10	0.14	0.12	0.14	0.14	0.15	0.17	0.16	0.19	0.19	0.29	0.22
45°	0.40	0.20	0.44	0.22	0.48	0.24	0.52	0.25	0.54	0.27	0.55	0.28	0.57	0.29
67.5°	0.08	0.07	0.08	0.08	0.09	0.09	0.09	0.11	0.11	0.12	0.12	0.14	0.13	0.17
90°	0.09	0.09	0.11	0.12	0.12	0.13	0.13	0.16	0.14	0.19	0.15	0.21	0.16	0.24

2. 位移时程曲线分析

在风向角为 22.5°、45°、67.5° 时，模型顶部位移时程曲线如图 7.12 所示。此时 x、y 两个方向位移均在坐标轴正向一定范围内变化，且时程曲线振动形状相似，来流经过结构表面直角后发生不对称分离，形成两股尾流，分别沿结构两个表面向后运动，x、y 两个方向位移时程曲线形状主要受尾流对两个表面的涡激振动影响。

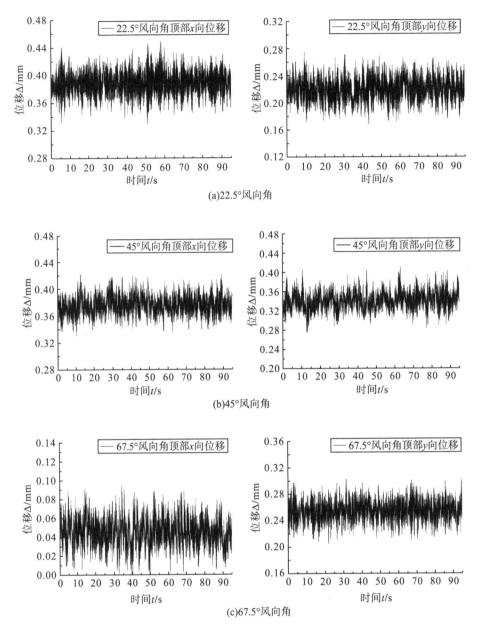

图 7.12　顶部位移时程

　　图 7.13 给出了 5m/s、6.5m/s、8.0m/s 风速下 0°风向角顶层位移响应的功率谱曲线。可看出：①结构 x 向位移功率谱呈密频特性，频谱中峰值频率主要是结构的固有频率，一阶振型对位移的贡献占主要，风速变化对主频值的影响很小。②结构 y 方向的位移功率谱表现为两部分频率控制，一部分为来流引起的横风向漩涡振动的频率，另一部分是结构横向主振频率，对比 x 向位移的功率谱可知 y 向的振动更复杂，受外界影响更大。

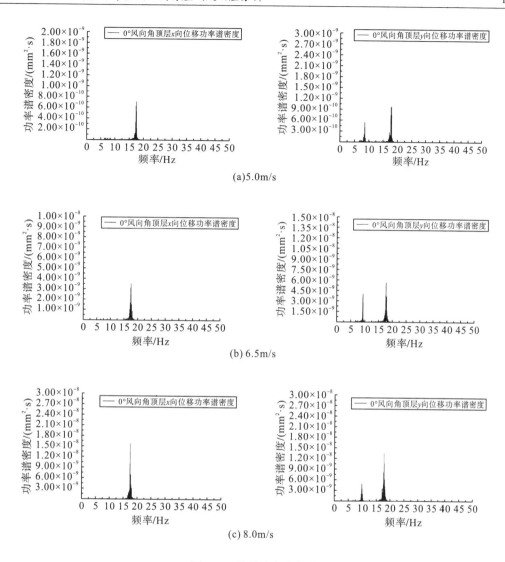

图 7.13　位移响应功率谱

7.5.2　加速度

结构在风荷载下的加速度加速度过大时,房屋晃动激烈,人会产生心理上的不舒适感。图 7.14 为模型顶层 x、y 方向加速度峰值,表 7.6 列出了相应值。可看到 x 向加速度随风向角增大,先下降后上升,再下降,最大响应出现在 45° 风向角;y 向加速度随着风向角增大先下降后上升,在 90° 风向角达到最大,横风向振动对 y 向加速度的影响较大。

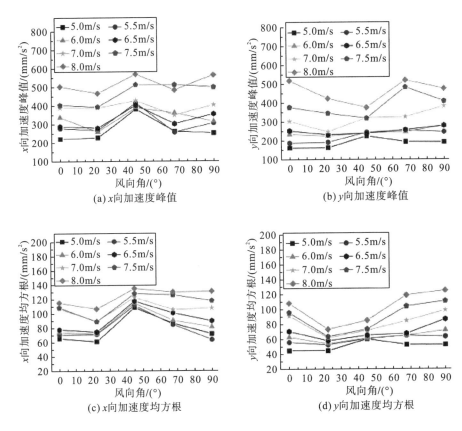

图 7.14　加速度响应

表 7.6　模型顶层 x、y 方向加速度峰值

风向角	风速/(m/s)							
	5.0		5.5		6.0		6.5	
	x	y	x	y	x	y	x	y
0°	220.29	160.64	277.16	187.04	335.89	233.27	287.35	252.02
22.5°	226.49	161.77	266.38	191.18	258.86	224.11	279.04	231.15
45°	379.85	224.06	413.14	243.19	387.27	239.79	401.25	237.95
67.5°	260.32	192.79	254.95	253.51	358.77	245.61	300.09	255.97
90°	250.37	191.23	304.33	244.73	312.67	277.66	352.14	278.21

加速度峰值/(mm/s²)

风向角	风速/(m/s)							
	7.0		7.5		8.0			
	x	y	x	y	x	y	x	y
0°	388.14	302.15	402.05	376.71	501.24	516.71		
22.5°	386.92	247.17	392.15	344.36	465.23	422.31		
45°	425.50	320.01	510.22	317.96	567.79	375.04		
67.5°	346.03	324.72	509.80	481.36	481.42	518.99		
90°	401.24	381.26	496.88	408.29	562.25	474.35		

加速度峰值/(mm/s²)

1. 顶层加速度分析

由于我国规范目前尚未有关于钢结构加速度的限值要求，因此参照《高层建筑混凝土结构技术规程》（JGJ 3—2010）（中华人民共和国住房和城乡建设部，2011）规定，对住宅限值为 $150\sim200\text{mm/s}^2$，办公楼限值为 $200\sim250\text{mm/s}^2$。本次试验中，5m/s 风速下 x 向的最小加速度峰值为 220.29mm/s^2，y 向最小加速度峰值为 160.64mm/s^2，均已达到加速度限值，随着风速的增加，加速度继续上升。由此可知，尽管多层冷弯薄壁型钢结构在位移响应上控制很好，但加速度响应却较大，容易使人产生不舒适感。

2. 加速度功率谱及分析

加速度功率谱曲线能看出其值在哪个频率区段较大，进而在结构设计时避开自振周期，避免共振。将试验中采集到的加速度时程数据作傅里叶变换，得到加速度功率谱密度，书中考虑风速及风向角对功率谱密度分布的影响。

0°风向角下模型顶层加速度功率谱曲线见图 7.15，可得出以下结论。

（1）两个方向的功率谱曲线峰值均以自振频率为主，表现为 x 向、y 向的自振起控制作用。加速度功率谱频率分布随风速增加基本不变，峰值主要集中在频率 18Hz 附近，只是在风速增大时，加速度功率谱峰值出现了微小的向高阶频率转化，因此分析时在相同风向角下可忽略风速对加速度功率谱曲线的影响。

（2）图 7.16 为 6.5m/s 风速下 x 向、y 向加速度功率谱密度随风向角变化情况，风向角由 0°增至偏角状态后，加速度响应功率谱由 0°时的 18Hz 增至 67.5°的 50Hz，转到 90°时又跳回到 18Hz 附近，说明随偏角增加，加速度呈现出非线性振动特点，加速度功率谱中高阶振型贡献变得明显，x 向加速度甚至逐渐出现多个高阶频率峰值，此时加速度响应由自振和高阶振型同时起控制作用。

（3）风向角增至 90°时，主要由两个方向的自振控制，功率谱曲线呈单一频谱特性，与 0°风向角类似。

（4）高阶振型对加速度影响不能忽视，在规则体型多层结构风致加速度响应计算中应对非线性高阶振动给予更多考虑，且自振频率应避开相应的加速度峰值段频率。

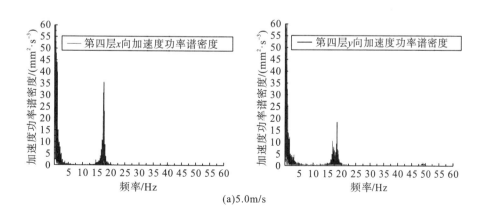

(a)5.0m/s

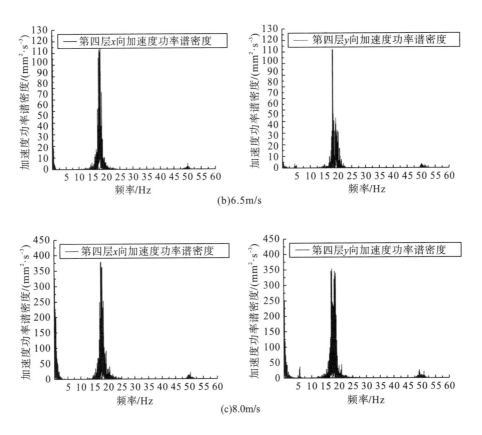

图 7.15　0°风向角下顶层加速度功率谱密度

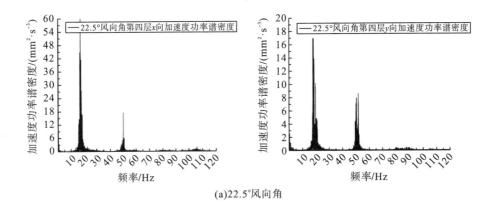

(a)22.5°风向角

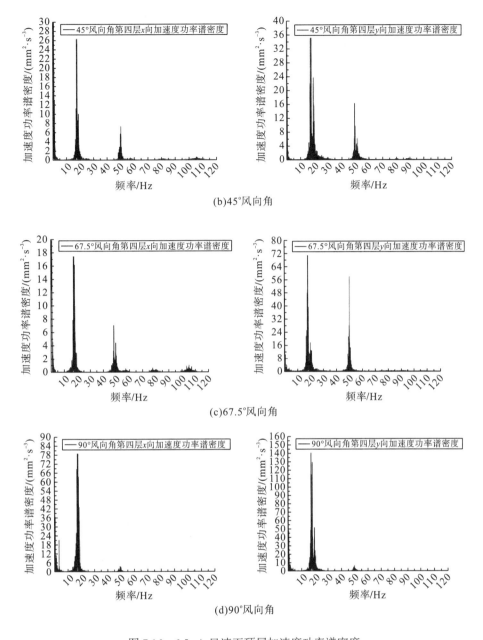

图 7.16 6.5m/s 风速下顶层加速度功率谱密度

7.6 有限元模拟

采用有限元软件 WORKBENCH 模拟多层房屋结构在风场中的双向流固耦合作用,在瞬态动力模块中,结构受流场区域模块产生的荷载而计算变形,结构变形反过来传递到流场,使得流场网格再次变形,改变流场的荷载,如此反复循环,实现双向流固耦合作用。

7.6.1　有限元模型建立

按照结构原型尺寸建立，考虑外形、质量、频率等因素，建立有限元模型，使得结构主要动力特性满足相似要求。模型前三阶频率为 2.88Hz、2.92Hz、3.01Hz，前三阶振型为沿 x 向、y 向平动及绕 z 轴转动。根据上述数据和相似准则，在 WORKBENCH 中建立模型，得到简化模型的材料参数如下：密度为 196.7kg/m^3，弹性模量为 3.59×10^7Pa，泊松比为 0.3，阻尼比与原型结构相同取 0.04，建立的简化模型见图 7.17，经计算原结构与简化模型频率对比，差值第三阶差别最大为 5.4%。

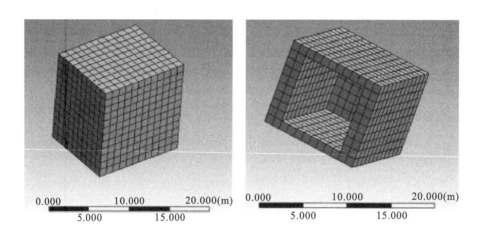

图 7.17　多层房屋简化模型

流场中来流若要得到充分发展，流场尺寸应尽量大，本次模拟的流场尺寸取长 400m，宽 190m，高 90m，进口面最大阻塞比为 0.012，小于 0.05，满足要求。建筑物与流场的位置如图 7.18 所示，建筑距离来流入口面 100m，距出口面 300m，与两侧面均距离 90m，流畅区域及建筑平面关系见图 7.18，流场区域网格划分见图 7.19。

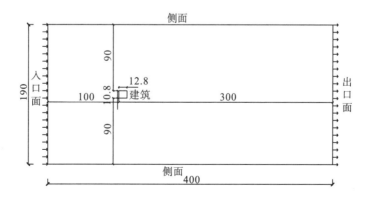

图 7.18　流场布置(m)

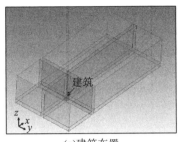
(a)建筑布置

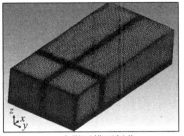
(b)有限元模型划分

图 7.19　流场区域网格

7.6.2　有限元参数设置

本次模拟基于 Transient Structural 瞬态分析模块及 CFX 流场分析模块，由于风洞试验中来流为均匀流，湍流度约为 1%，因此把湍流强度设为 1%。考虑到试验里低风速不稳定带来的试验误差问题，选用较高的流场风速，取风洞中试验风速 6.5m/s，根据相似比 6.33∶1 得到实际高度风速为 41.1m/s，因此数值模拟中流场风速设为 41.1m/s。

在 CFX 模块中流场入口面设置为来流(沿 x 轴)边界条件(图 7.20)，出口面设置为压力出口边界条件，两个侧面和顶面设置为对称边界条件，底面设置为无滑移壁面边界，建筑物各个表面设置为流固耦合面。在 Transient Structural 模块中，把建筑物底面约束为刚接，建筑各表面同样设置为流固耦合面，方能与 CFX 模块中的流固耦合面相互作用进行计算。把建筑表面网格设为动网格，而流场区域不会运动，运用 suppress 命令抑制流体部分的网格。

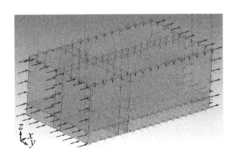

图 7.20　流场边界条件

7.6.3　有限元结果验证分析

图 7.21 为 6.5m/s 风速下 0°风向角下结构顶部 x 向、y 向位移时程，两方向变化趋势接近。x 向位移有限元曲线略大于试验曲线，曲线形状为在顺风向一定范围内变化，y 向位移有限元曲线与试验曲线相似，表现为沿横风向中心位置左右振动。

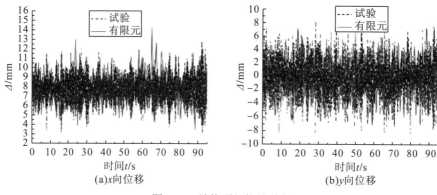

图 7.21　结构顶部位移时程

　　表 7.7 列出了试验(T)与有限元计算(F)的位移和加速度峰值。有限元中 x 向位移峰值数据与试验的 x 向位移峰值差距基本都在 10% 以内, y 向位移峰值在大部分风向角下与试验数据的差值在 10% 以内。验证了数值模拟的可行性, 能用此方法进行多层该类房屋的风致响应参数化分析。

表 7.7　结构位移峰值与加速度峰值

响应数据	对比	风向角				
		0°	22.5°	45°	67.5°	90°
x 向位移峰	T	12.72	17.96	16.91	4.08	5.08
	F	13.23	19.44	18.32	4.42	5.49
差值/%		4.0	8.2	8.3	8.3	8.1
y 向位移峰	T	8.86	11.07	16.41	12.11	18.49
	F	9.25	13.02	17.17	13.94	19.19
差值/%		4.4	8.6	4.6	9.9	3.8
x 向加速度峰	T	287.35	279.04	401.25	300.10	352.14
	F	291.02	298.23	412.24	318.54	371.71
差值/%		1.2	6.9	2.7	6.1	5.6
y 向加速度峰	T	252.02	231.15	237.95	255.97	278.21
	F	258.38	246.45	231.32	269.32	297.40
差值/%		2.5	6.6	9.7	5.2	6.9

注：位移单位为 mm；加速度单位为 mm/s^2。

　　表 7.8 列出了阻尼比变化时第四层楼面加速度变化情况, 增加阻尼比对降低结构加速度峰值较为明显：①在阻尼比从 0.04～0.08 的整个变化过程中, 参考点的 x 向加速度峰值最小降低值为 47.9%, y 向最小降低值为 26.9%, 对结构减振明显。②x 向降低幅度值大于 y 向降低幅度值, 且阻尼比由 0.04 增加至 0.06 时, 加速度降低较为明显, 后降低幅度降低。③当结构阻尼比增加到 0.06 时, 在考察的风速范围内, 加速度值满足规程的舒适度规定的相关要求。

表 7.8　不同阻尼比下监测点加速度峰值　　　　　　　(单位:mm/s²)

阻尼比		风速/(cm/s)				
		8	9	10	11	12
0.04	x	99.73	98.59	95.24	98.96	129.94
	y	241.38	143.12	134.24	185.09	238.21
0.05	x	87.00	82.53	80.502	86.04	114.65
	y	224.76	128.25	127.41	181.00	213.56
0.06	x	76.49	76.16	75.32	80.18	99.45
	y	180.32	121.77	120.40	172.34	194.74
0.07	x	65.19	65.71	64.82	67.06	88.05
	y	169.46	105.44	109.07	163.33	176.31
0.08	x	54.81	54.44	60.87	57.97	70.13
	y	154.01	94.95	98.17	133.15	155.21

7.7　本　章　小　结

本章利用气弹性缩尺比例模型方法对某 4 层冷弯薄壁型钢结构房屋进行了风致响应试验研究，并进行了有限元参数化分析，得到以下结论。

(1)风向角对层间位移影响较大，在 45° 时其值均超限，建议工程应用中考虑当地常见风向，对建筑方位进行合理布置；大部分地区在重现期为 50 年内位移出现超限概率很小，仅当基本风压达到 1.18kN/m² 时才超限。

(2)结构加速度 x 向最不利风向角为 45°，y 向不利风向角为 0° 和 90°；基本风压为 0.6kN/m² 时，加速度峰值超过高层房屋结构技术规程限值。建议对多层房屋当建造地区基本风压大于等于 0.6kN/m² 时，需考虑加速度过大带来的舒适性问题，应采取增设阻措施降低加速度。

(3)在相同风向角下可忽略风速对加速度功率谱曲线的影响；相同风速下随偏角改变功率谱中高阶振型贡献变得明显，x 向加速度甚至出现多个高阶频率峰值，加速度由自振和高阶振型同时起控制作用，在规则体型多层结构风致计算中应对高阶振动给予更多考虑，且自振频率应尽量避开风致造成加速度峰值段的频率。

(4)利用有限元建立模型实现流固耦合作用，分析与试验结果差值在 10%以内，证明有限元分析方法可行；随阻尼增大结构加速度降低明显，且阻尼由比 0.04 增加至 0.06 时加速度降低幅度最大。

参 考 文 献

何保康，郭鹏，王彦敏，等，2008. 高强冷弯型钢骨架墙体抗剪性能试验研究[J].建筑结构学报，29(2)：72-78.

李杰，2008.低层冷弯薄壁型钢结构住宅新型构件性能研究[D].北京：清华大学.

秦雅菲，张其林，秦中慧，等，2006. 冷弯薄壁型钢墙柱骨架的轴压性能试验研究和设计建议[J].建筑结构学报，27(3)：34-41.

瞿伟廉，项海帆，1999. 对高层建筑结构顺风向设计风荷载模型的初步探讨[C]．第九届全国结构风效应学术会议论文集．

沈祖炎，李元齐，王磊，等，2006. 屈服强度550MPa高强冷弯薄壁型钢结构轴心受压构件可靠度分析[J].建筑结构学报，27(03)：26-33.

沈祖炎，刘飞，李元齐，2013．高强超薄壁冷弯型钢低层住宅抗震设计方法[J]，建筑结构学报,34(1):44-51.

王之宏，1994．风荷载的模拟研究[J]，建筑结构学报，15(1):44-52.

项海帆，刘春华，1994．大跨度桥梁耦合抖振响应的时域分析[J].同济大学学报，22(4):451-456.

叶丰，顾明，2003．估计高层建筑顺风向等效风荷载和响应的简化方法[J].工程力学，(20)1:63-66.

禹慧，2007．复杂高耸结构风洞试验及风振响应研究[D].上海：同济大学.

郑治真，1975．波谱分析基础[M]．北京：地震出版社.

中华人民共和国住房和城乡建设部，2011.低层冷弯薄壁型钢房屋建筑技术规程: JGJ 227—2011 [S]．北京：中国环境科学出版社.

中华人民共和国住房和城乡建设部，2011.高层建筑混凝土结构技术规程: JGJ 3—2010 [S]．北京：中国建筑工业出版社.

中华人民共和国住房和城乡建设部，2012. 建筑结构荷载规范: GB 50009—2012 [S]．北京：中国建筑工业出版社.

中华人民共和国住房和城乡建设部，2015.高层民用建筑钢结构技术规程: JGJ 99—2015 [S]．北京：中国建筑工业出版社.

周晓峰，董石麟，2001．巨型钢框架在强风作用下的非线性时程分析[J].工业建筑，31(6):60-62.

ASCE Standards，1993．Minimum Design Loads for Buildings and other Structures [S].ASCE7-93 a revision of ANSI / ASCE 7-88.

Cheng C M，Lo H Y，1999．Across wind responses of square shaped high-rise buildings with eccentricities [C]．Wind Engineering into the 21 Century:631-636.

第8章 风载作用下多层房屋舒适性评价

冷弯薄壁型钢结构房屋结构轻柔，因此横风侧移大于顺风向，引起结构摆动，给居住者带来不舒服的感觉。根据第7章对该类结构体系的风致响应试验，可得知其加速度易超限，由此带来的问题是不满足相关规范限定的加速度限值，且不满足正常使用极限状态的要求，故本章开展舒适度的相关研究。

考虑到冷弯薄壁型钢结构房屋中组合墙体为主要承力构件，但其构成构件数量多，且外覆面板，因此建立精细化模型(黄智光，2011；李元齐等，2013；沈祖炎等，2013)，需对构件间的连接、构件与墙板间的连接进行精确模拟，一方面难以真实模拟构件间的接触、自攻螺钉连接等力学性能，采用过多的假设也会导致模拟失真，使得整体结构风致响应计算复杂。运用SAP2000中的Pivot连接单元和骨架曲线对组合墙体进行模拟，借鉴等代拉杆法的研究思想(梁枢果等，2002；吴函恒等，2013；高宛成和肖岩，2014；陈明等，2015)，进行整体结构非线性简化分析，并将模拟结果与试验结论进行对比验证方法可行性。利用黄智光(2011)所做的墙体试验(试件规格具体见表8.1)，建立某已进行振动台试验的三层该类房屋整体简化力学分析模型，与文献(陈卫海，2008；黄智光，2010；叶继红等，2015)进行结构动力性能对比分析，得到房屋前三阶振型，并采用日本、美国规范给出的结构理论计算周期，与模拟结果进行对比，验证方法的正确性，以便进行房屋整体结构风致响应舒适度评价分析。

表 8.1 墙体试件

类别	编号	试件描述	加载方式		试件参数 (长×高)/m
			竖向力/kN	荷载性质	
第一类	WSC-1	单柱、普通、有斜撑	45		2.682×5.1
	WSC-2	单柱、普通、无斜撑	45		
	WSO-1	单柱、开洞、有斜撑	45		2.682×4.92
	WSO-2	单柱、开洞、无斜撑	45	低周往复荷载	
第二类	WDC-1	双柱、普通、有斜撑	70		2.682×5.1
	WDC-2	双柱、普通、无斜撑	70		
	WDO-1	双柱、开洞、有斜撑	70		2.682×4.92
	WDO-2	双柱、开洞、无斜撑	70		

8.1 房屋整体结构风致响应计算

  黄智光(2011)对某三层房屋整体建模并于足尺模型振动台试验进行了验证,证明模拟结果能很好地与试验吻合。对文献中三层此类房屋进行建模分析。结构平面图为图 8.1,设两个开间,层高 3m,立面图与荷载参见文献(黄智光,2011)。

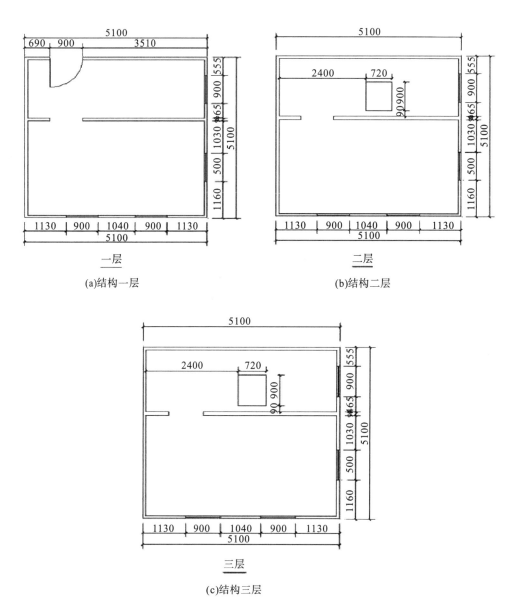

图 8.1   结构平面布置

得到结构前三阶频率及质量参与系数如表 8.2 所示。结构前三阶模态分别对应 y 向平动、x 向平动及扭转。该建筑物总高为 9m。根据式(7.1)、式(7.2)计算得到模型第一周期为 0.25s，与实测第一周期吻合较好，说明采用此法建立多层房屋简化分析模型进行结构地震反应分析对抗震性能研究是可行的。

表 8.2　模态分析频率与文献对比

振型序号	频率		UX		UY		RZ	
	文献	计算	文献	计算	文献	计算	文献	计算
1	4.49	3.43	0.00	0.00	0.93	0.96	0.32	0.34
2	5.39	4.58	0.91	0.99	0.00	0.00	0.24	0.35
3	6.59	6.50	0.03	0.01	0.00	0.00	0.37	0.30

8.2　整体房屋风致响应可行性分析

由于多层该类房屋自重轻，风致作用明显(王之宏，1994；周晓峰和董石麟，2001；舒新玲和周岱，2003；禹慧，2007；魏德敏和边建烽，2007；袁波等，2007；李春祥和都敏，2008；高红伟，2014；王嵘，2017)，位移及加速度均需进行分析，获得其抗风机理，同时为进行风载作用下房屋的舒适度评价提供基础数据。

算例及分析如下。

某多层房屋住宅平面布置见图 8.2。建立 5~7 层层高均为 3m 的房屋，采用墙体简化方法，墙体的抗侧力和滞回性能由 Pivot 单元实现，尺寸采用黄智光(2011)提出的墙体数据进行建模，详见表 8.3 的特征值。根据工程实际及抗震设计规范相关规定，楼板和屋盖

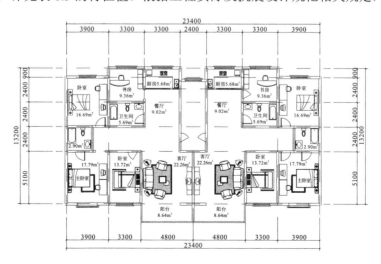

图 8.2　建筑平面布置图

满足平面内刚度无限大要求。模型中荷载取值为：楼面恒载 1.42kN/m²，楼面活载 2.00kN/m²，屋面恒载 0.42kN/m²，屋面活载 0.50kN/m²，考虑东南沿海地区重现期为 10 年，基本风压取 1.10kN/m²。

表 8.3　组合墙体试验数据

墙体编号	弹性荷载		屈服荷载		最大荷载		破坏荷载	
	P_e/kN	Δ_e/mm	P_y/kN	Δ_y/mm	P_{max}/kN	Δ_{max}/mm	P_u/kN	Δ_u/mm
WSC-1	24.30	3.19	53.56	20.84	60.74	39.25	52.13	50.67
WSC-2	18.21	3.1	39.19	13.27	45.52	30.7	38.8	35.41
WSO-1	18.88	4.36	39.72	17.01	47.19	29.68	39.81	44.32
WSO-2	15.98	4.28	33.89	15.44	39.95	25.98	34.01	36.07
WDC-1	33.68	4.99	67.29	17.97	84.21	42.25	71.58	50.16
WDC-2	30.44	4.94	65.06	19.45	76.1	35.12	64.69	47.33
WDO-1	22.17	3.56	48.08	14.31	55.42	23.81	47.11	49.38
WDO-2	23.89	4.54	50.15	18.13	59.73	29.9	50.77	52.85

8.3　多层房屋风致响应参数化分析

结合 7.1 节建模方法，对多层房屋进行改变建筑层数的风致响应分析，获得结构的位移及加速度响应。

8.3.1　不同层数风致响应分析

1. 位移分析

对 5~7 层房屋进行风荷载时程分析(图 8.3)，提取不同结构屋顶处位移响应，计算可得：5 层房屋风荷载作用下最大位移为 2.68mm，则 $\Delta/H = 2.68/15000 \approx 1/5597$；6 层最大位移为 3.95mm，则 $\Delta/H = 3.95/18000 \approx 1/4557$；7 层最大位移为 5.35mm，则 $\Delta/H = 5.35/21000 \approx 1/3925$。参照高层技术规程中风荷载最大位移限值条件中剪力墙 Δ/H 限值为 1/1000，经计算结构顶层位移均小于规范规定限值。

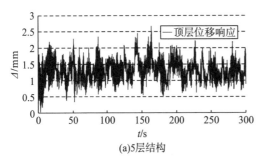

(a)5层结构

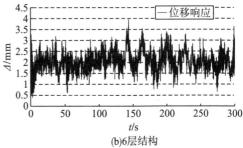

(b)6层结构

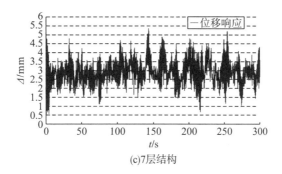

(c)7层结构

图 8.3　风荷载作用下结构位移响应

2. 加速度分析

加速度响应时程曲线见图 8.4，依据《高层建筑混凝土结构技术规程》(JGJ 3—2010)(中华人民共和国住房和城乡建设部，2011)规定，顺风向结构顶点最大加速度不应超过表 8.4 的住宅最大加速度为 150mm/s^2 的限值。由图 8.4 可知：5 层房屋顶层加速度最大值为 518mm/s^2；6 层最大加速度为 543mm/s^2；7 层最大加速度绝对值为 513mm/s^2。参照表 8.4 加速度限值，基本风压 $\omega_0 = 1.1$kN/m^2 时，房屋加速度峰值大于限值，因此多层此类结构体系应考虑风载下房屋的舒适度问题。

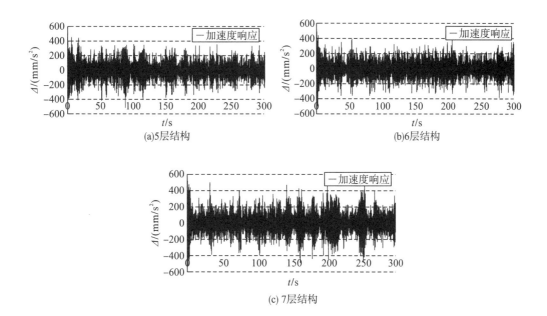

(a)5层结构　　　　　　　　　　(b)6层结构

(c) 7层结构

图 8.4　风荷载作用下结构顶层加速度

表 8.4   结构最大加速度限值

使用功能	$\alpha_{max}/(mm/s^2)$
住宅、公寓	150
办公、旅馆	250

8.3.2   不同风压下房屋风致响应分析

根据我国各地区基本风压划分为几个区域，考虑重现期 10 年，选取基本风压 $0.3kN/m^2$、$0.5kN/m^2$、$0.7kN/m^2$、$0.9kN/m^2$ 四种常见风压，地面粗糙度类别为 C 类。以 6 层房屋为例进行四种基本风压下的风致响应计算。

1. 位移响应

房屋顶部的位移数据如下：①当基本风压 $\omega_0 = 0.3kN/m^2$ 时，结构的最大位移为 0.95mm；当基本风压 $\omega_0 = 0.5kN/m^2$ 时，结构的最大位移为 1.65mm；当基本风压 $\omega_0 = 0.7kN/m^2$ 时，结构的最大位移为 2.45mm；当基本风压 $\omega_0 = 0.9kN/m^2$ 时，结构的最大位移为 3.51mm。②最大位移与建筑总高度比值分别为 1/18947、1/10909、1/7346、1/5128，满足最大位移与总高度比值的相关规定，满足承载能力极限状态中位移限值的规定。

2. 加速度响应

不同最大风压作用下的加速度响应见图 8.5。当 6 层房屋基本风压 $\omega_0 = 0.3kN/m^2$ 时，顶层加速度多在 0～40mm/s²，最大加速度绝对值为 100mm/s²；基本风压 $\omega_0 = 0.5kN/m^2$，顶层加速度多在 0～47mm/s²，最大加速度绝对值为 170mm/s²；基本风压 $\omega_0 = 0.7kN/m^2$，顶层加速度多在 0～123mm/s²，最大加速度绝对值为 314mm/s²；基本风压 $\omega_0 = 0.9kN/m^2$，顶层加速度多在 0～200mm/s²，最大加速度绝对值为 492mm/s²。依据表 8.4 的结构最大加速度限值规定，基本风压 $\omega_0 = 0.3kN/m^2$ 时，多层房屋加速度峰值 100mm/s² 小于限值规定，基本风压 $\omega_0 = 0.5kN/m^2$ 时，加速度峰值 170mm/s² 略大于最大规定限值；基本风压 $\omega_0 = 0.7kN/m^2$、$\omega_0 = 0.9kN/m^2$ 时，顶层加速度峰值 314mm/s²、492mm/s² 远大于加速度规定限值。

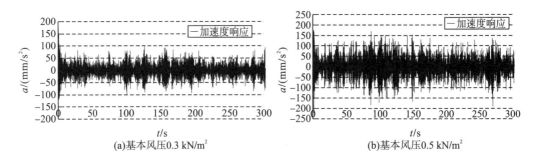

(a)基本风压0.3 kN/m²   (b)基本风压0.5 kN/m²

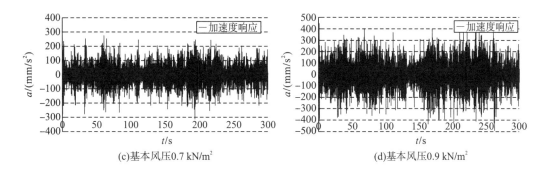

(c)基本风压0.7 kN/m²　　　　　　　　　(d)基本风压0.9 kN/m²

图 8.5　不同风压结构加速度响应

8.3.3　房屋区域修建建议

根据相关规范，结合风载作用下多层房屋顶层峰值加速度，可以得出以下结论：基本风压为 0.4kN/m² 的区域，修建多层房屋可以通过现有构造措施对结构进行加强；基本风压为 0.5kN/m²、0.6kN/m²、0.7 kN/ m² 的区域，修建多层房屋应充分考虑舒适度问题；基本风压大于 0.8kN/m² 的区域，不建议修建此类多层房屋。

我国绝大部分区域基本风压为 0.3kN/m²、0.4kN/m² 及 0.5kN/m²，基本风压大于等于 0.8kN/m² 的区域主要集中于东南沿海城市及海南省一带。结合适用条件限制，多层冷弯薄壁型钢房屋适合修建于除广西、广东、福建、浙江、上海及海南等靠海地区以外的其他绝大部分区域。

8.4　多层房屋风致响应减振措施

多层房屋在进行抗震及风致响应分析时墙-梁连接认为是铰接，采用第 2 章楼层连接处加强处置方式，加强后能明显提高墙体的抗侧刚度(Yoshimichi，1999；周绪红等，2006；周天华等，2006；Dan，2007；何保康等，2008；高红伟等，2015；王嵘等，2015)，提高摩擦阻尼，结构自振周期会降低，能够降低风载下结构振动响应。

8.4.1　墙梁连接域构造加强

针对墙-梁构造加强后房屋顶层加速度进行分析，以 6 层房屋为例，对比基本风压0.3kN/m²、0.5kN/m²、0.7kN/m²、0.9kN/m² 时顶层加速度响应见表 8.5。可看到：连接域加强后结构顶层加速度下降明显，原结构在基本风压 0.3kN/m² 时顶层峰值加速度降低190%；基本风压 0.5kN/m² 时顶层峰值加速度降低115%；基本风压 0.7kN/m² 时顶层峰值加速度降低153%；加强后房屋修建在基本风压小于 0.7kN/m² 地区也可满足舒适度要求。

基本风压 0.9kN/m² 的加速度降低 147%，但顶层加速度峰值 199mm/s² 仍然超过表 8.4 规定的限值，可用于办公楼建筑中，采用加强措施后的多层房屋视功能进行修建，且需进行构造加强设计。

表 8.5 峰值加速度对比

基本风压/(kN/m²)		0.3	0.5	0.7	0.9
加速度峰值/(mm/s²)	原有结构	100	170	314	492
	墙梁加强	34	79	124	199

8.4.2 加跨层斜撑

已有研究表明：单层墙架柱间加设斜撑后可使墙体抗侧能力提高(刘晶波等，2008；石宇，2008；史三元等，2010；马荣奎，2014)，楼层连接处为薄弱处，增加跨层斜撑能明显提高上下层墙段协同工作能力，进而提高房屋抗风能力。以 6 层房屋为例，对比基本风压 0.3kN/m²、0.5kN/m²、0.7kN/m²、0.9kN/m² 时顶层加速度见图 8.6，可知：①添加斜撑后自振周期由 0.54s 减小到 0.24s，基本风压 0.3kN/m² 顶层峰值加速度为 100 mm/s²，加斜撑后顶层峰值加速度为 105mm/s²，加速度峰值并没有减小；②基本风压 0.5kN/m² 顶层峰值加速度为 170mm/s²，加斜撑后顶层峰值加速度为 226mm/s²；基本风压 0.7kN/m² 顶层峰值加速度为 314mm/s²，加斜撑后顶层峰值加速度为 283mm/s²；基本风压 0.9kN/m² 顶层峰值加速度为 482mm/s²，加斜撑后顶层峰值加速度为 456mm/s²；增加层间斜撑虽可增加结构整体性，但对多层房屋舒适度性能影响不大。

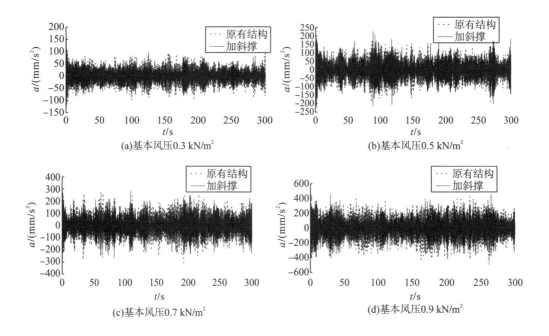

图 8.6 结构顶层加速度对比

8.5　本　章　小　结

本章建立了多层冷弯薄壁型钢房屋简化力学计算模型，将脉动风压施加于房屋结构，给出加强对策，对相关策略进行可行性分析，可以得到下列结论。

(1) 对 5～7 层房屋风致响应进行计算，获得顶层位移与加速度，建筑顶部最大位移与建筑总高度之比小于规范规定的 1/1000 的限值条件。

(2) 结合舒适度评价标准，对多层房屋进行风致响应分析，5~7 层房屋可修建于基本风压为 $0.3kN/m^2$ 的区域；当修建于基本风压 $0.5kN/m^2$ 及 $0.7kN/m^2$ 的区域时应考虑风载作用下结构舒适度问题，并进行结构舒适度设计；当修建于基本风压 $0.9kN/m^2$ 及 $1.1kN/m^2$ 区域时，应慎重考虑。

(3) 采用墙梁加强构造措施能明显提高结构抗侧性能，房屋顶层加速度有明显下降，加强后房屋可修建于 $0.7kN/m^2$ 的区域。增设墙架柱层间斜撑的方法可明显提高结构整体性，刚度变大自振周期降低，但对降低结构顶层加速度作用不明显。

参 考 文 献

陈明，马晓飞，赵根田，2015. 冷弯型钢组合截面 T 形节点抗震性能研究[J]. 工程力学，32(1)：184-191.

陈卫海，2008. 高强冷弯薄壁型钢骨架带交叉支撑墙体抗剪性能研究[D]. 西安：西安建筑科技大学.

高红伟，2014. 多层冷弯薄壁型钢房屋风致响应分析与抗风对策[D]. 绵阳：西南科技大学.

高红伟，姚勇，褚云朋，等，2015. 多层冷弯薄壁型钢房屋脉动风速风压模拟[J]. 四川建筑科学研究，41(2)：51-54，60.

高宛成，肖岩，2014. 冷弯薄壁型钢组合墙体受剪性能研究综述[J]. 建筑结构学报，35(4)：30-40.

何保康，郭鹏，王彦敏，等，2008. 高强冷弯型钢骨架墙体抗剪性能试验研究[J].建筑结构学报，29(2)：72-78.

黄智光，2010. 低层冷弯薄壁型钢房屋抗震性能研究[D]. 西安：西安建筑科技大学.

黄智光，2011. 低层冷弯薄壁型钢房屋抗震性能研究[D]. 西安：西安建筑科技大学.

李春祥，都敏，2008. 超高层建筑脉动风速时程的数值模拟研究[J]. 振动与冲击，27(3)：124-135.

李元齐，刘飞，沈祖炎，2013. 高强薄壁冷弯型钢低层住宅足尺模型振动台试验[J]. 建筑结构学报，34(1)：36-43.

梁枢果，李辉民，瞿伟廉，2002. 高层建筑风荷载计算中的基本振型表达式分析[J]. 同济大学学报(自然科学版)，5：41-45.

刘晶波，陈鸣，刘祥庆，等，2008. 低层冷弯薄壁型钢结构住宅整体性能分析[J]. 建筑科学与工程学报，25(4)：6-12.

马荣奎，2014. 低层冷弯薄壁型钢龙骨体系房屋抗震性能精细化数值模拟研究[D]. 上海：同济大学.

沈祖炎，刘飞，李元齐，2013. 高强超薄壁冷弯型钢低层住宅抗震设计方法[J]. 建筑结构学报，34(1)：44-51.

石宇，2008. 水平地震作用下多层冷弯薄壁型钢结构住宅的抗震性能研究[D]. 西安：长安大学.

史三元，邵莎莎，陈林，等，2010. 多层冷弯薄壁型钢结构住宅抗震性能分析[J]. 河北工程大学学报：自然科学版，27(4)：1-4.

舒新玲，周岱，2003. 风速时程 AR 模拟及其快速实现[J]. 空间结构，9(4)：27-32.

王嵘，2017. 多层冷弯薄壁型钢结构房屋风致响应研究[D]. 绵阳：西南科技大学.

王嵘，姚勇，褚云朋，2015. 不同风向角下多层冷弯薄壁型钢结构风致响应数值模拟[J]. 建筑科学，31(11)：103-108.

王之宏，1994. 风荷载的模拟研究[J]. 建筑结构学报，15(1)：44-52.

魏德敏，边建烽，2007. 球面网壳结构风振响应时程分析[J]. 华南理工大学学报(自然科学版)，35(11)：1-7.

吴函恒，周天华，石宇，2013. 地震作用下冷弯薄壁型钢结构房屋弹塑性位移简化计算研究[J]. 工程力学，30(7)：180-186.

叶继红，陈伟，彭贝，等，2015. 冷弯薄壁 C 型钢承重组合墙耐火性能简化理论模型研究[J]. 建筑结构学报，36(8)：123-132.

禹慧，2007. 复杂高耸结构风洞试验及风振响应研究[D]. 上海：同济大学.

袁波，应惠清，徐佳炜，2007. 基于线性滤波法的脉动风速模拟及其 MATLAB 程序实现[J]. 结构工程师，23(4)：55-61.

中华人民共和国住房和城乡建设部，2011.高层建筑混凝土结构技术规程: JGJ 3—2010 [S]. 北京：中国建筑工业出版社.

周天华，石宇，何保康，等，2006. 冷弯型钢组合墙体抗剪承载力试验研究[J]. 西安建筑科技大学学报(自然科学版)，38(1)：
    83-88.

周晓峰，董石麟，2001. 巨型钢框架在强风作用下的非线性时程分析[J]. 工业建筑，31(6)：60-62.

周绪红，石宇，周天华，等，2006. 冷弯薄壁型钢结构住宅组合墙体受剪性能研究[J]. 建筑结构学报，27(3)：42-47.

Dan D，2007. 冷成型钢框架房屋的抗震性能[J]. 建筑钢结构进展，9(1)：1-17.

Yoshimichi K，1999. Seismic resistance and design of steel-framed house[J].Nippon Steel Technical Report，79：6-16.

第9章 基于清单计价模式的低层房屋经济性分析

9.1 冷弯薄壁型钢结构工程案例

9.1.1 基本概况

工程案例为河南省云台山某两层住宅别墅，该住宅结构采用冷弯薄壁型钢结构体系，建筑面积约为170m²。建筑各层平面图如图9.1~图9.3所示。一层层高为3.75m，二层层高为3.45m，屋顶为1:2的坡屋顶，建筑设计使用年限为50年，抗震设防烈度为7度。本案例结构主体采用C型冷弯薄壁型钢作为主材，规格为90mm×45mm×20mm×1.5mm，符合《冷弯薄壁型钢结构技术规范》(GB 50018—2002)(中华人民共和国建设部，2003)中规定：冷弯薄壁型钢结构构件的壁厚不宜大于6mm，也不宜小于1.5mm，主要承重结构构件的壁厚不宜小于2mm。主体框架主要包括屋面、墙体、楼面等，构件之间由铆钉连接，围护结构中内墙采用12mm厚石膏板，外墙采用10mm厚欧松板、新型复合墙体材料等板材，墙体材料与主体骨架间通过自攻螺钉固定拼接，框架内填充75mm厚保温玻璃棉。

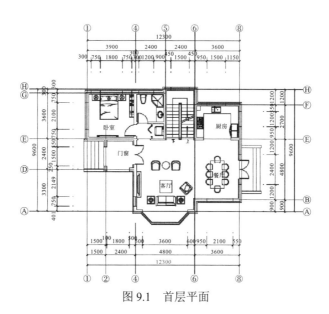

图 9.1 首层平面

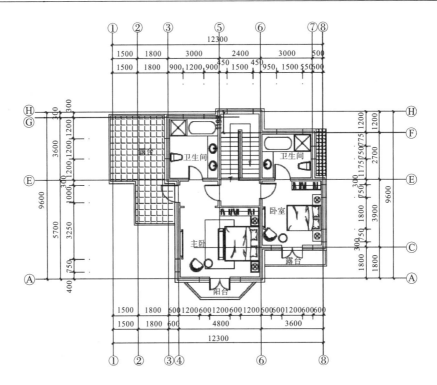

图 9.2   建筑二层平面

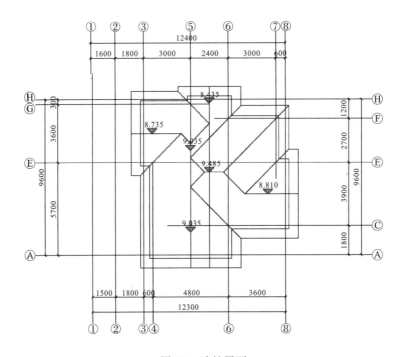

图 9.3   建筑屋面

9.1.2　结构特点

下面对该冷弯薄壁型钢结构房屋结构设计特点进行介绍,以便更好地获得其造价信息。

1. 墙体连接件

结构主体框架转角、门窗等节点与基础地梁通过抗拔连接件连接(何保康和周天华;2007;庞迎波,2009;南晶晶等,2009;叶继红,2016),此外,墙体框架与地梁之间以 1200mm 的间距设有抗剪螺栓,抗剪螺栓居中放置,当遇墙体竖向立柱时,抗剪螺栓移至不影响立柱安装的位置,且与立柱距离不大于 60mm。抗拔螺栓及抗剪螺栓如图 9.4、图 9.5 所示。

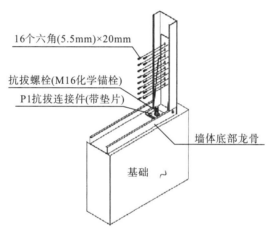

图 9.4　抗拔连接件与基础连接示意

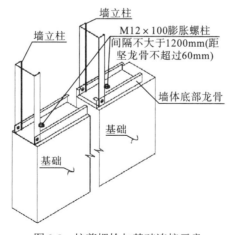

图 9.5　抗剪螺栓与基础连接示意

2. 平面桁架楼层梁

通常情况下，底层同基础间采用抗拔件进行连接（郭彦林和陈绍蕃，1990；秦雅菲等，2006；沈祖炎等，2006；石宇等，2010；Pham and Hancock, 2013；Iman et al., 2016），案例中楼层梁采用冷弯薄壁型钢平面桁架体系，其跨越能力很强，平面布置如图9.6所示。

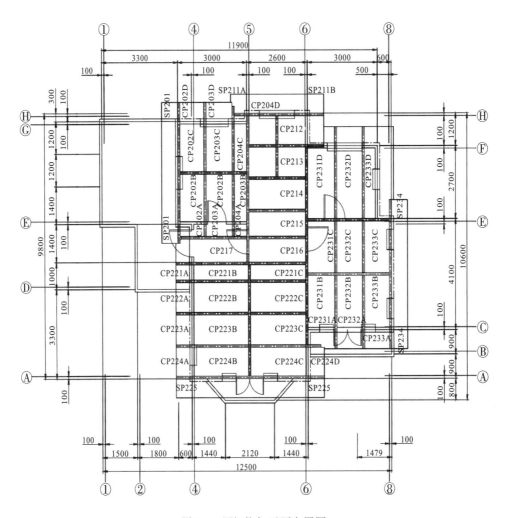

图 9.6　层间桁架平面布置图

当跨度较大时，可采用平面桁架代替实腹式梁，由若干杆件构成一种平面或空间的格构式桁架，刚度更大，承载力及刚度均较大。在支座处允许桁架在一个支点处移动，以避免因荷载和温度变化产生内应力，且杆件仅承受拉力或压力，受力均匀，因此案例中采用平面桁架作为楼层梁，将水平荷载均匀分散传递给竖向墙架柱。

3.多变坡屋顶结构

此类结构当前多用于别墅,也有部分用于新农村房屋建设。坡屋顶是轻钢结构房屋建筑设计中常采用的屋面形式,通常有单坡式、双坡式、四坡式及折腰式等,双坡式和四坡式在钢结构建筑中较为常见(石宇,2005;李杰,2008;高宛成和肖岩,2014;陈伟等,2017)。本案例以冷弯薄壁型钢作为屋面桁架结构主材,采用工厂预制加工方式制作,制作加工较为方便,因此,允许屋面形式复杂多变而不会影响施工。案例中屋面结构标高有8.435m、8.735m、8.810m、9.035m、9.485m,标高间间隔1.05m,屋架详图如9.7所示。

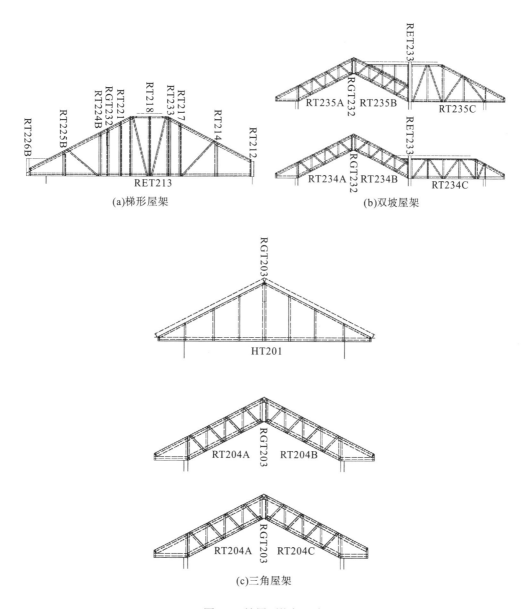

图 9.7 坡屋顶桁架示意

9.2　钢筋混凝土框架结构

9.2.1　基本参数设计

1. 建筑设计基本参数

钢筋混凝土框架结构案例建筑方案以 9.1 节中所介绍的冷弯薄壁型钢结构体系建筑为标准，结构平面尺寸均以冷弯薄壁型钢结构建筑轴线尺寸为准，竖向结构尺寸以冷弯薄壁型钢结构建筑竖向标高尺寸为准，以此确保所设计的钢筋混凝土框架结构建筑与冷弯薄壁型钢结构建筑使用功能相同。钢筋混凝土框架结构建筑平面图与冷弯薄壁型钢结构建筑平面图相同，如图 9.1～图 9.3 所示。

2. 结构设计基本参数

据 9.1 节中冷弯薄壁型钢结构建筑设计基本参数确定本案例钢筋混凝土结构设计基本参数：抗震设防烈度为 7 度，设计基本地震加速度为 0.15g，设计地震分组为第一组，建筑设防类别为丙类。具体结构设计相关参数如图 9.8 所示。

(a)结构总信息表　　　　　　(b)材料信息表　　　　　　(c)地震信息表

图 9.8　钢筋混凝土结构设计基本参数图

9.2.2　主体结构设计

1. 基础设计

按《建筑地基基础设计规范》(GB 50007—2011)(中华人民共和国住房和城乡建设部，2011)地基基础设计相关要求，本案例基础设计等级为丙级，设计使用年限为 50 年，地基承载力特征值大于 130kPa，建筑层数为 2 层，可不做地基变形验算。

本案例基础采用柱下独立基础，按照建筑设计基本情况，独立基础平面布置如图 9.9

所示，剖面图如图 9.10 所示。基础垫层厚度为 100mm，混凝土强度等级为 C15。独立基础高度均为 450mm，底板受力钢筋直径为 12mm，间距为 150mm，配筋率满足最小配筋率不应小于 0.15%的要求，钢筋保护层厚度为 40mm，混凝土强度等级为 C30。

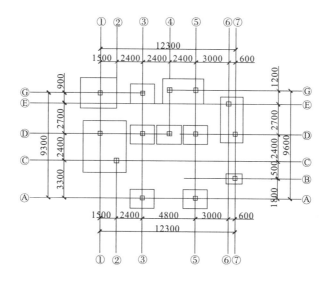

图 9.9 独立基础平面布置

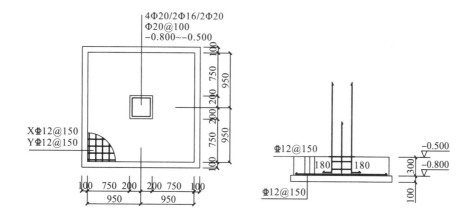

图 9.10 独立基础剖面

2. 主要构件尺寸设计

本案例主体结构为钢筋混凝土框架结构(以下简称框架结构)，梁、板、柱混凝土均采用 C25，梁、板、柱主筋均选用 HRB335，箍筋均选用 HPB300。结构设计使用年限为 50 年。在冷弯薄壁型钢结构房屋建筑轴线、使用功能等相同的条件下，根据建筑功能要求及框架结构体系荷载传递路线确定梁系布置方案。本案例各层结构平面布置图如图 9.11、图 9.12 所示。

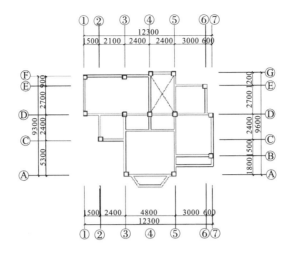

图9.11　1层结构平面布置

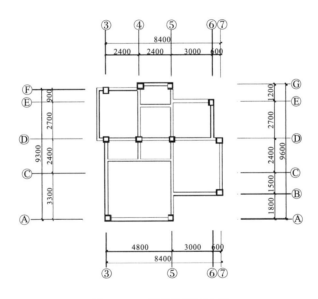

图9.12　2层结构平面布置

1）框架梁截面尺寸

根据对本案例框架结构房屋主要框架梁截面尺寸进行计算，结果如表9.1所示。

表9.1　框架结构房屋梁截面尺寸计算汇总表

轴线编号	计算跨度 l_0	梁截面高度 h	梁截面宽度 b
A-D	5700	500	200
B-D	3900	400	200
C-D	2400	200	200

续表

轴线编号	计算跨度 l_0	梁截面高度 h	梁截面宽度 b
D-E	2700	300	200
D-F	3600	350	200
D-G	3900	400	200
1-3	3900	500	250
2-3	2400	200	200
3-4	2400	200	200
4-5	2400	200	200
5-6	3000	300	200
5-7	3600	300	200

2) 框架柱截面尺寸

对本案例框架柱截面尺寸进行初步估算，且在满足规范对尺寸的要求的情况下，框架柱的尺寸为 400mm×400mm 时已能满足各方面的需求。

3) 楼板设计

本案例中，楼板及屋面楼盖均采用现浇钢筋混凝土梁板结构，1 层楼板厚度取 120mm，2 层楼板厚度取 100mm，阳台、卫生间、雨篷及不上人屋面板等部分取 100mm，满足《混凝土结构设计规范》（GB 50010—2010）（中华人民共和国住房和城乡建设部，2011）中对现浇钢筋混凝土板最小厚度的要求。

4) 楼面荷载

楼面荷载包括永久荷载和可变荷载两部分，即恒荷载、活荷载。恒荷载可按照楼面实际构造层各自荷载分别计算后汇总，在实际设计过程中乘以相应的荷载分项系数；活荷载则根据楼面使用类别由荷载规范中所规定的取值确定，再乘以相应的荷载分项系数即可。在本案例设计过程中，楼面主要恒荷载、活荷载如表 9.2～表 9.5 所示。

表 9.2　1 层楼面恒荷载（板厚 120mm）

构造层	面荷载/(kN/m²)
面层装饰荷载	1.1
结构层：120mm 厚现浇钢筋混凝土板	0.120×25=3.0
抹灰层/吊顶荷载	0.2
合计	4.3

表9.3 2层楼面恒荷载(板厚100mm)

构造层	面荷载/(kN/m²)
结构层：100mm 厚现浇钢筋混凝土板	0.100×25=2.5
抹灰层/吊顶荷载	0.2
合计	2.7

表9.4 不上人斜坡屋面恒荷载(板厚100mm)

构造层	面荷载/(kN/m²)
面层：3mm 厚沥青瓦	0.003×11=0.033
防水层：改性沥青防水卷材	0.5
找平层：20mm 厚水泥砂浆	20×0.2=4
结构层：100mm 厚现浇钢筋混凝土板	0.100×25=2.5
合计	7.033 取 7.1

表9.5 楼面活荷载取值

序号	类别	活荷载标准值/(kN/m²)
1	一般楼面活荷载	2.0
2	餐厅活荷载	4.0
3	斜坡屋面活荷载	0.5
4	卫生间活荷载	2.5
5	阳台、楼梯间活荷载	3.5
6	其他活动空间活荷载	2.0

按照以上基本情况，采用 PKPM 结构设计软件对该框架结构案例进行相应的建筑模型设计及相关受力、配筋验算，结果均符合相关规范要求，此处不再做过多赘述。

9.3 砖 混 结 构

砖混结构房屋是我国房屋建筑中可追溯时期较长的建筑结构形式，其工程应用已很成熟。在本案例中砖混结构房屋同冷弯薄壁型钢结构房屋建筑轴线相同，保证砖混结构房屋抗震等级、使用功能等相同的情况下进行设计。本章仅对砖混结构房屋墙体设计、构造措施等两方面进行研究，便于进行经济性能对比。

9.3.1　墙体结构设计

《建筑抗震设计规范》(GB 50011—2010)(中华人民共和国住房和城乡建设部, 2011)中表 7.1.2 房屋的层数和总高度限值规定了在抗震设防烈度地震加速度条件下, 房屋最小抗震墙厚度、高度、层数等数值。在本案例中, 砖混结构房屋抗震设防烈度为 7 度, 设计基本地震加速度为 0.15g, 查表可得墙体最小厚度应为 240mm。考虑结构整体抗震性能, 最终确定外墙厚度为 240mm, 内墙为厚度 200mm。墙体室外地坪以下部分选用 MU15 烧结普通砖, M5 水泥砂浆; 室外地平以上部分选用 MU20 烧结普通砖, MU7.5 混合砂浆。按照《砌体结构设计规范》(GB 50003—2011)(中华人民共和国住房和城乡建设部, 2011)中 6.1.1 条对墙体高厚比进行验算, 验算结果显示, 各墙体结构高厚比符合规范要求。

9.3.2　构造措施

构造措施是为抵抗地震作用而对结构或非结构部分设置的细部要求。实践表明, 砖混结构房屋在地震作用下, 墙身是主要的破坏部位, 因此在结构设计中采用构造柱对墙体进行加强, 采用各种抗震构造措施以提高整体性, 如圈梁、过梁等构件。

在本案例中, 按照《建筑抗震设计规范》(GB 50011—2010)(中华人民共和国住房和城乡建设部, 2011)要求, 在外墙转角处、内外墙交接处、楼梯间四角设置构造柱, 外墙为 240mm×240mm, 内墙为 200mm×200mm, C25 细石混凝土现浇, 内配 4Φ12 钢筋, 箍筋为 Φ8@200, 柱上下端加密 500mm, 加密区箍筋为 Φ8@100。构造柱纵筋伸入室外地坪以下, 与地下条形基础相连, 且上下贯通。

圈梁与构造柱有效连接, 可增强房屋整体性, 提高其抗震性能。案例中在各层楼盖处均设置闭合圈梁, C25 细石混凝土现浇, 截面尺寸为 240mm×240mm, 内配 4Φ12 钢筋, 箍筋为 Φ8@200, 加密处为 Φ8@100, 加密长度为 500mm。门窗洞口上方设置过梁, 宽度同墙宽, 两端各伸入墙内 250mm, 配筋参考西南 03G301(一)图集中相关要求。在墙体转角或纵横墙交接处沿墙高每间隔 500mm, 设 2 根 Φ6 拉结钢筋, 伸入墙内 2000mm, 保证墙体整体性能。

9.4　工程量清单的编制与比较

9.4.1　工程量清单编制依据

工程量清单由分部分项工程量清单、措施项目清单、其他项目清单、规费项目清单、税金项目清单等组成, 是招标人或招标代理机构按照工程实际情况, 根据《建设工程工程量清单计价规范》(GB 50050—2013)(中华人民共和国住房和城乡建设部,2013)(下文简称《计价规范》)要求编制的招标文件重要组成部分,是建设工程实行工程量清单计价的基础。工程量清单编制的主要依据包括:①《计价规范》;②国家或省级、行业建设主管部门颁发的计价依据和办法;③建设工程设计文件;④与建设工程项目有关的标准、规范、技术资料;⑤招标文件及其补充通知、答疑纪要;⑥施工现场情况、工程特点及常规施工方案;⑦其他相关资料。

分部分项工程量清单由项目编码、项目名称、项目特征、计量单位、工程量等五要素构成,《计价规范》附录中对五要素做了详细规定,在清单编制过程中将严格按照《计价规范》要求实施。

编制工程量清单的重点在于分部分项工程量的计算,工程量计算主要按照工程分类,根据现行的《房屋建筑与装饰工程工程量计算规范》(GB 50500—2013)(中华人民共和国住房和城乡建设部,2013)(下文简称《计算规范》)中相关计算规则进行计算即可。《计算规范》将房屋建筑与装饰工程中较常见的工程项目划分为土石方工程、地基处理与边坡支护工程、砌筑工程、混凝土与钢筋混凝土工程等 17 个工程项目,并详细规定了各项目清单的项目编码、工程量计算规则、计量单位等内容(朱榆萍,2016;侯鸿杰等,2018),将此种计价模式用于冷弯薄壁型钢结构房屋体系中计价较为合适。

9.4.2 工程量计算

工程量计算是指建设工程项目以工程设计图纸、施工组织设计或施工方案及有关技术经济文件为依据,按照相关国家标准的计算规则、计量单位等规定,进行工程数量的计算活动,在工程建设中简称"工程计量"。针对不同的建筑结构形式,工程计量过程中涉及的工程项目种类可能有所不同,其中的计算规则等亦有所区分,因此,本节分别对所选用的三种结构建筑的工程计量依据、计量过程进行分析,得知三种结构在计量过程中的异同点。

1. 广联达图形算量软件应用

广联达图形算量软件是广联达软件股份有限公司立足于工程项目全生命周期,以造价控制及管理为核心而出品的一款用于建设工程计量的专业软件。软件操作流程主要包括:新建工程—工程设置—建立轴网—建立构件—绘制构件—汇总计算—打印报表—保存工程—退出软件。工程设置过程中可对新建工程信息、楼层信息、工程量表、外部清单、计算规则等内容进行设置,以适应各个新建项目的应用。工程计量主要步骤是对建设工程构件进行绘制,构件输入分为绘图输入、表格输入两种方式,其中,绘图输入又将建设工程构件划分为墙、门窗洞、柱、梁、板、楼梯、装修、土方、基础等项目,计量人员根据工程情况对各个构件进行绘制。最后,对建立的建设工程模型进行汇总计算,即可得到所需建设工程的工程量。

2. 冷弯薄壁型钢结构房屋工程量计算

建筑结构形式在一定程度上可以确定该建筑可能涉及的工程项目,研究表明冷弯薄壁型钢结构房屋所涉及的工程项目在现有的《计算规范》中较为欠缺,因此,在对冷弯薄壁型钢结构房屋工程量进行计算的过程中可遵循的计算规则较少。冷弯薄壁型钢结构房屋工程量计算,按照建筑结构组成将其划分为基础工程、主体钢结构工程、围护结构工程、屋面工程、装饰工程五个主要部分。根据冷弯薄壁型钢结构房屋的实际建造情况,主要按照以下规则进行工程量计算。

1) 基础工程

基础工程工程量主要为土石方工程、混凝土及钢筋混凝土工程相关项目,现行《计算规范》中已对此类项目计算规则做出明确规定,因此,基础工程工程量计算参考《计算规范》中关于土石方工程、混凝土及钢筋混凝土工程项目的工程量计算规则进行计算。

2) 主体钢结构工程

主体结构工程工程量主要指作为建筑主体的钢结构工程。主体钢结构工程量计算参考《计算规范》中"金属结构工程"相关项目,按设计图示尺寸进行质量计算。不扣除孔眼的质量,螺栓、铆钉等质量不增加。

案例采用冷弯薄壁型钢规格为 C90mm×45mm×20mm×1.5mm,根据《通用冷弯开口型钢尺寸、外形、重量及允许偏差》(GB/T 6723—2008)可查得,该规格型钢不在所列通用型钢规格范围之内,即为不常用规格型钢。根据冷弯 C 型钢单位长度理论重量计算公式 W=截面展开长度×厚度×密度,可得到所选规格冷弯薄壁 C 型钢单位长度理论重量 W=2.607kg/m。

3) 围护结构工程

《建筑工程建筑面积计算规范》(GB/T 50353—2005)中规定:围护结构是指建筑及房间各面的围挡物(如门、窗、墙等)构成建筑空间,抵御环境不利影响的构件。冷弯薄壁型钢结构房屋门、窗工程量与传统结构房屋门、窗工程量计算规则相同,在此处不做过多赘述,主要考虑墙体工程量。

实践表明,冷弯薄壁型钢结构房屋墙面装饰既能发挥装饰效果,又能作为围护结构使用,而在《计算规范》中对于冷弯薄壁型钢结构房屋中的围护结构类型的工程量计算规则相对较少,因此,围护结构工程量计算规则参考墙面装饰计算规则,即现行《计算规范》附录 M 墙、柱面装饰与隔断、幕墙工程。总结《计算规范》中所述墙面装饰工程量计算规则,传统钢筋混凝土结构建筑在计算墙面装饰工程量时存在两个重点:①墙裙、门窗洞口、门窗洞口侧壁、单个孔洞面积及附墙柱、梁、垛、烟囱侧壁等面积是否应计入工程量内;②材料厚度是否应考虑入墙面计算尺寸内。

冷弯薄壁型钢结构房屋墙面以板材、复合板材铺装为主，结合上述现行《计算规范》中已有墙面装饰工程量计算所需考虑重点及冷弯薄壁型钢房屋墙面板材施工工艺、材料特点，提出冷弯薄壁型钢结构房屋墙面工程计算规则："按设计图示尺寸以实际安装面积计算，扣除门窗洞口及单个大于 0.3 ㎡的孔洞所占面积。"

4）屋面工程

冷弯薄壁型钢结构房屋屋面工程工程量计算包括屋面钢桁架、钢屋面架、屋面板材基层、卷材防水层、屋面面层等项目。

屋面钢桁架、钢屋面桁架等项目工程量计算按照主体钢结构工程量计算规则"按设计图示尺寸以质量计算，不扣除孔眼的质量，焊条、铆钉等不另增加质量"计算其工程量。

现行《计算规范》附录 J 屋面及防水工程中对瓦、型材屋面、屋面防水等工程项目计算规则做出规定，其中，屋面项目包括瓦屋面、型材屋面、阳光板屋面、玻璃钢屋面、膜结构屋面等。在对比各项目计算规则后，提出屋面板材基层项目工程计算规则："按设计图示尺寸以斜面积计算；不扣除屋面面积小于等于 $0.3m^2$ 孔洞所占面积"。

屋面卷材防水项目工程量则按照现行《计算规范》中已有屋面卷材防水项目计算规则"按设计图示尺寸以面积计算，斜屋顶(不包括平屋顶找坡)按斜面积计算，不扣除放上烟囱、风帽、屋面小气窗和斜沟所占面积"计算其工程量。

屋面面层根据其所用材料，参考《计算规范》中"瓦屋面"项目进行立项，工程量计算规则为："按设计图示尺寸以斜面积计算，不扣除房上烟囱、小气窗、斜沟等所占面积，小气窗的出檐部分不增加面积。"

5）装饰工程

传统结构建筑装饰工程包含楼地面、墙面、天棚等装饰项目，在冷弯薄壁型钢结构建筑中，由于维护结构工程所采用建筑材料通常能起到装饰墙面的作用，因此，该结构装饰工程不含墙面装饰工程，只包含楼地面、天棚等工程项目。楼地面、天棚、吊顶等装饰工程做法及施工方法通常与传统钢筋混凝土结构相似，故其工程量计算参考《计算规范》中相关项目计算规则进行工程量计算。

3. 框架结构房屋工程量计算

框架结构房屋工程量计算涉及项目大致包括土石方工程、桩基工程、砌筑工程、混凝土及钢筋混凝土工程、屋面及防水工程、楼地面装饰工程、等工程项目。现行《房屋建筑与装饰工程工程量计算规范》(GB 50854—2013)(中华人民共和国住房和城乡建设部，2013)中已对框架结构建筑可能涉及的工程项目工程量计算规则做出明确规定，因此，本书对框架结构房屋工程量计算时较多地参考《计算规范》中的相关规定。同时，借助工程量计算工具——广联达计量系列软件，进行电算手算相结合的工程量计算方式。

4. 砖混结构房屋工程量计算

砖混结构房屋起源于 19 世纪,距今已有数百年历史,是建筑行业较为古老的一种建筑结构形式。中华人民共和国成立后建设中期,大多数新建建筑为砖混结构,因此,无论是建筑结构设计还是建筑工程造价,对于砖混结构建筑都已形成较为可行的规范。现行《计算规范》中对砖混结构建筑可能涉及的工程项目工程量计算规则规定已较为完备,因此,在计算砖混结构房屋工程量时,可参考该规范进行。

9.4.3　工程量清单的编制

1. 冷弯薄壁型钢结构房屋工程量清单编制

《计算规范》中 4.1.3 编制工程量清单出现附录中未包括的项目,编制人应做补充,并报省级或行业工程造价管理机构备案,省级或行业工程造价管理机构应汇总报往住房和城乡建设部标准定额研究所。

补充项目的编码由本规范的代码 01B 和阿拉伯数字组成,并应从 01B001 起顺序编制,同一招标工程的项目不得重码。补充的工程量清单需附有补充项目的名称、项目特征、计量单位、工程量计算规则、工作内容。不能计量的措施项目需附有补充项目的名称、工作内容及包含范围。

根据冷弯薄壁型钢结构房屋结构特点及以上对补充项目所做的相关规定,本冷弯薄壁型钢结构房屋补充项目如表 9.6 所示。结合冷弯薄壁型钢结构房屋主要工程分部,按照各个分部中所包含的工程内容编制项目名称、项目编码、项目特征、计量单位、工程量等,得到冷弯薄壁型钢结构房屋工程量清单。

表 9.6　冷弯薄壁型钢结构建筑工程量清单补充项目表

序号	项目编码	项目名称	项目特征描述	计量单位	工程量
1	01B001001	钢楼板架	(1)钢材品种、规格:LQ55090×45×20×0.6 (2)螺栓种类:平头自攻螺 4.8mm×19mm	t	1.218
2	01B001002	钢屋面板架	(1)钢材品种、规格:LQ550 90×45×20×0.6 (2)螺栓种类:平头自攻螺 4.8mm×19mm	t	1.565
3	01B002001	墙面装饰板	(1)龙骨材料种类、规格、中距:钢墙架 (2)隔离层材料种类、规格:铝箔 (3)基层材料种类、规格:欧松板 9mm、1200mm×2400mm (4)面层材料品种、规格、颜色:仿文化石装饰板、16mm	m²	133.27
4	01B002002	墙面装饰板	(1)龙骨材料种类、规格、中距:钢墙架 (2)隔离层材料种类、规格:铝箔	m²	114.18

序号	项目编码	项目名称	项目特征描述	计量单位	工程量
4	01B002002	墙面装饰板	(3)基层材料种类、规格：欧松板 9mm、1200mm×2400mm (4)面层材料品种、规格、颜色:仿面砖装饰面板、16mm		
5	01B002003	墙面板	(1)龙骨材料种类、规格、中距：钢墙架 (2)面层材料品种、规格、颜色：普通纸面石膏板 12mm	m²	437.2
6	01B002004	墙面装饰板	(1)龙骨材料种类、规格、中距：钢墙架 (2)基层材料种类、规格：欧松板 9mm (3)面层材料品种、规格、颜色：EPS 装饰线条 16mm	m²	32.85

2. 钢筋混凝土框架结构房屋工程量清单编制

框架结构建筑为国内较为成熟且运用较多的建筑结构形式，因此在《计算规范》附录中对该结构形式的清单项目划分已较为详尽。

3. 砖混结构房屋工程量清单编制

自国内开始实行工程量清单计价模式以来，对砖混结构建筑的工程量清单规定已相对较为详尽，在本节中根据《计算规范》中的相关工程项目规定进行项目编码、项目名称、项目特征描述、工程量计算等内容，最终得到砖混结构分部分项工程量清单计价表。

9.4.4 清单工程量对比分析

1. 建筑面积

建筑面积是建设投资、建设项目可行性研究、建设项目勘察设计、建设项目评估、建设项目招标投标、建设工程施工和竣工验收、建设工程造价管理、建设工程造价控制等一系列工作的重要计算指标，是建筑设计进行方案评选中重要的技术指标，是施工单位评定单位工程造价、人工消耗量等重要的经济指标。建筑面积在评定工程建设各项指标中有重要的作用。

建筑面积是指建筑物各层外围水平投影面积总和，由使用面积、辅助面积和结构面积组成。使用面积是指建筑物各层中直接为生产或生活使用的净面积之和。辅助面积是指建筑各层平面中辅助生产或辅助生活所占净面积之和。结构面积是指建筑各层平面中的墙、柱等结构所占面积之和，不包括抹灰厚度所占面积。其中，使用面积与辅助面积之和称为有效面积。

根据《建筑工程建筑面积计算规范》(GB/T 50353—2005)中对建筑工程建筑面积的计算规则对三种结构工程建筑面积进行计算，结果如表 9.7 所示。

表 9.7　建筑面积分析对比表

项目名称	建筑面积 /m²	辅助面积 /m²	结构面积 /m²	使用面积 /m²	有效面积 /m²	面积利用率 /%
冷弯结构	170.56	70.32	11.01	89.23	159.55	93.54
框架结构	187.15	62.60	40.68	83.87	146.47	78.26
砖混结构	176.17	61.63	30.97	83.57	145.20	82.42

由表 9.7 可知，建筑面积的大小关系为框架结构>砖混结构>冷弯薄壁型钢结构，其中，有效面积的大小关系为冷弯薄壁型钢结构>框架结构>砖混结构，冷弯薄壁型钢结构房屋有效面积较框架结构建筑有效面积多约 15.28%，较砖混结构建筑有效面积多约 11.12%，冷弯薄壁型钢结构房屋建筑面积较传统结构房屋少，而有效面积却比传统结构房屋有效面积多。

传统结构工程案例中建筑轴线以冷弯薄壁型钢结构房屋的建筑轴线为标准进行设计。在此情况下，传统结构房屋建筑结构面积较冷弯薄壁型钢结构房屋建筑结构面积大，建筑结构面积占建筑面积比重大，建筑结构面积占建筑面积的百分比分别为：冷弯薄壁型钢结构房屋 6.46%，框架结构房屋 21.74%，砖混结构房屋 17.58%。因此，传统结构房屋的建筑结构面积增加了其建筑面积数量，房屋实际使用率并不高。做如下假设计算：如果按照冷弯薄壁型钢结构房屋较传统结构房屋有效面积高 10%，某地区房价为 9000 元/m² 计算，当消费者购买 100 ㎡ 住宅，可得 9000×10%×100=90000 元潜在利益。就消费者角度而言，在购买房屋建筑面积相同的情况下，选择该类结构房屋不仅能得到最大的使用面积，而且其潜在的利益较传统结构房屋更大。

综上所述，在建筑轴线相同的情况下，冷弯薄壁型钢结构房屋建筑面积较传统结构房屋建筑面积小，但有效使用面积较传统结构房屋大，对消费者而言，冷弯薄壁型钢结构房屋具有较大的潜在经济利益，是最能满足其需要的建筑结构形式。

2. 建筑用钢量

自国家确定 2015 年建筑结构发展目标即每年全国建筑钢结构的用钢量达到钢材总产量的 5%之后，钢结构建筑的发展成为建筑行业发展的新方向。钢材作为工程建设项目主要耗材，无论是在传统结构或是将来的钢结构建筑中都将占据举足轻重的地位。汇总本书三种结构用钢总量、单位面积用钢量，如表 9.8 所示。

表 9.8　建筑用钢量统计表

项目名称	用钢总量/t	单位面积用钢量/(kg/m²)
结构	16.364	95.94
框架结构	8.641	46.17
砖混结构	3.064	17.39

由表 9.8 可知，钢材作为构成冷弯薄壁型钢结构房屋的主体材料，其用钢量远远大于传统结构建筑用钢量，且冷弯薄壁型钢结构房屋单位用钢量为框架结构房屋单位用钢量的 2 倍左右，为砖混结构房屋单位用钢量的 5.5 倍左右。据相关文献所述，钢材的回收利用率为 100%，回收钢材 1t 可生产冶炼 0.8t 新钢材，可节约 2～3t 铁矿石，减少排放废气约 86%，减少排放废水约 76%，减少产生废渣约 97%。基于以上参数，考虑对钢材回收利用，各结构房屋可获得回收利润计算结果如表 9.9 所示。

表 9.9　钢材回收利用分析表

项目名称	冷弯结构	框架结构	砖混结构
用钢总量/t	16.346	8.642	3.064
钢材回收产量/t	13.0912	6.9128	2.4510
回收利润/元	6545.60	3456.40	1225.60
节约资源利润/元	10472.96	9530.24	1960.96
废气获利/元	7970.97	4209.07	1492.49
废水获利/元	209.94	110.33	39.12
废渣获利/元	38.10	20.12	7.13
合计/元	25207.57	17326.16	4718.17
单位面积获利/(元/m²)	147.79	92.58	26.78

由表 9.9 可得，三种结构房屋在钢材回收阶段可获得的潜在利益分别为 147.79 元/m²、92.58 元/m²、26.78 元/m²，由此数据可得，由于冷弯薄壁型钢结构房屋用钢量较框架结构、砖混结构房屋大，冷弯薄壁型钢结构房屋可获得的回收利益明显大于传统结构房屋。

综上所述，冷弯薄壁型钢结构房屋用钢量明显高于传统结构房屋用钢量，其潜在的回收利益也明显优于传统结构房屋，该特点是钢结构房屋普遍存在的，开发商在推广过程中可将此特点量化，使消费者直观感受到其中的利益。

3. 建筑混凝土用量

根据第 2 章中对三种结构房屋混凝土工程量的计算结果统计其混凝土用量。水泥作为混凝土主要成分，视为研究混凝土用量对比的关键点。通过对本书案例三种结构房屋混凝土用量进行汇总，换算水泥用量，计算碳排放量。按照美国橡树岭国家实验室 CO_2 信息分析中心对中国水泥生产碳排放核算简单采用活动数据与默认排放因子（EFcement=1）的乘积，即生产 1t 水泥排放 1t CO_2 的方式计算碳排放量。结果如表 9.10 所示。

表 9.10　钢材回收利用分析表

项目名称	冷弯结构	框架结构	砖混结构
混凝土用量 / m³	8.974	103.997	69.174
水泥用量 / t	2.939	34.992	25.528
CO_2 排放量 / t	2.939	34.992	25.528

水泥生产是除化石能源以外 CO_2 排放的重要来源。据美国橡树岭国家实验室 CO_2 信息分析中心数据显示，2011 年全球 CO_2 排放总量为 9471Mt，其中水泥生产排放 464Mt，水泥排放占全球 CO_2 排放总量的比重为 4.90%。1985 年中国水泥产量跃居世界第一，并以年 10% 以上的速度快速增长，截至 2011 年，中国水泥产量达到 20 亿吨，占世界产量的 58.8%。中国水泥占世界水泥生产碳排放的比重也增至 60.6%。水泥碳排放在中国碳排放总量中的比重从 1990 年的不足 5% 迅速提升至 2000 年的 8.7%，2009 年突破 10%，截至 2011 年已达到 11.3%。中国是世界上水泥产量最大的国家，水泥生产的碳排放问题不容忽视。

由表 9.10 可知，在该案例中，框架结构、砖混结构建筑所使用水泥生产排放 CO_2 分别为冷弯薄壁型钢结构建筑的 11.9 倍、8.7 倍，显然，冷弯薄壁型钢结构建筑作为一种非混凝土结构建筑，混凝土用量较少，水泥用量同比减少，该结构建筑与传统结构建筑相比较，能够最大限度地减少 CO_2 排放。

4. 建筑砖块用量

2005 年，国务院办公厅发布了《国务院办公厅关于进一步推进墙体材料革新和推广节能建筑的通知》（国办发 〔2005〕号 33 号），文件中指出要"逐步禁止生产和使用实心黏土转""积极推广新型墙体材料"，由此，页岩烧结砖、粉煤灰页岩砖、煤矸石页岩砖等新型砌体材料得以进一步推广。因尺寸标准，棱角整齐，外观较美，耐久性好，力学性能与普通黏土砖相当，保温隔热性能较普通砖优良，表观密度比普通砖小，烧结粉煤灰页岩砖产品受到众多建筑商的青睐。据调查资料显示，一个年产量为 5000 万块标砖，粉煤灰掺量为 65% 的烧结砖厂，每年 CO_2 气体排放量为 517.2t，SO_2 气体排放量为 19000t；而对比 1 个年产量 5000 万块烧结普通实心黏土的烧结砖厂，SO_2 和 CO_2 气体排放量分别为 96.6t 和 13000t。根据以上资料，统计得到表 9.11。

表 9.11　建筑烧结砖用量对比表

结构形式	冷弯结构	框架结构	砖混结构
烧结砖用量/千块	0	16.43	35.37
CO_2 排放量/t	0	0.17	0.37
SO_2 排放量/t	0	6.24	13.44

由表 9.11 可知，相较于传统结构房屋，冷弯薄壁型钢结构房屋采用木材或复合材料作为墙体材料，未使用砌块砌体，能够明显减少 CO_2、SO_2 等有害气体的产生，减轻生态环境压力，提升生活环境质量。

9.5　工程造价的计算与对比分析

9.5.1　工程造价计算

本书将采用工程量清单计价模式对三种结构进行工程造价计算，工程量清单计价采用综合单价法。综合单价是指为完成一个规定计量单位的分部分项工程量清单项目、措施项目、清单项目所需的人工费、材料费、施工机械使用费、企业管理费和利润，以及包含一定范围内的风险费用。

1. 建筑安装工程费的基本组成

按照建筑安装工程费用的构成，即发包方支付给完成建筑安装工程施工任务的承包方全部的生产费用，包括施工生产过程中的费用、组织管理施工生产经营活动间接为工程支付的费用以及按国家规定收取的利润和税金的总和，可得建筑安装工程费由直接费、间接费、利润、税金四部分组成。具体组成内容如图 9.13 所示。

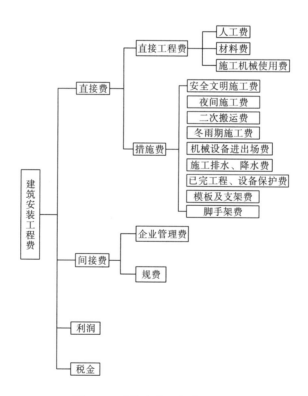

图 9.13　建筑安装工程费用组成

2. 冷弯薄壁型钢结构房屋工程造价

冷弯薄壁型钢结构房屋工程计价主要是根据工程项目实际情况,参考由四川省住房和城乡建设厅颁布的《四川省建设工程工程量清单计价定额》对工程量清单中所列项目进行工程定额的套取。《四川省建设工程工程量清单计价定额》仅适用于四川省行政区域内的工程建设项目计价,包括建筑工程、装饰装修工程、安装工程、市政工程、园林绿化工程、措施项目(指建筑工程、装饰装修工程、安装工程、市政工程、园林绿化工程相配套的非工程实体的措施项目)等,共有 6 册,本工程中主要引用建筑工程、装饰装修工程两册。

9.4 节中对冷弯薄壁型钢结构房屋工程量清单进行编制,清单中已将此类房屋工程量划分为土石方工程,混凝土及钢筋混凝土工程,金属结构工程,木结构工程,门窗工程,屋面及防水工程,保温、隔热、防腐工程,楼地面装饰工程,墙、柱面装饰与隔断、幕墙工程,天棚工程及其他装饰工程等分项工程项目。根据此类房屋的实际情况,对各分项工程项目进行定额计价,并按照实际的工程信息价格、材料信息价格、工程费用取费标准等进行费用调整,最终得到表 9.12 所示的冷弯薄壁型钢结构房屋分部分项工程费用汇总表。

表 9.12　冷弯薄壁型钢结构房屋分部分项工程量清单费用汇总表　　　　　　(单位:元)

序号	汇总内容	金额	其中:暂估价
1	分部分项工程	259130.44	—
1.1	A.1 土石方工程	959.27	—
1.2	A.5 混凝土及钢筋混凝土工程	11959.73	—
1.3	A.6 金属结构工程	115416.55	—
1.4	A.7 木结构工程	3260.06	—
1.5	A.8 门窗工程	18283.24	—
1.6	A.9 屋面及防水工程	13240.12	—
1.7	A.10 保温、隔热、防腐工程	13565.06	—
1.8	A.11 楼地面装饰工程	22464.53	—
1.9	A.12 墙、柱面装饰与隔断、幕墙工程	53503.80	—
1.10	A.13 天棚工程	4056.19	—
1.11	A.15 其他装饰工程	2421.89	—
2	措施项目	13188.88	—
2.1	安全文明施工费	8140.46	—
2.2	其他施工措施费	5048.42	—
3	其他项目	—	—
3.1	暂列金额	—	—
3.2	专业工程暂估价	—	—
3.3	计日工	—	—
3.4	总承包服务费	—	—
4	规费	9242.80	—

续表

序号	汇总内容	金额	其中：暂估价
4.1	工程排污费	—	—
4.2	社会保障费	6700.02	—
(1)	养老保险费	4439.77	—
(2)	失业保险费	443.98	—
(3)	医疗保险费	1816.27	—
4.3	住房公积费	2018.08	—
4.4	工伤保险和危险作业意外伤害保险	524.70	—
5	税金	9601.27	—
投标报价合计(=1+2+3+4+5)		291163.39	—

3. 钢筋混凝土框架结构房屋工程造价

钢筋混凝土框架结构作为目前运用最为普遍的一种房屋结构形式，其在工程计量计价方面都已经较为成熟。按照第 3 章所编制的框架结构房屋工程量清单，对框架结构房屋的 15 项分部分项工程依次进行工程定额计价、信息价格、市场价格调整，并以分部分项工程费为基础，根据四川省取费标准进行措施项目取费等工程计价过程，最终汇总得到框架结构分部分项工程量清单费用汇总表如表 9.13 所示。

表 9.13　框架结构房屋分部分项工程量清单费用汇总表　　　　　　（单位：元）

序号	汇总内容	金额	其中：暂估价
1	分部分项工程	232047.06	—
1.1	A.1 土石方工程	2444.24	—
1.2	A.4 砌筑工程	19732.79	—
1.3	A.5 混凝土及钢筋混凝土工程	94381.51	—
1.4	A.8 门窗工程	18118.23	—
1.5	A.9 屋面及防水工程	13462.68	—
1.6	A.11 楼地面装饰工程	24836.11	—
1.7	A.12 墙、柱面装饰与隔断、幕墙工程	49478.24	—
1.8	A.13 天棚工程	4718.18	—
1.9	A.14 油漆、涂料、裱糊工程	1995.63	—
1.10	A.15 其他装饰工程	2879.45	—
2	措施项目	14493.36	—
2.1	安全文明施工费	8378.56	—
2.2	其他施工措施费	6114.80	—
3	其他项目	8140.46	—
3.1	暂列金额	—	—
3.2	专业工程暂估价	—	—

续表

序号	汇总内容	金额	其中：暂估价
3.3	计日工	—	—
3.4	总承包服务费	—	—
4	规费	9565.74	—
4.1	工程排污费	—	—
4.2	社会保障费	6934.12	—
(1)	养老保险费	4594.9	—
(2)	失业保险费	459.49	—
(3)	医疗保险费	1879.73	—
4.3	住房公积费	2088.59	—
4.4	工伤保险和危险作业意外伤害保险	543.03	—
5	税金	9074.22	—
投标报价合计=1+2+3+4+5		273320.84	—

4. 砖混结构房屋工程造价

砖混结构在我国建筑史中属于发展较为成熟的一种建筑类型，其可能涉及的工程项目在计价定额中已有较为完整的陈列。根据第 3 章中所编制的砖混结构工程量清单，进行计价，最终汇总得到砖混结构房屋分部分项工程量清单费用汇总表，如表 9.14 所示。

表 9.14　砖混结构房屋分部分项工程量清单费用汇总表　　（单位：元）

序号	汇总内容	金额	其中：暂估价
1	分部分项工程	212453.16	—
1.1	A.1 土石方工程	1325.91	—
1.2	A.4 砌筑工程	29001.26	—
1.3	A.5 混凝土及钢筋混凝土工程	64724.91	—
1.4	A.8 门窗工程	18475.08	—
1.5	A.9 屋面及防水工程	12714.7	—
1.6	A.11 楼地面装饰工程	26722.71	—
1.7	A.12 墙、柱面装饰与隔断、幕墙工程	41544.72	—
1.8	A.13 天棚工程	4153.49	—
1.9	A.14 油漆、涂料、裱糊工程	10910.93	—
1.10	A.15 其他装饰工程	2879.45	—
2	措施项目	14259.69	—
2.1	安全文明施工费	8571.18	—
2.2	其他施工措施费	5688.51	—
3	其他项目	—	—

序号	汇总内容	金额	其中：暂估价
3.1	暂列金额	—	—
3.2	专业工程暂估价	—	—
3.3	计日工	—	—
3.4	总承包服务费	—	—
4	规费	9748.03	—
4.1	工程排污费		—
4.2	社会保障费	7066.26	—
(1)	养老保险费	4682.46	—
(2)	失业保险费	468.25	—
(3)	医疗保险费	1915.55	—
4.3	住房公积费	2128.39	—
4.4	工伤保险和危险作业意外伤害保险	553.38	—
5	税金	8063.32	—
投标报价合计=1+2+3+4+5		244524.20	—

9.5.2　工程造价对比分析

冷弯薄壁型钢结构房屋在推广过程中遇到的较大阻碍，一是其新颖的建筑结构形式，不容易被业内工程人员采用，其房屋设计及施工均属新技术，目前未普及推广；二是其综合经济效益好，但单方造价较传统结构房屋高，而普通消费者并不看重其潜在效益。前文已对三种结构房屋的工程计价过程进行较为详尽的阐述，本节将对三种结构工程造价结果进行多方面的对比分析，以得到冷弯薄壁型钢结构建筑在工程量清单计价模式下的费用构成及导致此类结构建筑与传统结构建筑价格差距的原因。

1. 总造价

根据 9.1～9.3 节中对各结构工程计价结果进行汇总，得到三种结构工程量清单计价汇总表，如表 9.15 所示。由表可知，三种结构建筑工程总造价存在一定差异，总体造价趋势为冷弯薄壁型钢结构＞框架结构＞砖混结构，该趋势符合当前实际情况，可预计该造价结果具有较高可信度。

工程项目总造价由分部分项工程费、措施项目费、规费、税金等组成，由表 9.15 可知，组成工程项目总造价的各项费用大小关系为：①分部分项工程费，冷弯薄壁型钢结构＞框架结构＞砖混结构；②措施项目费，框架结构＞砖混结构＞冷弯薄壁型钢结构；③规费，砖混结构＞框架结构＞冷弯薄壁型钢结构；④税金，框架结构＞冷弯薄壁型钢结构＞砖混结构。

表 9.15　建筑总造价汇总表

费用名称	冷弯结构	框架结构	砖混结构
工程总造价/元	291163.39	273320.84	244524.20
建筑面积/m²	170.56095	187.1518	176.1710
单方造价/(元/m²)	1707.09	1470.36	1387.97
分部分项工程量清单项目费/元	259130.44	242047.06	212453.16
人工费/元	39709.54	40871.03	41810.64
材料费/元	153844.47	142716.75	111414.30
机械费/元	10774.31	3703.89	2853.56
管理费/元	8139.87	7554.24	7909.23
利润/元	8139.87	7554.24	7909.23
措施项目费/元	13188.88	14493.36	14259.69
规费/元	9242.80	9565.74	9748.03
税金/元	9601.27	9074.22	8063.32

分部分项工程费通常是构成建筑总造价的主要部分，直接影响工程总造价的高低。分部分项工程费由人工费、材料费、机械费、利润、管理费构成，其中，利润、管理费是以人工费、材料费、机械费构成的直接费用为基数，按照一定的费率进行计取，因此，影响分部分项工程费高低的主要因素并不是利润、管理费，而是构成分部分项费用的人工费、材料费、机械费等工程直接费。

在本案例中，各结构人工费、材料费、机械费的大小关系为：①人工费，砖混结构＞框架结构＞冷弯薄壁型钢结构；②材料费，冷弯薄壁型钢结构＞框架结构＞砖混结构；③机械费，冷弯薄壁型钢结构＞框架结构＞砖混结构。

分析表 9.15 发现，在本案例中材料费、机械费是造成冷弯薄壁型钢结构房屋与其他结构房屋分部分项工程费差距的主要因素。按照构成费用差额百分比计算，冷弯薄壁型钢结构房屋材料费与框架结构房屋材料费、砖混结构建筑材料费差额分别占总造价差额的65.14%、90.9%，机械费差额占总造价差额分别为41.39%、16.97%，显然，材料费、机械费是造成冷弯薄壁型钢结构房屋总造价高于传统结构房屋的主要因素。按照百分比计算，人工费是缩小冷弯薄壁型钢结构房屋与框架结构、砖混结构房屋总造价差异的因素。

此类房屋作为一种典型的预制装配式建筑，其主体钢结构均为工厂预制，现场安装，与传统结构建筑施工相比较，其工业机械化程度较高，人工消耗量相对减少，因此，在工程费用上表现出其人工费较传统结构低，机械费较传统结构高的情况。工程建筑材料作为构成建筑主体的必需品，其费用高低主要由建筑材料种类、数量决定，具体影响情况将在下文进行详细分析。

由表 9.15 发现，冷弯薄壁型钢结构房屋与传统结构房屋措施项目费用相差不大，表明其组织措施项目费取费基础较传统结构房屋取费基数大，通常情况下，工程项目措施费是以人工费、材料费、机械费等作为取费基数，因此此类房屋分部分项工程费的高低将影响其措施项目费与传统结构措施项目费的差距。

综上所述，冷弯薄壁型钢结构房屋总造价较传统结构总造价偏高，分部分项工程费作为工程造价的主要构成部分，大小关系与总造价关系相同。材料费是影响此类房屋造价高于传统结构造价的主要因素，而人工费则是缩小此类房屋与传统结构房屋差距的因素。其在措施项目费、规费、税金等项目费用中较传统结构房屋占有一定优势。

2. 单方造价

由表 9.15 所示，三种结构建筑单方造价大小关系为冷弯薄壁型钢结构＞框架结构＞砖混结构，单方造价规律与总造价规律相同，但是，结构单方造价之间的差距较结构总造价之间的差距大。由于三种结构进行案例设计时是以建筑轴线为标准，导致了三种结构建筑面积之间的差距，从而必然导致三种结构建筑单方造价差距拉大。

前文对各结构建筑面积进行讨论，验证了冷弯薄壁型钢结构房屋的有效面积较传统结构存在优势，因此，当考虑建筑有效面积时，与之相对应存在有效单方造价，如表9.16 所示。

表 9.16　建筑有效单方造价统计表　　　　　　　　　　　　　（单位：元）

	工程总造价	有效面积	有效单方造价	单方造价
冷弯结构	291163.39	159.55	1824.90	1707.09
框架结构	275180.38	146.47	1878.75	1470.36
砖混结构	244524.20	145.20	1684.05	1387.97

对比有效单方造价与单方造价发现，在考虑有效建筑面积后所得的有效单方造价，冷弯薄壁型钢结构房屋与传统结构房屋之间差距得以缩小，甚至此类房屋有效单方造价低于框架结构房屋有效单方造价。对于消费者而言，在以相同价格购买得到的住宅中，有效建筑面积较高的建筑结构形式其单位价格越低，购买所得则越划算。

考虑将前文所述钢材回收利润计入工程单方造价中，得到数据如表 9.17 所示。根据表 9.17，当各结构建筑计入钢材回收利润后，冷弯薄壁型钢结构房屋单方造价明显低于框架结构单方造价，且接近砖混结构单方造价。由此可推论，在工程量清单计价模式下，此类房屋综合单方造价有可能低于传统结构单方造价。作为开发商而言，其目的是利用有限的资源、有限的空间创造尽可能多的价值。此类房屋在建筑结构达到使用极限后可再次获得一部分回收价值，对于开发商是一种有利于其投资价值增加的建筑结构形式。

表 9.17　建筑钢材回收利用单方造价统计表　　　　　　　　　　（单位：元）

	有效单方造价	回收利润	回收单方造价
冷弯结构	1824.90	147.79	1677.11
框架结构	1878.75	92.58	1786.17
砖混结构	1684.05	26.78	1657.27

综上所述，冷弯薄壁型钢结构房屋单方造价较传统结构房屋单方造价偏高，但是，当考虑结构有效面积、钢材回收价格后，此类房屋单方造价将低于传统结构房屋单方造价，表明此类房屋是一种具有较大潜在价值的建筑结构形式。

3. 工程人工费

人工费是指直接从事建筑安装工程施工的生产工人开支的各项费用。构成人工费的基本要素是人工工日消耗量、人工工资单价。

由表 9.18 可得人工费总体情况为砖混结构＞框架结构＞冷弯结构。冷弯薄壁型钢结构房屋中金属结构工程、墙、柱面装饰工程人工费占总人工费比例较多，分别为46.86%、21.40%；框架结构房屋中混凝土及钢筋混凝土工程、墙、柱面装饰工程占其总人工费比例较多，分别为 36.00%、25.88%；砖混结构房屋中混凝土及钢筋混凝土工程、墙、柱面装饰工程占其总人工费比例较多，分别为 27.64%、31.26%。根据以上数据，各结构房屋主体结构工程人工费大小关系为冷弯薄壁型钢结构＞框架结构＞砖混结构，墙、柱面装饰工程人工费大小关系为砖混结构＞框架结构＞冷弯薄壁型钢结构。

表9.18　分部分项工程人工费汇总表　　　　　　（单位：元）

项目名称	人工费		
	冷弯结构	框架结构	砖混结构
土石方工程	276.45	990.96	491.22
砌筑工程	—	2751.22	4331.46
混凝土及钢筋混凝土工程	2024.90	14715.70	11554.96
金属结构工程	18387.53	—	—
木结构工程	595.45	—	—
门窗工程	2048.70	1770.71	1851.30
屋面及防水工程	1502.78	1665.02	2490.25
保温、隔热、防腐工程	1784.86	—	—
楼地面装饰工程	3777.03	4220.93	4252.41
墙、柱面装饰工程	8398.91	10577.18	13069.63
天棚工程	52.24	1171.87	1037.71
油漆、涂料、裱糊工程	—	2660.11	2384.42
其他工程	392.59	347.29	347.31
合计	39241.44	40870.99	41810.67

建筑工程项目人工费高低由工程量、工日人工消耗量、日工资单价影响决定，前文已对各结构工程量进行对比分析，此处不再做过多阐述，仅对定额人工消耗量、日工资单价进行分析。定额人工消耗量是指在正常施工条件下，生产一个计量单位工程合格产品所需人工的平均消耗量，包括基本用工、超远用工、辅助用工和人工幅度差，因此，人工消耗量必然受工程种类、施工条件等外界因素的影响。日工资单价则根据施工难易、技术要求

等工人日工资单价各不相同。冷弯薄壁型钢结构房屋主体结构工程用工主要涉及钢结构框架的切割、制作，相较于传统结构主体结构工程涉及的钢筋焊接、绑扎、混凝土浇筑用工，其劳动强度、技术要求、人工消耗量、日工资单价均相对较高，因此，此类建筑主体结构工程人工费较传统结构建筑主体结构工程人工费高。

根据前述比较结果，墙、柱面装饰工程是缩短冷弯薄壁型钢结构房屋人工费与传统结构人工费差距的工程项目。此类房屋墙柱面装饰工程较传统结构房屋墙柱面装饰工程施工工艺简单，对人工要求低，劳动强度低，无论是人工消耗量还是日工资单价都低于传统结构，其人工费必然低于传统结构。

综上所述，冷弯型钢房屋中的主体结构工程人工费是影响其总人工费的主要因素，而墙柱面装饰工程人工费与传统结构墙柱面装饰工程人工费相比较则可节省人工费，降低此类房屋人工费与传统结构建筑人工费之间的差距。

4. 工程材料费

工程材料费是工程项目构成工程实体占总造价费用比例较大的一项费用，构成材料费的基本要素是材料消耗量和材料基价及检验试验费。计价定额中已按照工程常规做法进行材料基价、检验试验费的计取，在计价过程中需要根据工程项目的具体情况替换、增加材料种类或根据材料现行价格调整定额中材料价格。

根据本案例定额计取、调整情况，按照分部分项构成项目进行工程材料费用统计，结果如表 9.19 所示。根据表 9.19，各结构建筑总材料费大小关系为冷弯薄壁型钢结构＞框架结构＞砖混结构。冷弯薄壁型钢结构房屋主体结构工程是由混凝土及钢筋混凝土工程、金属结构工程两项工程项目构成，其材料费之和占该结构总材料费的 45.22%；框架结构房屋主体结构工程由砌筑工程、混凝土及钢筋混凝土工程组成，其材料费之和占该结构总材料费的 50.06%；砖混结构房屋主体结构由砌筑工程、混凝土及钢筋混凝土工程组成，其材料费之和占该结构总材料费的 48.51%。由此可得，各结构建筑主体结构工程材料费占总材料费的比例大小关系为框架结构＞砖混结构＞冷弯薄壁型钢结构。

表 9.19　分部分项工程材料费汇总表　　　　　　　　（单位：元）

项目名称	人工费		
	冷弯结构	框架结构	砖混结构
土石方工程	204.30	1.59	1.20
砌筑工程	0	13450.63	18149.17
混凝土及钢筋混凝土工程	6888.83	57998.85	36317.10
金属结构工程	62669.76	0	0
木结构工程	1870.53	0	0
门窗工程	13049.24	13583.40	13719.72
屋面及防水工程	9540.61	9542.62	6962.07
保温、隔热、防腐工程	9514.44	0	0

续表

项目名称	人工费		
	冷弯结构	框架结构	砖混结构
楼地面装饰工程	13196.34	14497.71	16321.64
墙、柱面装饰工程	32674.71	24179.93	9942.43
天棚工程	2770.95	2026.01	1763.96
油漆、涂料、裱糊工程	0	5425.13	5023.96
其他工程	1438.83	2011.09	2011.18
合计	153818.54	142716.96	110212.43

分析可知，在建筑材料费一定的情况下，冷弯薄壁型钢结构房屋主体结构工程材料费将比传统结构房屋主体结构工程材料费低，则可推断此类房屋主体结构工程所使用的钢材不应该是影响该结构建筑材料费用较传统结构房屋材料费用高的因素。此外，据市场调查表明，目前我国钢材市场处于持续低迷状态，钢材价格不断降低，在此情况下，钢材将不会成为影响此类结构建筑材料费偏高的原因。

对比发现，墙、柱面装饰工程是仅次于主体结构工程材料费占比较大的工程项目。其中，冷弯薄壁型钢结构房屋墙、柱面装饰工程材料费为 32674.71 元，占该结构总材料费的 21.24%；框架结构房屋墙、柱面装饰工程材料费为 24179.93 元，占该结构总材料费的 16.94%；砖混结构房屋墙、柱面装饰工程材料费为 9942.43 元，占该结构总材料费的 9.02%。由此，冷弯薄壁型钢结构房屋墙、柱面装饰工程材料价格无论是在数量还是百分比均高于传统结构房屋。

分析发现，冷弯薄壁型钢结构房屋墙、柱面装饰工程所用材料主要为保温玻璃棉、欧松板、金属面装饰复合板材等新型墙面装饰材料。一方面，在建筑装饰工程项目中，墙柱面装饰工程与其他项目相比较，材料消耗量相对较大；另一方面，此类房屋墙体材料作为新型材料，制造工艺不够成熟，成本偏高，单价较传统材料单价高，从而导致此类房屋墙柱面装饰工程较传统结构装饰工程材料费高。而冷弯薄壁型钢结构房屋墙、柱面装饰不仅是装饰层，而且可作为建筑墙体结构发挥作用，因此，墙、柱面装饰工程减少了冷弯薄壁型钢结构房屋墙体工程项目费用。

综上所述，冷弯薄壁型钢房屋建筑材料费较传统结构建筑材料费高，其中，影响其材料费偏高的主要因素并不是钢材，而是墙面装饰工程材料费，因此，在推广此类房屋的过程中，应注意优化墙面装饰工程材料，深入探究墙面装饰材料的生产加工工艺，以降低其造价。

5. 工程机械费

工程机械费即施工机械使用费，构成工程机械费的两个基本要素是机械消耗量和机械台班单价。现行计价定额中，通常以机械费项目给出综合机械费，在计价过程中基本不需要对其进行过多调整。对各结构分部分项工程机械费进行统计如表 9.20 所示。

表9.20　分部分项工程机械费汇总表　　　　　　　（单位：元）

工程项目	机械费		
	冷弯结构	框架结构	砖混结构
土石方工程	156.33	326.84	263.41
砌筑工程	0	28.43	48.23
混凝土及钢筋混凝土工程	440.09	2743.80	1976.58
金属结构工程	9763.95	0	0
木结构工程	9.20	0	0
门窗工程	173.65	161.16	182.53
屋面及防水工程	263.79	165.53	99.29
保温、隔热、防腐工程	0	0	0
楼地面装饰工程	0	62.14	79.47
墙、柱面装饰工程	121.00	198.51	187.58
天棚工程	132.92	7.02	6.03
油漆、涂料、裱糊工程	0	0	0
其他工程	13.40	10.46	10.46
合计	11074.33	3703.89	2853.57

冷弯薄壁型钢结构房屋为装配式结构房屋中的典型，结构主体工程构件均为工厂预制，现场安装。由于此类结构构件属轻钢结构，金属构件重量小，人工搬运安装已能完成，其施工机械使用台班消耗量应较小。在机械台班单价相同的情况下，此类房屋机械费应较传统结构机械费低。

由表9.20可知，冷弯薄壁型钢结构房屋机械费分别为框架结构、砖混结构房屋机械费的2.99倍、3.88倍，房屋机械费远远大于传统结构房屋机械费，该现象与实际情况明显不符。

分析原因发现，计价定额中的不足是造成该现象的主要原因。数据结果显示，冷弯薄壁型钢结构房屋金属结构工程占结构总机械费约88.17%，是此类房屋机械费的主要构成项目。据分析，在金属结构工程计价定额机械费中包含有金属构件制作机械费用，从理论而言，此类房屋施工并不应包含构件制作，因此，在工程计价中也不应计入构件制作费用。由于现行计价定额中不包含类似于此类房屋的装配式建筑计价定额，造成冷弯薄壁型钢结构房屋金属结构工程施工机械费增加。此类房屋计价过程中，金属结构工程构件制作机械费为4060.11元，当扣除该部分机械费后，此类房屋施工机械费为5370.49元，与传统结构房屋机械费差距大大缩小。

综上所述，现行计价定额的不足对冷弯薄壁型钢结构房屋机械费用高于较传统结构房屋机械费产生影响，为更进一步推广冷弯薄壁型钢结构房屋，应对现行工程计价定额进行相应的更新、改进。

9.6 本 章 小 结

本章以某冷弯薄壁型钢结构房屋为案例原型，开展其与传统结构房屋在工程量清单计价模式下的经济性能对比分析，得到以下结论。

(1)在轴线尺寸相同、使用功能相同的情况下，与传统结构房屋相比较，冷弯薄壁型钢结构房屋有效建筑面积最大，建筑系数最小，就购房者角度而言，是最能满足其需要的建筑结构形式。

(2)冷弯薄壁型钢结构房屋以其远远大于传统结构房屋用钢量的优势，在钢材回收阶段可获得最大利益。

(3)冷弯薄壁型钢结构房屋零砖砌体使用率的特点，与传统结构房屋相比，减少使用水泥、砌体等材料，从而能够显著减少 CO_2、SO_2 等有害气体的产生，发挥减轻生态环境压力的作用。

(4)在考虑建筑有效使用面积、钢材回收价值等因素的情况下，冷弯薄壁型钢结构房屋单方造价低于传统结构房屋单方造价。

(5)建筑分部分项工程费用构成中，材料费是增大冷弯薄壁型钢结构房屋与框架结构、砖混结构房屋总造价差异的主要原因，其中，影响材料费用的主要因素是墙、柱面装饰工程材料费，而不是主体工程材料中的钢材费用。

(6)人工费是缩小冷弯薄壁型钢结构房屋与框架结构、砖混结构房屋总造价差异的因素，其中，主体结构工程人工费是影响其人工费的主要因素，而墙、柱面装饰工程人工费则是降低冷弯薄壁型钢结构房屋与传统结构建筑人工费差距的因素。

参 考 文 献

陈伟, 叶继红, 许阳, 2017. 夹芯墙板覆面冷弯薄壁型钢承重复合墙体受剪试验[J]. 建筑结构学报, 38(7)：85-92.

高宛成, 肖岩, 2014. 冷弯薄壁型钢组合墙体受剪性能研究综述[J]. 建筑结构学报, 35(4)：30-40.

郭彦林, 陈绍蕃, 1990.冷弯薄壁槽钢短柱局部屈曲后相关作用的弹塑性分析[J]. 土木工程学报, 23(3)：36-46.

何保康, 周天华, 2007. 多层薄板轻钢房屋体系可行性报告(结构部分)[J]. 住宅产业, 08：39-45.

侯鸿杰, 姚勇, 褚云朋, 等, 2018. 冷弯薄壁型轻钢结构房屋的成本分析及控制策略研究[J]. 建筑经济, 39(6)：64-68.

李杰, 2008. 低层冷弯薄壁型钢结构住宅新型构件性能研究[D]. 北京：清华大学.

南晶晶, 凌利改, 田国平, 2009.冷弯型钢在国内外的发展及其在建筑结构中的应用[J].水利与建筑工程学报, 12(7):117-119

庞迎波, 2009. 新型冷弯薄壁型钢住宅结构的应用[J].新型建筑材料, 36(10)：85-88

秦雅菲, 张其林, 秦中慧, 等, 2006. 冷弯薄壁型钢墙柱骨架的轴压性能试验研究和设计建议[J]. 建筑结构学报, 27(3)：34-41.

沈祖炎, 李元齐, 王磊, 等, 2006. 屈服强度550MPa高强冷弯薄壁型钢结构轴心受压构件可靠度分析[J]. 建筑结构学报, 27(03)：26-33.

石宇，2005. 低层冷弯薄壁型钢结构住宅组合墙体抗剪承载力研究[D]. 西安：长安大学.

石宇，周绪红，苑小丽，等，2010.冷弯薄壁卷边槽钢轴心受压构件承载力计算的折减强度法[J]. 建筑结构学报，31（6）：78-86.

叶继红，2016. 多层轻钢房屋建筑结构-轻钢龙骨式复合剪力墙结构体系研究进展[J]. 哈尔滨工业大学学报，48（6）：1-9.

中华人民共和国建设部，2003. 冷弯薄壁型钢结构技术规范：GB 50018—2002[S]. 北京：中国计划出版社.

中华人民共和国住房和城乡建设部，2013. 建设工程工程量清单计价规范: GB 50500—2013[S]. 北京：中国计划出版社.

中华人民共和国住房和城乡建设部，2010. 建筑抗震设计规范: GB 50011—2010[S]. 北京：中国建筑工业出版社.

中华人民共和国住房和城乡建设部，2011. 建筑地基基础设计规范: GB 50007—2011[S]. 北京：中国建筑工业出版社.

中华人民共和国住房和城乡建设部，2011. 砌体结构设计规范: GB 50003—2011[S]. 北京：中国建筑工业出版社.

中华人民共和国住房和城乡建设部，2013. 房屋建筑与装饰工程工程量计算规范: GB 50500—2013[S]. 北京：中国计划出版社.

朱榆萍，2016. 基于清单计价模式的某低层冷弯薄壁型钢房屋经济性研究[D]. 绵阳：西南科技大学.

American Iron and Steel Institute，2015. North American standard for seismic design of cold-formed steel structural systems：AISI-S400-2015[S].Washington DC：American Iron and Steel Institute.

Iman F, Mohd H O, Mahmood M T, 2016. Behaviour and design of cold-formed steel c-sections with cover plates under bending[J]. International Journal of Steel Structures，16（2）：587-600.

Pham C H, Hancock G J, 2013. Experimental investigation and direct strength design of high-strength, complex C-sections in pure bending[J]. Journal of Structural Engineering，139（11）：1842-1852.

第10章 冷弯薄壁型钢结构住宅房屋应用实例

冷弯薄壁型钢结构属新型结构体系，设计及建造均具有较高的新颖性。本章主要从构造细节、施工注意事项及抗震设计要点等出发，结合前文的研究内容及所获成果，开展示范工程建设，以期推动该结构体系的工程化应用进程。

10.1 低层冷弯薄壁型钢结构住宅

该工程位于四川省达州市，该建筑为三层别墅，为避免风致带来的舒适性问题，立面及平面均未采用凹角，为提高抗震性能，房屋布置较为规则。建筑面积为 649.24m^2，建筑总高度为 10.86m，抗震设防烈度为 6 度，设计节本地震加速度为 18cm/s^2，地震分组为一组，场地土类别为 II 类，场地特征周期为 0.35s。结构的外墙架采用 C160×40×20×1；C 型墙架柱截面分别为 C89×44.5×12×1 和 C160×40×10×1，对应上下导轨采用 U92×40×1 和 U163×40×10×1；楼层梁、支撑加劲件、刚性支撑均采用 C205×40×10×1（C 型加劲件取 195mm 高）；楼层边梁采用 U207×40×1；斜向扁钢带采用 40×1 层内对角拉接；构件间采用圆头大华司自钻自攻螺钉 ST4.2×13 连接；墙体面板采用双层欧松板；楼板为压型钢板组合楼板；楼屋面为方钢管斜坡屋架加 C 型钢檩条上铺欧松板，组合墙体平面布置如图 10.1 所示。

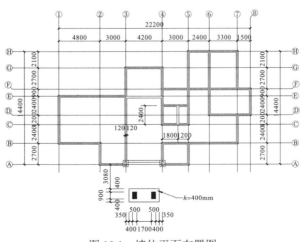

图 10.1 墙体平面布置图

10.1.1　基础与主体结构连接

在本示范工程中，基础结构与主体结构龙骨的连接面上都设有 1mm 厚橡胶垫，如图 10.2、图 10.3 所示。与通常的基础主体直接通过螺栓连接的方式相比较，橡胶垫的设置使得地震时削弱地震力的传播，降低地震对房屋的损害（郭鹏，2008；马荣奎，2008；闫维明等，2018）。

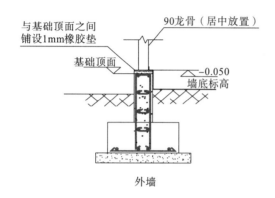

图 10.2　外墙基础结构设计图

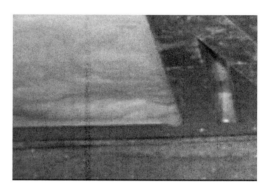

图 10.3　外墙基础与主体结构连接

主体结构底部龙骨与基础分别设有 M16 化学锚栓抗拔连接件及 M12×100 膨胀抗剪螺栓，抗拔件与墙架柱另设有 16 个 ST4.2 级自攻螺钉连接，如图 10.4、图 10.5 所示，且依据第 5 章研究结果，对抗拔件进行加厚，壁厚为 5mm，增加螺钉个数，提高上下层墙体的协同工作能力。采用 M16 化学螺栓抗拔件连接墙体底部龙骨与竖向柱龙骨，使水平构件与竖向构件形成整体框架，与焊接节点相比，螺栓连接避免了薄壁金属烧穿，减少了施工质量问题。抗剪螺栓的设置既可使墙体底部龙骨与基础有效连接，又可增强结构的整体性能，如图 10.6、图 10.7 所示。

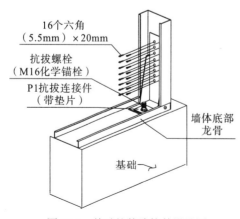

图 10.4　基础抗拔连接件设计图

图 10.5　基础抗拔连接件

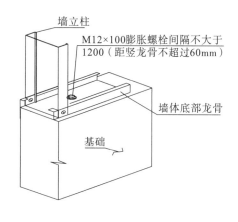

墙立柱

M12×100膨胀螺栓间隔不大于1200（距竖龙骨不超过60mm）

墙体底部龙骨

基础

图 10.6　基础抗剪连接件设计图

图 10.7　基础抗剪连接件

10.1.2　墙体间连接

在施工过程中，主体结构构件的连接都采用自攻式螺钉连接拼装而成，如图 10.8、图 10.9 所示。本示范工程中所使用的螺钉为自钻自攻螺钉 ST4.2 级，结构连接方法符合现行的有关标准规定，且可根据自攻螺钉试验研究结果，在构件间连接时适当加强(褚云朋和姚勇，2015；杨亚龙等，2013)。有关研究表明，当采用螺钉连接柱点节点时将会大大降低柱的净截面面积(Zeynalian et al., 2016；Zeynalian，2017；Wasim and Ahmed，2017)，为降低螺钉连接对柱节点的影响，在本示范工程中，采用在承重部位增设垫板的方式，以达到增大其截面面积的作用，同时降低螺钉锚固时造成的局部凹陷变形。

图 10.8　墙体连接节点

图 10.9　墙体连接节点

10.1.3　洞口及楼屋处加强方法

依据门窗洞口所在墙面承重能力的不同分为承重墙门窗洞口和非承重墙门窗洞口，其连接节点的处理方式各有不同，如图 10.10~图 10.12 所示。结构中的承重墙门窗洞口，其顶部龙骨单侧增设 L 型钢，采用自钻自攻螺钉连接的方式，加强承重门窗洞口节点的承载能力,并提高整体性能。同时增设竖向辅助龙骨,以达到提高门窗洞口处的竖向承载能力的目的。也可采用在角部墙架内添加废旧木料方式进行增强,提高墙架抗侧刚度,且避免角部墙架柱的破坏(褚云朋等,2017)。且依据第 2 章的墙体间加强构造连接系列方法,以及第 5 章上下层墙体间抗剪试验系列结论,对楼层连接处进行构造加强,避免锚栓倾斜导致螺钉快速承受拉剪作用而失效。

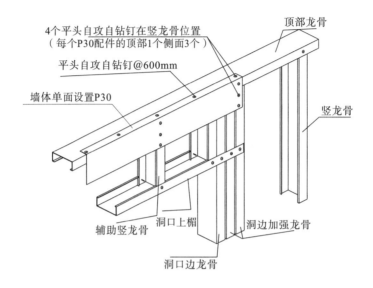

图 10.10　承重墙门窗洞口节点

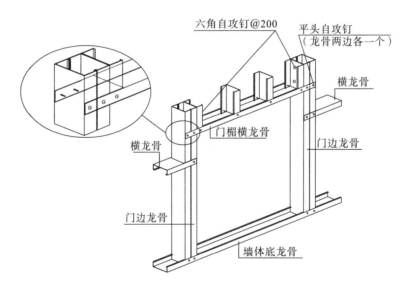

图 10.11　非承重墙门窗洞口节点 1

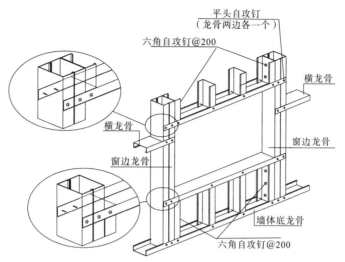

图 10.12　非承重墙门窗洞口节点 2

对于非承重墙体门窗洞口，其虽不承力，但墙体变形过大，墙架龙骨外覆的面板会破坏，影响正常使用，工程中采用在门窗洞口连接节点处增设竖向墙架龙骨的方式，加强非承重墙门窗洞口处的抗破坏能力，提高抗侧能力，进而提高房屋整体承载性能。

10.1.4　墙面拉带节点连接

墙体钢结构框架间整体设置双面斜向拉带，拉带两端分别固定在竖向龙骨与横向龙骨连接处。拉带的设置提高了上下层墙体间协同工作的能力，增强了结构的整体刚度及结构整体性能。为提高斜向钢拉带的工作性能，避免钢拉带失效，在安装拉带过程中，拉带紧固件能够调节拉带长度，使拉带与框架整体协调一致。拉带布置形式及紧固件详见图10.13、图 10.14。

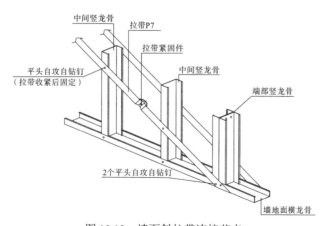

图 10.13　墙面斜拉带连接节点

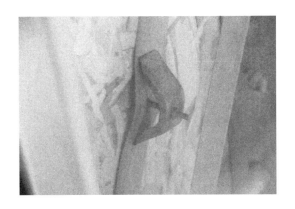

图 10.14　斜拉带紧固件

10.1.5　墙体面板的安装

墙体由 C 型钢墙架柱、U 型钢屋架、内墙石膏板、外墙水泥纤维板配合铝箔、防腐木条、保温板等墙材组合安装而成。内墙龙骨外面板采用 12mm 厚普通石膏板，可保证墙体承载力，且起到防火的作用，根据第 5 章试验结论，在楼屋连接接缝处及墙体四周，采用自攻螺钉加密，可起到防止接缝开裂的效果。外墙墙体采用 9mm 厚欧松板、铝箔，后压 20mm×30mm 防腐木条，木栅隔间填充 20mm 厚 XPS 挤塑保温板，面层错叠铺装 8mm 厚水泥纤维板。外墙铺装材料采用铝箔，该材料防潮、耐腐蚀，与通常采用的防潮材料(如防潮石膏等)相比较，其具有量轻、易于安装且不易脱落等优点。面层错叠安装的水泥纤维板材，作为结构的防火面层的同时也具有优良的防水防潮、隔热隔音的效果，且其表面的横条压纹起到很好的装饰美观的作用。该示范工程中内外层以墙体龙骨间均填充有玻璃纤维棉，该材料既有很好的保温隔热效果，又可以隔断噪声(图 10.15、图 10.16)。

图 10.15　墙体安装材料

图 10.16　外墙面材料

10.1.6　条形基础

该示范工程的基础采用条形基础，外墙基础垫层为 80mm 厚 C15 强度混凝土，内墙垫层为 100mm 厚 C15 混凝土，垫层底标高根据该房屋结构的特点，内墙在-0.420m 处，外墙在-0.410m 处，结构形式各有不同。基础平面布置和内外墙基础的剖面详图分别见图 10.17～图 10.19。虽然上部荷载较小，为避免不均匀沉降带来的墙体面板开裂问题，基础内配置了少量钢筋。

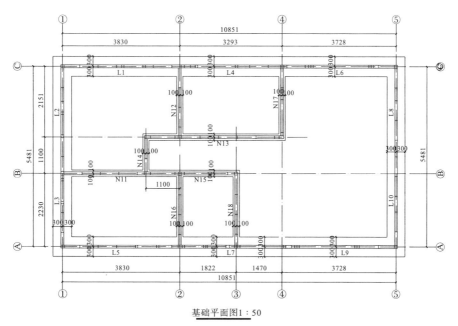

基础平面图1∶50

图 10.17　基础平面图

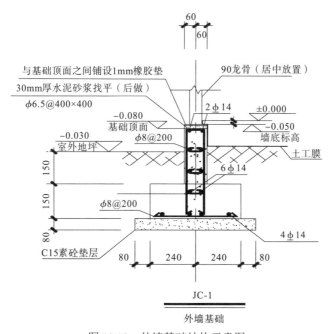

JC-1

外墙基础

图 10.18　外墙基础结构示意图

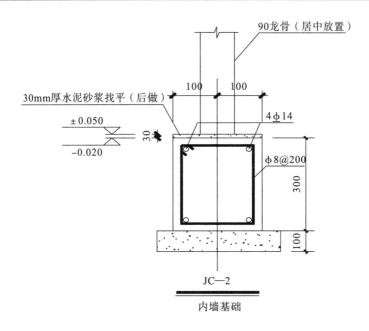

图 10.19　内墙基础结构示意图

10.1.7　屋面构造

　　屋架能很好的起到协调墙体共同工作的作用,因此其应具有较大的刚度。屋面结构是由方钢管焊接而成的平面斜坡三角屋架,其刚度大、自重轻、承载性能好、构造简单,且有利于排水上铺 C 型钢、U 型钢作檩条,斜坡钢屋架外铺 12mm 厚欧松板,SBS 卷材防水,后压 20mm×30mm 防腐木条,再铺装 20mm 厚 XPS 挤塑保温板,最后外挂沥青瓦。方钢管屋架与檩条连接构造见图 10.20。结构屋架与结构框架主体采用 M12×65 镀锌螺栓连接,并在屋架与外墙龙骨交接处设槽型连接件,以增强屋架与主体结构的连接性能(图 10.21)。

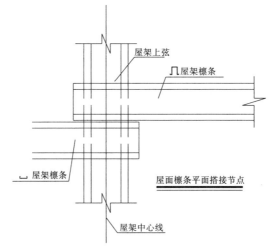

图 10.20　屋面檩条平面搭接节点

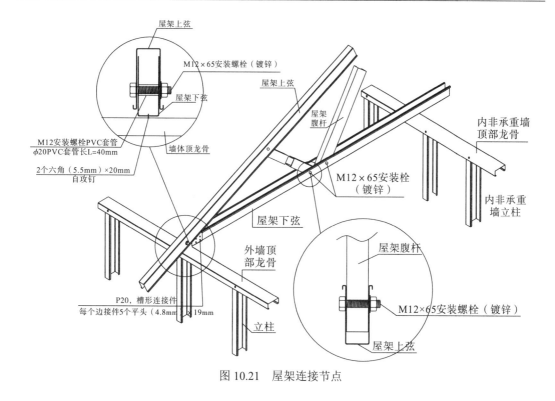

图 10.21　屋架连接节点

10.2　结构有限元分析

为保证结构受力可靠,在该结构设计时,根据资深刚结构设计师对此结构首先采用的经验设计方法,对其中的方钢管的大小尺寸、钢管间距的取值如概述里所述。为了验证其经验设计的合理性,采用有限元软件 SAP2000 对结构分别进行了 6 度多遇地震、6 度罕遇地震、7 度多遇地震和 7 度罕遇地震时程分析分析,结构设防烈度为 6 度,故在 6 度多遇地震作用下,结构进行线性分析,后三者进行非线性分析。

10.2.1　有限元模型

该冷弯薄壁钢结构住宅示范工程钢材均采用 Q235B 型结构钢,钢材材性采用 3.3.2 节材性试验的结果。由于冷弯薄壁型钢墙体构造及连接的复杂性,国内外规范中尚没有关于这类墙体的抗剪承载力的理论计算方法,墙体的各项抗剪性能指标主要是通过 1:1 试验获得(黄智光,2011)。近年来国内外提出了等代拉杆法对冷弯薄壁型钢墙体进行抗剪承载力的简化(郭鹏,2008;袁耀明,2008),但是这种方法仍有以下问题有待解决:①墙体的非线性有限元分析模型复杂,建模过程烦琐、效率低下,实际工程应用中难以推广;②该方法计算模型仅仅适用于弹性阶段,非线性分析不再适用。

1. 墙体建模

1) 墙体滞回规则

本书建模参照黄智光(2011)试验数据和建模方法，借鉴等代拉杆法思想，基于 SAP2000 中对线段塑性 Pivot 连接单元的滞回规则(图 10.22)，即根据其试验数据，采用该连接单元对冷弯薄壁型钢墙体进行模拟，从而实现对墙体的合理简化。

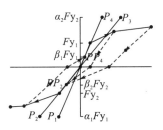

图 10.22　Pivot 滞回模型

2) 墙体骨架曲线

本书采用退化四线型模型模拟墙体的骨架曲线，如图 10.23 所示，各段刚度可按式(10.1)计算。

$$
\begin{aligned}
K_1 &= \frac{\left|+P_{\mathrm e}\right|+\left|-P_{\mathrm e}\right|}{\left|+\Delta_{\mathrm e}\right|+\left|-\Delta_{\mathrm e}\right|} \\[4pt]
K_2 &= \frac{\left|+P_{\mathrm y}\right|+\left|-P_{\mathrm y}\right|-\left|+P_{\mathrm e}\right|-\left|-P_{\mathrm e}\right|}{\left|+\Delta_{\mathrm y}\right|+\left|-\Delta_{\mathrm y}\right|-\left|+\Delta_{\mathrm e}\right|-\left|-\Delta_{\mathrm e}\right|} \\[4pt]
K_3 &= \frac{\left|+P_{\mathrm u}\right|+\left|-P_{\mathrm u}\right|-\left|+P_{\mathrm y}\right|-\left|-P_{\mathrm y}\right|}{\left|+\Delta_{\mathrm u}\right|+\left|-\Delta_{\mathrm u}\right|-\left|+\Delta_{\mathrm y}\right|-\left|-\Delta_{\mathrm y}\right|} \\[4pt]
K_4 &= \frac{\left|+P_{\mathrm f}\right|+\left|-P_{\mathrm f}\right|-\left|+P_{\mathrm u}\right|-\left|-P_{\mathrm u}\right|}{\left|+\Delta_{\mathrm f}\right|+\left|-\Delta_{\mathrm f}\right|-\left|+\Delta_{\mathrm u}\right|-\left|-\Delta_{\mathrm u}\right|}
\end{aligned}
\qquad (10.1)
$$

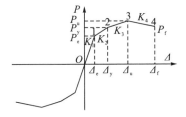

图 10.23　墙体骨架曲线

3）卸载刚度

随着位移幅值的增加，曲线的卸载刚度逐渐减小，如图 10.24 所示。试件各阶段卸载刚度可按照式（10.2）计算，当试件的特征点之间卸载时，卸载刚度系数可通过位移差值获得。

$$
\begin{cases}
(1-2): \dfrac{K}{K_1} = \left(\dfrac{\Delta}{\Delta_e} \right)^{\lambda_1} & \Delta_e < |\Delta| < \Delta_y \\[2mm]
(2-3): \dfrac{K}{K_1} = \left(\dfrac{\Delta}{\Delta_e} \right)^{\lambda_2} & \Delta_y < |\Delta| < \Delta_u \\[2mm]
(3-4): \dfrac{K}{K_1} = \left(\dfrac{\Delta}{\Delta_e} \right)^{\lambda_3} & \Delta_u < |\Delta| < \Delta_f
\end{cases}
\tag{10.2}
$$

式中，K 为墙体卸载刚度；Δ 为卸载时墙体的位移；λ_1、λ_2、λ_3 为卸载刚度系数。

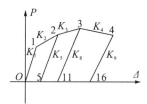

图 10.24　墙体卸载刚度

4）钢拉带

在不同楼层间设置钢拉带，层内墙体设置刚性支撑和斜向拉条，可以有效提高组合墙体的抗侧刚度和整体性，墙体中的拉带只能承受拉力，而 SAP2000 中的实体单元既能承受拉力又能承受压力，所以在建模过程中，钢拉带拉带采用 Hook 单元进行模拟。Hook 单元力学行为描述为

$$
f = \begin{cases}
k(d - \text{open}) & d > \text{open} \\
0 & d \leqslant \text{open}
\end{cases}
\tag{10.3}
$$

式中，k 为弹簧常数；d 为单元位移；open 为初始裂缝。

令式中的 open=0，即可模拟单拉构件。

2. 构件连接

墙体构件连接详图见图 10.25，构件间采用自攻螺钉连接。由于各构件刚度相当且节点域刚度小，故墙体构件间采用铰接。

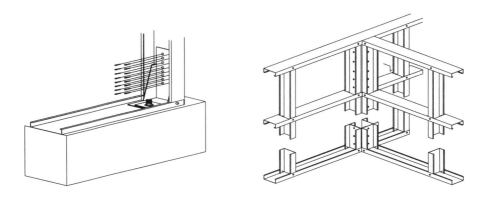

图 10.25　节点连接详图

3. 结构简化模型

1 层、2 层组合楼盖恒载设置为 1.42kN/m²，活载根据房间使用功能，按照《建筑荷载规范》进行取值；屋顶活载设置为 0.5kN/m²，恒载设置为 4.0kN/m²。冷弯薄壁型钢墙体外墙自重取 1.0kN/m²，内墙自重取 0.5kN/m²。根据第 3 章、第 4 章的相关研究结论，可将整体结构进行简化，其有限元模型图见图 10.26。

图 10.26　有限元模型图

10.2.2　结构基本振动信息

结构由于 y 向刚度相对较小，故第一阶振型为 y 向平动，第二阶振型为 x 向的平动，第三阶振型为绕 z 轴的扭转。结构的基本振动信息见表 10.1，其前三阶振型见图 10.27。

表 10.1　结构基本振动信息

结构振型	周期/s	质量参与系数		
		UX	UY	RZ
一阶振型	0.31488	0.01195	0.85015	0.29699
二阶振型	0.27979	0.77242	0.03852	0.14332
三阶振型	0.24734	0.14413	0.03614	0.48712

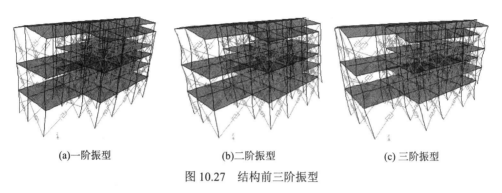

(a)一阶振型　　　　　　　　(b)二阶振型　　　　　　　　(c) 三阶振型

图 10.27　结构前三阶振型

根据美国计算基本自振周期的近似公式为

$$T = 0.05H^{3/4} \tag{10.4}$$

可近似计算本结构的基本振动周期为 0.2992s。结构模态分析计算结果相比该值相差为 5.24%，说明本结构模态分析结果还是可信的。由结构振动的基本信息可知，y 方向结构侧移刚度较小，故结构一阶振型为 y 向的平动；虽然结构平面布置不规则，但是通过刚度的合理布置，其扭转效应得到有效抑制。

10.2.3　结构时程响应分析

1. 地震波选用

结构所处地区属于 II 类场地，根据地震动三要素，选用 EL-centro 波进行模拟。该地震波连续能量在时频空间分布较为均匀，其能量主要分布于[1,5.5]Hz，分布范围较广，[1.5,2.5]Hz 频带能量主要集中于[1,2]s 和[4,5]s 之间；[2.5,5]Hz 频带的能量集于[2,2.5]s 的较狭窄时域范围。该地震波峰值加速度为 341.7cm/s²，其时程波形见图 10.28。

2. 多遇地震下结构线性分析

本建筑地处四川省达州市，其抗震设防烈度为 6 度，所以对结构多遇地震下的分析采用的是 6 度多遇，其峰值加速度为 18gal。

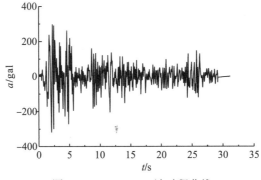

图 10.28   EL-centro 波时程曲线

1）位移响应

（1）层间位移角。

在多遇地震作用下，结构两个方向上的最大层间位移角均出现在 1 层，与其他结构体系一般出现在 2 层的结论不一致，这是由这种结构体系的变形特点决定，即结构变形主要是剪切变形。结构两个方向的最大层间位移角分别为 2.27×10^{-4} 和 2.82×10^{-4}（图 10.29），其值很小，分析其原因有：①虽然单片冷弯薄壁型钢墙体较柔，但不同于一般框架结构分析，在刚度计算中考虑内部隔墙对侧移刚度的贡献；②由于该结构自重轻，加速度产生的动力荷载不至于很大；③由于构件间连接采用的对结构在 6 度多遇地震作用下的响应，采用的是线性分析，为考虑结构几何非线性和材料非线性。

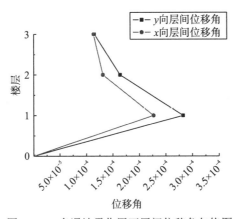

图 10.29   多遇地震作用下层间位移角包络图

（2）顶层位移。

在多遇地震作用下，结构顶部两个方向上的位移最大值均为超过 2mm，这说明冷弯薄壁型钢墙结构侧移刚度能够满足在低烈度地区应用。结构顶部 y 向的位移要大于 x 方向，结构两个方向阻尼比相同，结构结构动力放大系数相等，故说明结构 x 方向侧移刚度较大，这是和模态分析结果是一致的（图 10.30）。

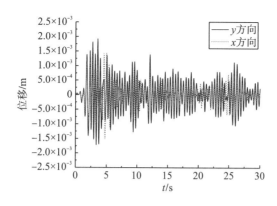

图 10.30　多遇地震作用下顶层位移

2) 楼层标高处加速度

在多遇地震作用下,结构各标高处加速度时程曲线如图 10.31 所示。根据表 10.2,1 层标高处 x 和 y 方向的最大加速度分别是 21.572gal、28.492gal,分别放大了 1.20 倍和 1.58 倍;2 层标高处两个方向的最大加速度分别是 31.551gal、40.328gal,分别放大了 1.75 倍和 2.24 倍;顶层标高处两个方向最大加速度分别是 39.266gal、42.733gal,分别放大了 2.18 倍和 2.37 倍,这是和砖混等结构相似的。根据相关文献得知,结构加速度放大倍数主要和结构所处场地土条件、结构质量、结构楼层高度和地震烈度有关,我们能够通过合理地控制结构自重以减小结构地震作用。

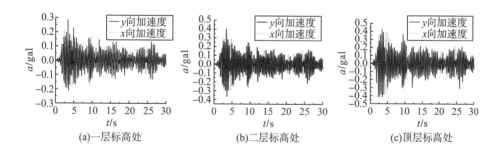

(a)一层标高处　　　　　(b)二层标高处　　　　　(c)顶层标高处

图 10.31　楼层标高处加速度时程曲线

表 10.2　结构各层标高处最大加速度信息

结构楼层	最大加速度/gal		放大倍数	
	x	y	x	y
一层标高处	21.572	28.492	1.20	1.58
二层标高处	31.551	40.328	1.75	2.24
顶层标高处	39.266	42.733	2.18	2.37

4. 罕遇地震作用下结构非线性分析

对于结构在罕遇地震作用下的非线性分析，分别对结构施加 6 度罕遇地震作用(峰值加速度 125gal) 和 7 度罕遇地震作用(峰值加速度 220gal)，通过对结构位移、结构各层加速度和结构基底剪力-顶层位移滞回曲线，分别对结构层间刚度和耗能能力进行分析。

1) 结构位移

(1) 层间位移角。

罕遇地震作用下结构的层间位移角包络曲线如图 10.32 所示，在 6 度罕遇地震作用下 x、y 两个方向的最大层间位移角出现在结构一层标高处，分别是 1/245 和 1/189。在 7 度罕遇地震作用下，结构 x、y 两个方向的最大层间位移角分别是 1/119 和 1/118。根据《建筑抗震设计规范》(GB 50011—2010)(中华人民共和国住房和城乡建设部，2011)第 5.5.5 条规定，结构在罕遇地震作用下结构的层间位移角不大于 1/50，该结构在 6 度罕遇和 7 度罕遇地震作用下均能满足规范要求，故说明多层冷弯薄壁型钢结构能够满足高烈度地区的刚度要求。在 7 度罕遇地震作用下，刚度更大的 x 方向的最大层间位移角值要大于 y 方向，这是因为在计算时程分析时，x 方向和 y 方向加速度 $a_x : a_y = 1 : 0.85$，随着地震烈度的增大，两个方向上输入的加速度幅值之差增大，也就是说在，7 度罕遇地震作用下，地震幅值差值对二者位移角差起主要控制作用。

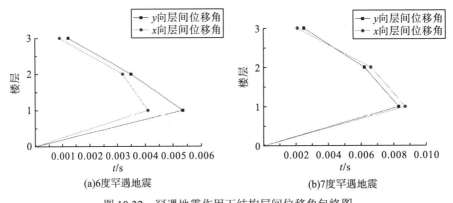

图 10.32 罕遇地震作用下结构层间位移角包络图

(2) 顶层位移。

罕遇地震作用下，结构顶层位移时程曲线如图 10.33 所示，在 6 度罕遇地震作用下，结构顶层两个方向的最大位移分别为 0.028m、0.031m；在 7 度罕遇地震作用下，结构顶部两个方向最大位移分别是 0.057m、0.060m，然而，结构在大部分地震持长内，x 方向位移要大于 y 方向位移，这是由于在计算时程分析时，x 方向和 y 方向加速度 $a_x : a_y = 1 : 0.85$，随着地震烈度的增大，两个方向上输入的加速度幅值只差增大，说明在 7 度罕遇地震作用下，地震幅值差值对二者位移差主要控制作用。

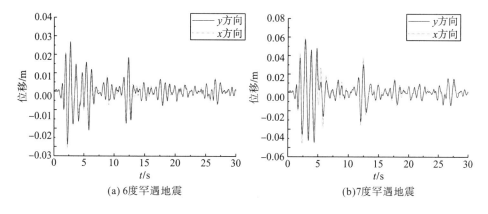

(a) 6度罕遇地震   (b) 7度罕遇地震

图 10.33　罕遇地震作用下结构顶层位移

2) 结构各层标高处加速度

6 度罕遇地震和 7 度罕遇地震作用下, 结构各层标高处加速度时程曲线分别如图 10.34 和图 10.35 所示, 地震过程中最大加速度和加速度放大倍数见表 10.2、表 10.3。根据《建筑抗震设计规范》(GB 50011—2010)(中华人民共和国住房和城乡建设部, 2011)第 5.1.4 条采用加速度反应谱计算规定:

$$\alpha(T) = k \times \beta(T) \tag{10.6}$$

式中, k 为地震动峰值加速度与重力加速度之比; β 为加速度放大倍数。

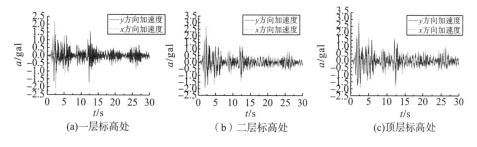

(a) 一层标高处   (b) 二层标高处   (c) 顶层标高处

图 10.34　楼层标高处加速度时程曲线(6 度罕遇地震)

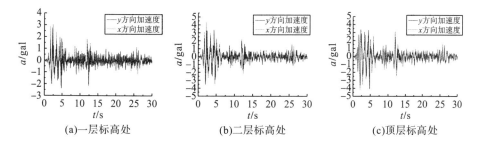

(a) 一层标高处   (b) 二层标高处   (c) 顶层标高处

图 10.35　楼层标高处加速度时程曲线(7 度罕遇地震)

表 10.3　结构各层标高处最大加速度信息

		6 度罕遇			7 度罕遇		
		一层标高处	二层标高处	顶层标高处	一层标高处	二层标高处	顶层标高处
最大加速度 /gal	x	217.721	275.216	306.816	303.642	438.496	412.038
	y	170.708	192.559	273.662	277.540	352.472	407.315
放大倍数	x	1.74	2.21	2.45	1.52	2.19	2.06
	y	1.61	1.81	2.58	1.63	2.07	2.39

3) 结构耗能

结构耗能能力主要是通过其基底剪力-顶层位移的滞回性能来进行评估的。本书通过 6 度罕遇地震和 7 度罕遇地震作用下机构基底剪力-底层位移的滞回性能对其耗能能力进行定性评估。图 10.36 和图 10.37 分别是结构在 6 度罕遇地震和 7 度罕遇地震作用下基底剪力-顶部位移滞回曲线，在位移达到弹性极限之前，滞回曲线基本为之前；随着顶部位移的增大，滞回环逐渐变得饱满，耗散更多能量。整体上来看，虽然滞回曲线均出现捏拢现象，但滞回环比较饱满，结构能耗能能力强。对比图 10.35 和图 10.36，在 7 度罕遇地震作用下，结构捏拢现象更为严重，但是滞回环显得更饱满。表明冷弯薄壁型钢墙体结构体系在罕遇地震作用下，能够表现出很好的耗能能力，易满足延性设计的要求。

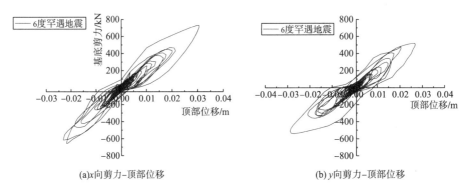

(a)x 向剪力-顶部位移　　　　　　　　　(b) y 向剪力-顶部位移

图 10.36　6 度罕遇地震作用下基底剪力-顶部位移滞回曲线

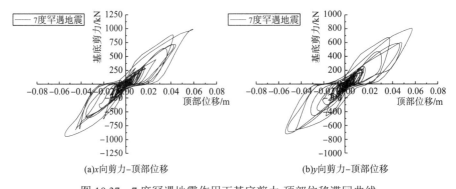

(a)x 向剪力-顶部位移　　　　　　　　　(b)y 向剪力-顶部位移

图 10.37　7 度罕遇地震作用下基底剪力-顶部位移滞回曲线

10.3　轻钢底部框架-上部冷弯薄壁型钢集成房屋混合结构体系

10.3.1　研究背景

我国草原面积大约占总面积的 35%,蒙古包、毡包是草原牧民居住的主要形式,不需要做基础,依地而建,多为圆形,主要由架木、苫毡、绳带三大部分组成,外侧包羊毛毡,再在顶部中央设可支起的圆形天窗,是一种可移动式圆形住宅。制作不用水泥、土坯、砖瓦,原料非木即毛,可谓建筑史上的奇观,是游牧民族的一大贡献。夏季牧民多过着放牧生活,不在集中居住区居住。但因草原地区夏季多雨,蒙古包直接搭建在草地上,包内潮湿,居住起来舒适度极低。若在牧区建设永久性居住的砌体结构或钢筋混凝土结构房屋的聚集区,会造成牧场石漠、沙漠化严重,草地资源衰竭,导致草原面积逐年减小,风沙肆虐。在牧区建造装配式绿色生态集成房屋,拆装方便,易于实现建筑工业化,且能很好地解决上述问题,提高牧民居住质量,降低草原退化速度。

冷弯薄壁型钢结构房屋杆件自重轻,施工时不需要大型施工机械,拆装方便,且拆除后可重复利用,不产生建筑垃圾,不会对草原生态环境造成污染,基础也不会硬化。鉴于此种房屋的众多优点,中国近几年也开始大量引进该体系的住宅结构,且在多地都有一定的工程应用。但在修建时也需要做条形基础或者柱下独立基础,会对草原造成新的生态破坏,农村也存在建房-拆房过程中破坏耕地造成资源浪费的问题。针对牧区及新农村建设特点,开发底部框架-上部冷弯薄壁集成房屋,该房屋框架部分抗震性能好,装配速度快(褚云朋等,2012;姚勇等,2013)。装配式集成房屋整体三维布置见图 10.38(a),施工图见图 10.38(b),依据家庭需求的改变,形成扩建方便空间布置灵活的结构体系,也有部分牧民聚集区的房屋做加层,以适应人口增多的需求,提高适用性[图 10.38(c)],房屋的研发对当前我国的现实国情具有重要意义。

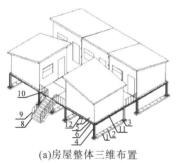
(a)房屋整体三维布置

(b)房屋结构施工图

(c)轻钢增层改造

图 10.38　装配式集成房屋三维示意

注：1-预制钢筋混凝土地梁,2-基础长锚杆,3-地梁内预埋螺栓,4-一层框架柱,5-连接板,6-螺栓,7-冷弯薄壁型钢集成单体房屋,8-组合楼梯,9-楼梯扶手,10-顶板,11-一层框架横梁,12-一层框架纵梁。

10.3.2 实施思路

　　牧区装配式轻钢集成房屋发明专利是应用新型轻钢装配式房屋，克服现有技术的不足而提出的一种自重轻、便于组装的牧区装配式轻钢集成房屋的建造方法，具有很强的易装配操作性。

　　牧区装配式轻钢集成房屋发明专利设计的基本思路如下。设计一种轻钢集成房屋的建造方法，一层为梁柱杆件装配式轻钢框架结构，采用轻钢框架拼接单元逐渐扩展形成，杆件间采用普通螺栓连接；二层为冷弯薄壁型钢集成房屋，集成房屋间采用连接件连接；二层与一层间采用销键或螺栓连接，便于整栋房屋拆装；采用预制钢筋混凝土地梁，与穿过地梁预留孔并深入地下的基础长锚栓结合构成房屋基础，不需要做永久房屋基础，只要选择平整地面做建筑场地即可。集成房屋可带有门窗，整栋房屋采用逐次增加单体结构单元拼接而成。非常适用于游牧民族临时性居住使用，提高了牧民居住质量，也可供其他临时定居点采用。此种类型房屋在新农村建设及房屋增层改造中也具有很好的适用性。

10.3.3 装配工艺过程

　　牧区装配式轻钢集成房屋的建造方法详细见文献（姚勇等，2013），一层梁柱杆件装配式轻钢框架结构三维示意图如图 10.39 所示，高度以 1.5～1.6m 为宜，再通过普通螺栓把与其顶部 2.8～3.0m 的冷弯薄壁型钢集成房屋连接上，顶部单体冷弯薄壁型钢房屋之间通过 U 形连接件进行连接。一层梁柱杆件装配式轻钢框架可进行单元无限扩展，其平面布置宜规则最好是 T 形或"口"字形，提高抗风能力。建造牧区装配式轻钢集成房屋前选择牧区平整、背风、利水的场地，具体过程如下。

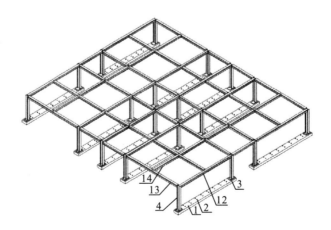

图 10.39　底层装配式轻钢框架结构三维示意

注：1-预制钢筋混凝土地梁，2-基础长锚杆，3-地梁内预埋螺栓，4-一层框架柱，12-一层框架横梁，13-一层框架纵梁，14-一层框架次梁。

第一，冷弯薄壁型钢集成单体房屋底部设有连接板，连接板上开有孔；预制钢筋混凝土地梁两端设有预埋螺栓，预制钢筋混凝土地梁中预留有竖向锚栓孔；一层框架横梁和一层框架纵梁两端都设有端板，端板上开有孔；一层框架柱底部设有边耳，边耳上开有与预埋螺栓配合的孔，一层框架柱顶部开有与端板上的孔配合的孔；一层框架横梁、一层框架纵梁上开有与连接板上的孔配合的孔。

第二，压实预制钢筋混凝土地梁周边泥土，将地梁放置于压实的地面上，调整使得地梁处于水平状态。预制地梁示意图见图 10.40。

第三，将基础长锚杆插入预制地梁的竖向预留孔中并锤击到地下，使预制地梁固定在选定位置。将一层框架柱底板边耳上的孔与预埋螺栓配合对位，在预埋螺栓上套上螺母并拧紧螺母。将一层框架横梁和一层框架纵梁端板上的孔与一层框架柱顶部的孔对齐，孔中插入螺栓，套上螺母并拧紧螺母。一层框架柱与框架梁连接示意图见图 10.41。

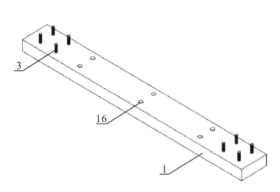 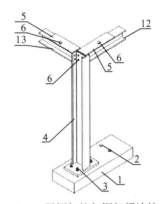

图 10.40　预制钢筋混凝土地梁结构示意　　　图 10.41　一层框架柱与框架梁连接示意

注：1-预制钢筋混凝土地梁，2-基础长锚杆，3-地梁内预埋螺栓，4-一层框架柱，5-连接板，6-螺栓，12-一层框架横梁，13-一层框架纵梁，16-孔。

第四，在一层梁柱杆件装配式轻钢框架结构平面单元中装有一层框架次梁，一层框架梁结构示意图见图 10.42，一层框架次梁结构示意图见图 10.43，一层框架次梁两端都设有端板，端板上开有孔，一层框架横梁、一层框架纵梁中间都开有孔，有两根一层框架次梁的一端分别与相对的一层框架横梁中间的孔对位后通过螺栓、螺母连接，另有两根一层框架次梁的一端分别与相对的一层框架纵梁中间的孔对位后通过螺栓、螺母连接，四根一层框架次梁的另一端端板上的孔通过螺栓、螺母连接。一层框架次梁一般装在顶部单体房屋的下面，以减小顶部单体集成房屋底板的厚度进而降低质量。

冷弯薄壁型钢集成房屋为单体集成好的房屋或者装配式房屋，具有很强的模块化特征，其构造为楼底板采用冷弯薄壁角钢骨架与欧松板组合楼底板，组合墙体骨架采用矩形冷弯薄壁钢管，形成的墙体龙骨网格内填阻燃防霉纸蜂窝墙纸材料，外侧压型钢板作为墙体外面板通过自攻螺钉连接到骨架上，内侧采用自攻螺钉将硅酸钙板连接到骨架上，墙体上有塑钢窗及塑钢门，顶部屋盖采用压型钢板组合楼板进行制作；二层平台不放集成房屋部位，采用薄钢板将底部框架覆盖，形成二层水平交通的活动空间。二层单体房屋示意图见图 10.44。具体特征有以下几点。

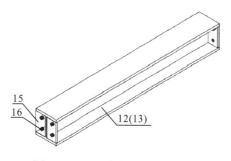

图 10.42　一层框架梁结构示意

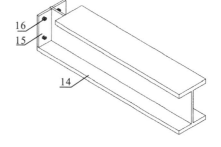

图 10.43　一层框架次梁结构示意

注：12-一层框架横梁，13-一层框架纵梁，14-一层框架次梁，15-端板，16-孔。

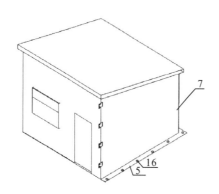

图 10.44　二层单体房屋示意

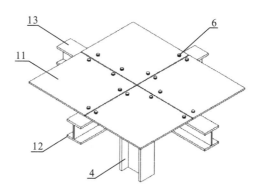

图 10.45　一层框架柱梁柱及顶板连接示意

注：4-一层框架柱，5-连接板，6-螺栓，7-冷弯薄壁型钢集成单体房屋，11-顶板，12-一层框架横梁，13-一层框架纵梁 16-孔。

第一，将冷弯薄壁型钢集成单体房屋提升到一层梁柱杆件装配式轻钢框架结构上面，对齐一层框架横梁的孔与连接板上的孔，对齐一层框架纵梁上的孔与连接板上的孔，孔中插入螺栓，套上螺母并拧紧螺母。

第二，在一层梁柱杆件装配式轻钢框架结构上面的剩余部分铺上顶板(11)构成交通休闲平台。一层框架柱梁柱及顶板连接示意图见图 10.45。组合楼梯安装为地面与交通休闲平台之间。

10.3.4　结构优点

底层结构采用全螺栓连接的装配式轻钢房屋，拆装方便，不产生任何建筑垃圾，不会对草原生态环境造成任何影响，适合牧民的游牧生活，也可将其用于美好乡村房屋建设。二层居住房屋的屋顶采用压型钢板组合楼盖，保温隔热性能好，防水效果好，墙体采用冷弯薄壁型钢组合墙体，保温隔热隔声效果好，房屋可作为永久居住房屋使用。依据牧民家庭对房屋面积需求的不同，可以增减单体房屋间数，达到对房屋面积的有效控制，易于做到经济节约。也可依据自己的爱好改变单体房屋平面布置位置，形成百变空间。房屋具有平面几何形状可变的优势,根据地形地貌的不同采用不同的形状,可以很好地满足抗风抗震的力学性能要求。

一层梁柱杆件装配式轻钢框架结构内可堆放杂物,满足牧民储藏的需要;二层居住房屋距离地面有一定高度,隔潮效果显著。不需要做基础,放置预制钢筋混凝土地梁后可直接安装上部结构,降低造价,一层梁柱杆件装配式轻钢框架结构的轻钢构件,单根型钢构件质量在 30kg 以下,上部单体房屋质量在 100kg 以下,不需要大型吊装设备,拆装方便,安装速度快,一栋房屋在 6 小时内可安装结束,拆装均不会造成草原的石漠、沙漠化。预制钢筋混凝土地梁可有效抵抗房屋不均匀沉降,采用长锚杆将预制钢筋混凝土地梁固定,锚杆及预制钢筋混凝土地梁几乎对草地没有任何破坏,有利于保护草原的绿色生态。房屋结构采用轻钢结构或型钢混凝土组合结构,拆装时不易损坏杆件,重复利用率高。二层集成房屋为组合墙体,墙上有门窗,采光通透性好。

采用全螺栓连接的一层梁柱杆件装配式轻钢框架结构,上面(房屋二层)带有门窗的箱型冷弯薄壁型钢集成房屋(图 10.46),不会对生态环境造成任何破坏,造价较低,可反复利用。整栋房屋采用逐次增加单体结构单元拼接而成,拆装方便,且可依据牧民对房屋的功能需求,自主选择增大或减小房屋拼接单元,进而达到改变房屋使用面积的目的,很好地满足牧民的游牧生活需求,提高牧民的居住质量。

图 10.46 装配式轻钢框架房屋实物图

10.4 抗震性能分析

考虑到底部钢筋混凝土结构框架-上部砖混结构应用较多,但在汶川地震中,由于刚度突变,使得该类房屋框架层及过渡层破坏严重。冷弯薄壁型钢结构属于轻钢结构,主要钢构件厚度相比于普钢较小,质量小,地震作用下震害较轻。混合结构同时发挥了框架布置灵活以及冷弯薄壁型钢结构抗震性能好等优点。另外这种结构形式使冷弯薄壁型钢脱离地面,整体建筑物使用寿命较长,但我国颇有一部分地区处于地震高发区,故结构在地震发生时的安全可靠性仍需进一步开展研究,且对于跨度较大的房屋也可考虑设置隔震措施(高红伟等,2014a;2014b)。

1. 墙体模型与试验对比

黄智光(2010)进行了冷弯薄壁型钢墙体试验与整体试验,依据6.2节的墙体试件相关描述,得到墙体模拟与试验模拟具有很好的相似性,应用 SAP2000 建立三层房屋结构动力简化分析模型,并进行线性和非线性地震反应分析。参考黄智光(2011)的试验数据,运用 SAP2000 中 Pivot 模型进行墙体分析,Pivot 模型可考虑构件强度退化、正向反向加载时构建初始刚度不同等因素,与振动台试验具有很好的相似性,基于此开展钢框架-冷弯薄壁型钢房屋混合结构房屋抗震性能研究。

2. 钢框架-冷弯薄壁型钢混合结构房屋

冷弯薄壁型钢结构属于轻钢结构,主要钢构件厚度较普钢小。下部框架上部冷弯薄壁型钢结构,使冷弯薄壁型钢脱离地面,整体建筑物使用寿命变长。在试验模型基础上,将一楼改成框架结构,框架为钢框架,软件自动选取截面,其他条件不变。选取典型的El-Centro 波,输入方向为 y 向,与结构第一振型一致。对下部框架上部冷弯薄壁型钢与冷弯薄壁型钢结构房屋进行对比分析,为方便下文描述,将下部框架上部冷弯薄壁型钢结构(Cold-Formed Steel Structure)命名为底框 CFS。根据《建筑抗震设计规范》(GB 50011—2010)(中华人民共和国住房与城乡建设部,2010),将 El-Centro 波转化为相应设防烈度对应加速度时程的最大值。对比不同设防烈度下两种结构的加速度响应、位移响应、层间位移,取屋顶角节点为研究的参考点。

3. 加速度

结合冷弯薄壁型钢结构整体性能好,在地震作用下破坏较轻,选取 EL7H(El7H 表示El-Centro 波转化为 7 度罕遇峰值加速度时记录的数据,其他类似。在 7 度罕遇地震下,底框 CFS 加速度响应峰值 2472mm/s²,约为 CFS 加速度响应峰值(1963mm/s²)的 1.26 倍;在 8 度罕遇地震下,底框 CFS 加速度响应峰值 9875mm/s²,约为 CFS 加速度峰值(8041mm/s²)的 1.23 倍;在 9 度罕遇地震下,底框结构加速度峰值 14278mm/s²,约为 CFS加速度峰值(11023mm/s²)的 1.30 倍,总体而言,底框 CFS 加速度响应峰值大于 CFS,下部框架存在使结构顶层加速度响应变大的影响,罕遇地震下,底框 CFS 结构的放大系数 β为 2.01~2.47,常规结构 β 为 1.78~2.30,二者差别不大,底框 CFS 加速度与输入波形一致,CFS 加速度略有滞后现象。

4. 位移

对结构顶层节点在 7 度、8 度、9 度罕遇地震下位移时程分析可以得到:①结构顶层位移与结构加速度基本一致;②在 7 度罕遇地震作用下,底框位移峰值 2.55mm 大于常规结构位移峰值 1.18mm;在 8 度罕遇地震作用下,底框 CFS 位移峰值 10.19mm 小于常规结构位移峰值 4.67mm;在 9 度罕遇地震作用下,底框结构位移峰值 16.08mm,大于常规结构位移峰值 9.66 mm。

结构在地震作用下最大层间位移见表 10.4(只列出了第一层与第二层最大层间位移)。由表 10.4 可得：①底框 CFS 最大层间位移为 11.26 mm，层间位移角为 11.26/3000 = 1/266，满足弹塑性层间位移角限值 1/100 的要求；CFS 最大层间位移为 8.59，层间位移角为 8.59/3000=1/350，满足弹塑性层间位移角限值 1/100 要求。②底框 CFS 最大层间位移大于 CFS 最大层间位移，弹塑性最大的层间位移角为 1/266，满足弹塑性层间位移角限值 1/100 要求。③底部框架对冷弯薄壁型钢抗震影响较大，非刚性底框使结构整体刚度减弱，加速度及位移响应得到放大，约放大 2 倍。

表 10.4　最大层间位移　　　　　　　　　　　　　　　　(单位：mm)

7H	1TH	①	3.73	8H	1TH	①	6.92	9H	1TH	①	11.26
		②	1.54			②	5.99			②	8.59
	2TH	①	1.60		2TH	①	2.55		2TH	①	3.12
		②	0.54			②	1.79			②	2.21

注：①表示底框 CFS；②表示 CFS。

5. 底部墙体受力状态

底层墙体在地震作用下先破坏，CFS 在地震作用下墙体(选取 1 单元的墙体)的结构响应如下：在 7 度罕遇地震作用下结构处于弹性阶段；随加速度峰值增大，结构进入塑形变形阶段，底框冷弯结构先于常规结构进入塑形状态；在 9 度罕遇地震作用下墙体并没有出现下降段，表明结构可用于设防烈度较高的地区。底部框架对冷弯薄壁型钢结构抗震影响较大，经计算本节中框架结构偏柔，加速度与位移都较大，放大倍数约为冷弯薄壁型钢的 2 倍，建议在采用下部框架结构时，框架可适当增设支撑，变为框架-支撑结构体系，以提高底部抗侧刚度，进而避免发生刚度突变，提高结构整体性，以更好的抵抗水平地震作用。

10.5　本　章　小　结

本章以根据前序系列研究，进行了冷弯型钢结构体系及底框-上部冷弯型钢集成房屋混合结构两种体系的示范工程建设，得到施工工艺注意事项及设计要点，以期推动该结构体系的工程应用进程，得出以下结论。

(1) 整体结构有限元分析表明，底框-上部冷弯型钢集成房屋混合结构易满足层间位移角限值，但为提高底层抗推刚度，建议增设斜向支撑构件。

(2) 冷弯薄壁型钢结构施工中窗口及楼层连接处为薄弱部位，需进行相应构造加强，以提高各部分协同工作的能力；墙体面板的选择至关重要，选择时除考虑保温隔热防火等性能，还需考虑组合墙体受力需求，且面板周边要采用自攻螺钉加密，以保证面板受力可靠性。

参 考 文 献

褚云朋，姚勇，2015. 冷弯薄壁型钢自攻螺钉墙梁节点承载性能分析[J].四川建筑科学研究，41(2)：21-25.

褚云朋，姚勇，王汝恒，等，2012. 冷弯薄壁方钢管梁柱节点抗震性能试验研究[J].土木工程学报，45(6)：101-109.

褚云朋，姚勇，杨东升，等，2017. 冷弯薄壁方钢管木组合长柱轴压性能试验研究[J].建筑结构，47(4)：75-80.

高红伟，姚勇，褚云朋，2014a. 采用隔震技术后冷弯薄壁型钢结构房屋弹塑性时程分析[J].工程抗震与加固改造，36(6)：34-40.

高红伟，姚勇，褚云朋，等，2014b. 钢框架-冷弯薄壁型钢房屋抗震性能分析[J]. 四川建筑科学研究，40(3)：196-199, 203.

郭丽峰，2004. 轻钢密墙架柱墙体的抗剪承载力研究[D]. 西安:西安建筑科技大学.

郭鹏，2008. 冷弯型钢骨架墙体抗剪性能试验与理论研究[D]. 西安：西安建筑科技大学.

黄智光，2011. 低层冷弯薄壁型钢房屋抗震性能研究 [D]. 西安：西安建筑科技大学.

金诚，2012. 多层冷弯薄壁型钢结构住宅组合墙体抗侧移刚度研究[D]. 长春：吉林建筑科技学院.

马荣奎，2008. 高强冷弯薄壁型钢单面覆板墙体立柱轴压性能试验研究[D]. 西安：西安建筑科技大学.

聂少锋，2006. 冷弯型钢立柱组合墙体抗剪承载力简化计算方法研究[D]. 西安：长安大学.

石宇，2008. 水平地震作用下多层冷弯薄壁型钢结构住宅的抗震性能研究[D]. 西安：长安大学.

闫维明，慕婷婷，谢志强，等，2018. 装配式冷弯薄壁型钢结构中 4 种连接的抗剪性能试验研究[J]. 北京工业大学学报，44(8)：1101-1108.

杨亚龙，姚勇，褚云朋，2013. 螺钉端距对自攻螺钉连接抗剪性能的影响研究[J].科技信息，23：166-167.

姚勇，褚云朋，邓勇军，等，2011. 低层冷弯薄壁型钢结构体系动静性能数值模拟[J]..建筑结构，41(2)：41-44.

姚勇，褚云朋，王汝恒，等，2013.牧区装配式轻钢集成房屋的建造方法：CN201210564039.7[P].2013-04-17.

殷惠光，张跃峰，2004. 低层冷弯薄壁型钢建筑技术规程编制背景[J]. 工程建设与设计，7：24-26.

袁耀明，2008. 高强冷弯薄壁型钢双面覆板墙体抗剪试验及有限元分析[D]. 西安: 西安建筑科技大学.

中华人民共和国住房和城乡建设部，2010. 建筑抗震设计规范：GB 50011—2010[S]. 北京：中国建筑工业出版社.

Dan D，2007. 冷成型钢框架房屋的抗震性能[J]. 建筑钢结构进展，9(1)：1-17.

Wasim K, Ahmed M，2017. Shear capacity of cold-formed light-gauge steel framed shear-wall panels with fiber cement board sheathing[J]. International Journal of Steel Structures，17(4)：1404-1414.

Zeynalian M, Shelley A, Ronagh H R，2016. An experimental study into the capacity of cold-formed steel truss connections[J]. J. Constr. Steel. Res.，127：176-186.

Zeynalian M，2017. Structural performance of cold-formed steel-sheathed shear walls under cyclic loads[J].Aust. J. Struct. Eng.，18：113-124.